PLC 控制系统设计、安装与调试

（第 4 版）

主　编　陶　权　韦瑞录

副主编　吴尚庆　施　华

黄金娥　王志希

北京理工大学出版社

BEIJING INSTITUTE OF TECHNOLOGY PRESS

内容简介

本教材以西门子 S7-1200/1500 PLC 为学习机型，教学内容以任务为单元，以编程指令应用为主线，借助大量典型案例讲解 PLC 编程方法和技巧；通过分析工艺控制要求，进行硬件配置和软件编程，系统调试与实施，由浅入深、循序渐进实现价值塑造、能力培养、知识传授三位一体的课程教学目标。

教材按照“双元编写＋数字资源＋思政元素＋学生中心＋引导问题＋分层教学”思路进行开发设计，遵循职教特色、产教融合的课程建设原则，弱化“教学材料”的特征，强化“学习资料”的功能，以企业岗位任职要求、职业标准、工作过程作为教材主体内容，把立德树人、课程思政有机融合到教材中，提供丰富适用、的立体化、信息化课程资源，实现教材、学材、工作手册等功能融通。

本书可作为高职高专院校机电、电气相关专业的教材，也可以作为工程技术人员学习 PLC 的参考书。

图书在版编目（CIP）数据

PLC 控制系统设计、安装与调试 / 陶权，韦瑞录主编. --4 版. --北京：北京理工大学出版社，2019.9（2024.1 重印）

ISBN 978-7-5682-7651-1

Ⅰ. ①P…　Ⅱ. ①陶…②韦…　Ⅲ. ①PLC 技术-教材　Ⅳ. ①TM571.6

中国版本图书馆 CIP 数据核字（2019）第 221421 号

责任编辑：朱　婧　　文案编辑：朱　婧
责任校对：周瑞红　　责任印制：施胜娟

出版发行 / 北京理工大学出版社有限责任公司
社　　址 / 北京市丰台区四合庄路 6 号
邮　　编 / 100070
电　　话 /（010）68914026（教材售后服务热线）
（010）68944437（课件资源服务热线）
网　　址 / http://www.bitpress.com.cn

版 印 次 / 2024 年 1 月第 4 版第 4 次印刷
印　　刷 / 三河市天利华印刷装订有限公司
开　　本 / 787 mm × 1092 mm　1/16
印　　张 / 16.5
字　　数 / 388 千字
定　　价 / 42.00 元

前言

可编程控制器（PLC）是以微处理器为基础，结合了计算机技术、自动控制技术和通信技术而发展起来的一种新型、通用工业自动控制装置。它具有各种工业自动化控制所必须的可靠性、配置可扩展的灵活性等特点，且具有易于编程、使用维护方便等优点。可编程控制器在工业自动化控制的各个领域得到广泛应用，代表着控制技术的发展方向，被业界称为现代工业自动化的三大支柱之一。

德国西门子 S7–200 和 S7–300 系列的 PLC 是西门子 PLC 的主流产品，其功能强、性价比高，应用范围广泛，在国内具有较高的市场占有率。它为自动控制应用提供了安全可靠和比较完善的解决方案，深受国内用户的欢迎，特别适合于当前工业企业对自动化的需要。

本书以西门子 S7–200 和 S7–300 为样机，以工作过程为导向，按项目对教材内容进行序化，以基于工作过程的思想组织和编写。

本教程具有以下特点：

（1）通过走访企业、行业，组织专家、工人座谈会，充分了解企业对于本课程的知识和技能要求，根据对相关工作岗位典型工作任务的分析，参照“维修电工国家职业标准”的相关内容，确定了学习领域和学习情境。每一个任务通过任务引入、任务分析、知识链接、任务实施、扩展知识、拓展技能、思考与练习等环节展开知识的学习和技能的训练。

（2）教材内容把 PLC 应用技术的基本知识及 PLC 控制系统设计、安装与调试的基本技能项目化和任务化，将学生的职业素质和职业道德培养落实在每个教学环节中，以“PLC 的技术应用”为核心，本着实践—认识—再实践—再认识—拓展提高的顺序，采用“教、学、做”一体化现场教学模式，使学生在做中学，在学中做，做学结合，使学生在完成任务过程中，同时掌握 PLC 应用技术的基本知识，及 PLC 应用技术的基本技能；培养其职业素质能力。

（3）理论知识与工程实用性相结合，结合工作过程开展教学，在大部分的工作任务后又设置了一个技能训练项目，只给出控制要求，工作方案由学生自己设计，将技能训练效果进行记录量化考核，能够使学生完成资讯、计划、决策、实施、检查、评价这样一个完整的工作过程。

本书由陶权、韦瑞录任主编，吴尚庆、施华、黄金娥、王志希任副主编。参加本书编写的还有梁洪方、宋瑞娟、贾雪涛。

本书在编写过程中，参考了有关资料和文献，在此向相关的作者表示衷心的感谢。由于编者水平有限，书中错误和不妥之处在所难免，恳请广大读者批评指正。

编　者

目
录
Contents

电动机的 PLC 控制系统设计、安装与调试

工作任务 1 电动机单向启动、停止的 PLC 控制

教学导航

能力目标

① 学会 I/O 口分配表的设置；
② 掌握绘制 PLC 硬件接线图的方法并能正确接线；
③ 学会编程软件的基本操作，掌握用户程序的输入和编辑方法。

知识目标

① 理解输入/输出指令、与指令、或指令的含义；
② 熟悉基本指令的应用；
③ 了解 PLC 控制系统的设计方法。

知识分布网络

基本指令
- LD/LDN
- A/AN
- O/ON
- =
- ALD/OLD
- 堆栈指令
- 立即指令

任务导入

在广泛使用的生产机械中，一般都是由电动机拖动的，也就是说，生产机械的各种动作都是通过电动机的各种运动来实现的。因此，控制电动机就间接地实现了对生产机械的控制。

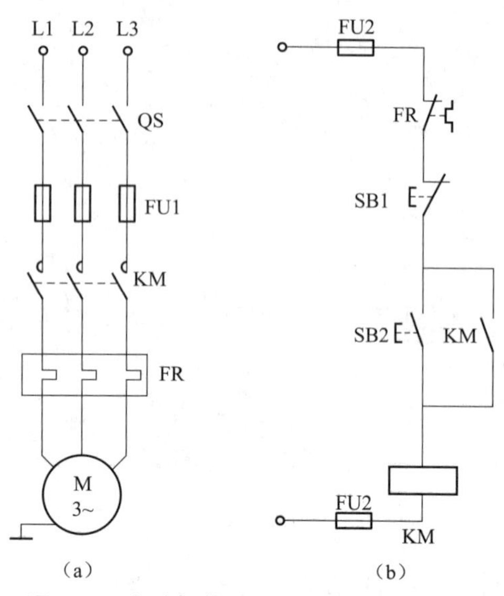

图 1–1　电动机单向启动、停止控制线路

（a）主电路；（b）控制电路

生产机械在正常生产时，需要连续运行，但是在试车或进行调整工作时，往往需要点动控制来实现短时运行。

电动机单向启动、停止控制线路如图 1–1 所示，它能实现电动机直接启动和自由停车的控制功能。

在图 1–1（a）中，刀开关 QS 起接通电源和隔离电源的作用，熔断器 FU1 对主电路起短路保护作用，接触器 KM 的主触点控制电动机的启动、运行和停车。在图 1–1（b）中，熔断器 FU2 对电路起短路保护作用，SB2 为启动按钮，SB1 为停止按钮，热继电器 FR 用作电动机的过载保护。可用 PLC 指令对上述电路的控制电路进行改造，而主电路保持不变。

任务分析

在控制电路中，热继电器常闭触点、停止按钮、启动按钮属于控制信号，应作为 PLC 的输入量分配接线端子；而接触器线圈属于被控对象，应作为 PLC 的输出量分配接线端子。对于 PLC 的输出端子来说，允许额定电压为 220 V，因此需要将原线路图中接触器的线圈电压由 380 V 改为 220 V，以适应 PLC 输出端子的需要。

对于线路图中的触点串并联接线，应根据逻辑关系采用 PLC 的基本位逻辑指令进行程序设计。本课题主要应用 A、AN、O、ON 指令。

知识链接

S7–200 PLC 基本逻辑指令是 PLC 中最基本、最常见的指令，是构成梯形图及语句表的基本成分。基本逻辑指令是指构成基本逻辑运算功能的指令集合，包括基本位操作、置位/复位、边沿脉冲、定时、计数、比较等逻辑指令。

一、基本位操作指令

1. 构成梯形图的基本元素

在 PLC 的梯形图中，触点和线圈是构成梯形图的最基本元素，触点是线圈的工作条件，线圈的动作是触点运算的结果。由触点或线圈符号和直接位地址两部分组成，含有直接位地址的指令又称为位操作指令。基本位操作指令操作数的寻址范围是：I、Q、M、SM、T、C、V、S、L。

2. 梯形图中触点和线圈的状态说明

① 触点代表 CPU 对存储器的读操作，动合触点和存储器的位状态一致，而动断触点和存储器的位状态相反，且用户程序中同一触点可使用无数次。

例如：存储器 I0.0 的状态为 1，则对应的动合触点 I0.0 接通，表示能流可以通过；而对应的动断触点 I0.0 断开，表示能流不能通过。存储器 I0.0 的状态为 0，则对应的动合触点 I0.0 断开，表示能流不能通过；而对应的动断触点 I0.0 接通，表示能流可以通过。

② 线圈代表 CPU 对存储器的写操作，若线圈左侧的逻辑运算结果为“1”，则表示能流能够达到线圈，CPU 将该线圈所对应的存储器的位置位为“1”；若线圈左侧的逻辑运算结果为“0”，则表示能流不能够达到线圈，CPU 将该线圈所对应的存储器的位写入“0”用户程序中，且同一线圈只能使用一次。

3. 基本位操作指令的格式和功能

基本位操作指令的格式和功能如表 1–1 所列。

表 1–1　基本位操作指令的格式和功能表

指令名称		格　式		功　能
		LAD	STL	
输入/输出指令	取指令	bit ├┤ ├─	LD　bit	用于与母线连接的动合触点
	取反指令	bit ├┤/├─	LDN bit	用于与母线连接的动断触点
	输出指令	bit —(　)	=　bit	线圈驱动指令
触点串联指令	与指令	bit ┤ ├	A　bit	用于单个动合触点的串联连接
	与反指令	bit ┤/├	AN　bit	用于单个动断触点的串联连接
触点并联指令	或指令	bit └┤ ├┘	O　bit	用于单个动合触点的并联连接
	或反指令	bit └┤/├┘	ON　bit	用于单个动断触点的并联连接
电路块的连接指令	与块指令	ALD		用于并联电路块的串联连接
	或块指令	OLD		用于串联电路块的并联连接

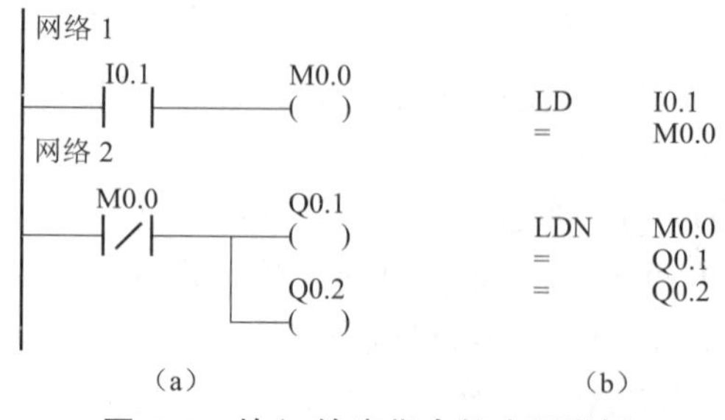

图 1–2 输入/输出指令的应用举例

（a）梯形图；（b）语句表

【例 1–1】 输入/输出指令的应用举例如图 1–2 所示。

4. 输入/输出指令的使用说明

① LD、LDN 和=指令的操作数均可以是：Q、M、SM、T、C、V、S、L，此外，LD、LDN 的操作数还可以是输入映像继电器 I。

② LD、LDN 指令用于与输入母线相连的触点，也可用于指令块的开头与 OLD、ALD 指令配合使用。

③ 在同一程序中不能使用双线圈，即同一个元件在同一个程序中只能使用一次=指令，且=指令必须放在梯形图的最右端。=指令可以并联使用任意次，但不能串联使用。

【例 1–2】 触点串联与触点并联指令的应用举例如图 1–3 所示。

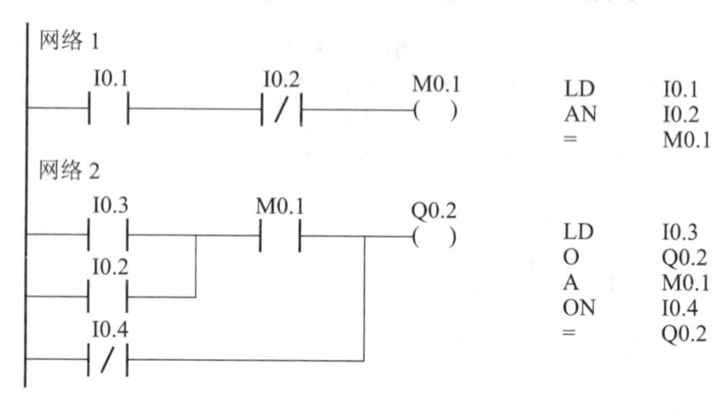

图 1–3 触点串联与触点并联指令的应用举例

（a）梯形图；（b）语句表

5. 触点串联与触点并联指令的使用说明

① A、AN、O、ON 的操作数：I、Q、M、SM、T、C、V、S、L。

② A、AN 是单个触点串联连接指令，可连续使用。

③ O、ON 是单个触点并联指令，可连续使用。

6. 与块指令和或块指令的使用说明

① ALD、OLD 指令无操作数。

② 在块电路开始时要使用 LD 或 LDN。

③ 电路块串联结束时使用 ALD，电路块并联结束时使用 OLD。

④ ALD、OLD 指令可根据块电路情况多次使用。

【例 1–3】 与块指令和或块指令的应用举例如图 1–4 所示。

二、STEP 7–Micro/WIN32 编程软件的使用

STEP 7–Micro/WIN32 编程软件是基于 Windows 的应用软件，它是西门子公司专门为 S7–200 系列可编程控制器而设计开发的，是 PLC 用户不可缺少的开发工具。目前，STEP 7–Micro/WIN32 编程软件已经升级到了 4.0 版本，本书将以该版本的中文版为编程环

境进行介绍。

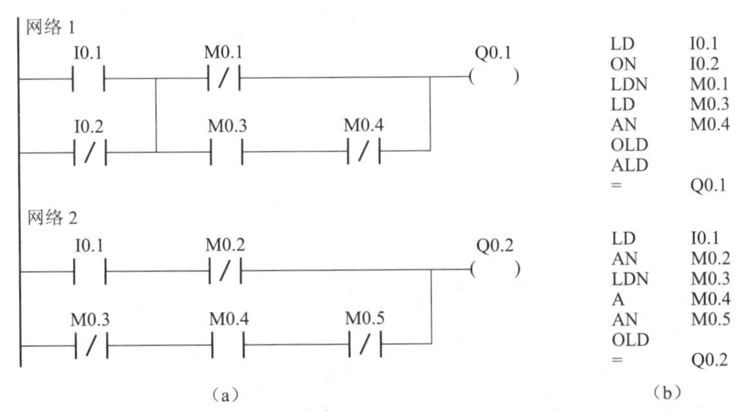

图 1–4　与块指令和或块指令的应用举例

（a）梯形图；（b）语句表

1. 硬件连接

为了实现 PLC 与计算机之间的通信，西门子公司为用户提供了两种硬件连接方式：一种是通过 PC/PPI 电缆直接连接，另一种是通过带有 MPI 电缆的通信处理器连接。

典型的单主机与 PLC 直接连接如图 1–5 所示，它不需要其他的硬件设备，方法是把 PC/PPI 电缆的 PC 端连接到计算机的 RS–232 通信口（一般是 COM1），而把 PC/PPI 电缆的 PPI 端连接到 PLC 的 RS–485 通信口即可。

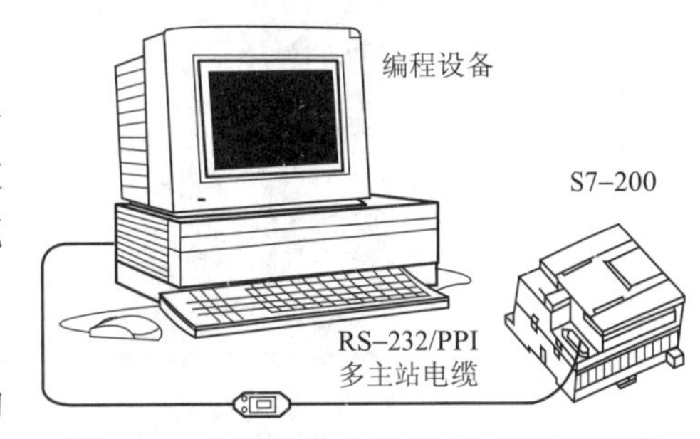

图 1–5　典型的单主机与 PLC 直接连接

2. 软件的安装

（1）系统要求

STEP 7–Micro/WIN32 软件安装包是基于 Windows 的应用软件，4.0 版本的软件安装与运行需要 Windows2000/SP3 或 WindowsXP 的操作系统。

（2）软件安装

STEP 7–Micro/WIN32 软件的安装方法很简单，将光盘插入光盘驱动器，系统就会自动进入安装向导（或在光盘目录里双击 Setup，则进入安装向导），按照安装向导完成软件的安装。软件程序安装路径可使用默认子目录，也可以使用单击“浏览”按钮弹出的对话框中的任意选择或新建一个子目录。

首次运行 STEP 7–Micro/WIN32 软件时，系统默认语言为英语，但可根据需要修改编程语言。如将英语改为中文，其具体操作如下：运行 STEP 7–Micro/WIN32 编程软件，在主界面单击 Tools→Options→General 选项，然后在弹出的对话框中选择 Chinese 即可将 English 改为中文。

3. STEP 7–Micro/WIN32 软件的窗口组件

（1）基本功能

STEP 7–Micro/WIN32 的基本功能是协助用户完成应用程序的开发，同时它具有设置 PLC 参数、加密和运行监视等功能。

编程软件在联机工作方式（PLC 与计算机相连）时可以实现用户程序的输入、编辑、上载运行、下载运行、通信测试及实时监视等功能。在离线条件下，也可以实现用户程序的输入、编辑、编译等功能。

（2）主界面

启动 STEP 7–Micro/WIN32 编程软件，其主要界面外观如图 1–6 所示。

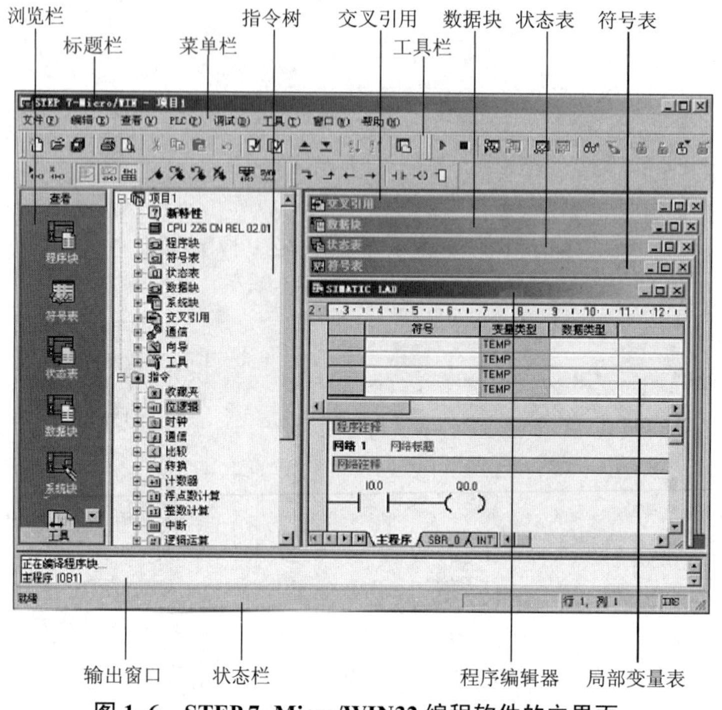

图 1–6　STEP 7–Micro/WIN32 编程软件的主界面

主界面一般可分为以下 6 个区域：菜单栏（包含 8 个主菜单项）、工具栏（快捷按钮）、浏览栏（快捷操作窗口）、指令树（快捷操作窗口）、输出窗口和用户窗口（可同时或分别打开图中的 5 个用户窗口）。除菜单栏外，用户可根据需要决定其他窗口的取舍和样式的设置。

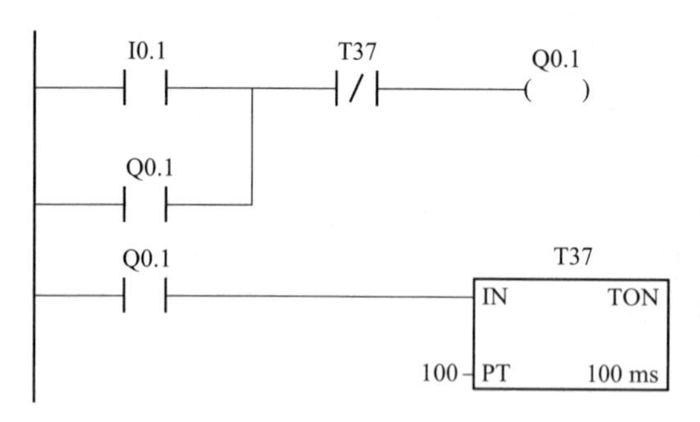

图 1–7　编程软件使用示例的梯形图

4. 编程软件的使用

STEP 7–Micro/WIN4.0 编程软件具有编程和程序调试等多种功能，下面通过一个简单的程序示例，介绍编程软件的基本使用。

STEP 7–Micro/WIN4.0 编程软件的基本使用示例如图 1–7 所示。

（1）编程的准备

① 创建一个项目或打开一个已有的项目。

在进行控制程序编程之前，首先应创建一个项目。单击菜单“文件”→“新建”选项或单击工具栏的新建按钮，可以生成一个新的项目。单击菜单“文件”→“打开”选项或单击工具栏的打开按钮，可以打开已有的项目。项目以扩展名为.mwp 的文件格式保存。

② 设置与读取 PLC 的型号。

在对 PLC 编程之前，应正确地设置其型号，以防创建程序时发生编辑错误。如果指定了型号，指令树用红色标记“×”表示对当前选择的 PLC 为无效指令。设置与读取 PLC 的型号可以有两种方法：

方法一：单击菜单“PLC”→“类型”选项，在弹出的对话框中，可以选择 PLC 型号和 CPU 版本，如图 1–8 所示。

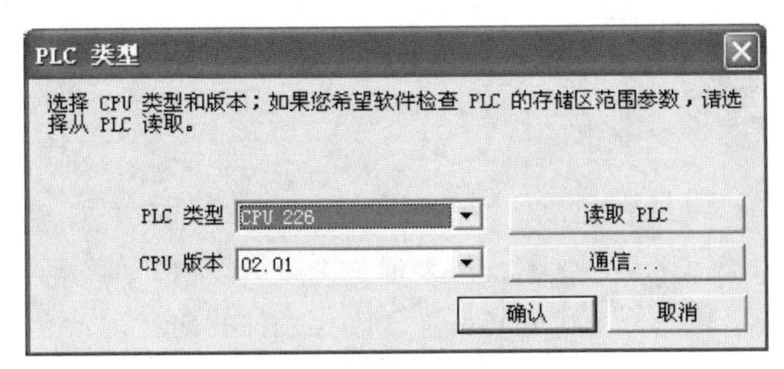

图 1–8　设置 PLC 的型号

方法二：双击指令树的“项目 1”，然后双击 PLC 型号和 CPU 版本选项，在弹出的对话框中进行设置即可。如果已经成功地建立通信连接，那么单击对话框中的“读取 PLC”按钮，便可以通过通信读出 PLC 的信号与硬件版本号。

③ 选择编程语言和指令集。

S7–200 系列 PLC 支持的指令集有 SIMATIC 和 IEC1131–3 两种。SIMATIC 编程模式选择，可以单击菜单“工具”→“选项”→“常规”→SIMATIC 选项来确定。

编程软件可实现 3 种编程语言（编程器）之间的任意切换，单击菜单“查看”→“梯形图”或 STL 或 FBD 选项便可进入相应的编程环境。

④ 确定程序的结构。

简单的数字量控制程序一般只有主程序，而系统较大、功能复杂的程序除了主程序外，还可能有子程序、中断程序。编程时可以单击编辑窗口下方的选项来实现切换以完成不同程序结构的程序编辑。用户程序结构选择编辑窗口如图 1–9 所示。

主程序 SBR_0 INT_0

图 1–9　用户程序结构选择编辑窗口

主程序在每个扫描周期内均被顺序执行一次。子程序的指令放在独立的程序块中，仅在被程序调用时才执行。中断程序的指令也放在独立的程序块中，用来处理预先规定的中断事件，在中断事件发生时操作系统调用中断程序。

（2）梯形图的编辑

在梯形图编辑窗口中，梯形图程序被划分成若干个网络，且一个网络中只能有一个独立的电路块。如果一个网络中有两个独立的电路块，那么在编译时输出窗口将显示“1 个错误”，待错误修正后方可继续。当然，也可以对网络中的程序或者某个编程元件进行编辑，执行删除、复制或粘贴操作。

① 首先打开 STEP 7–Micro/WIN4.0 编程软件，进入主界面，如图 1–10 所示。

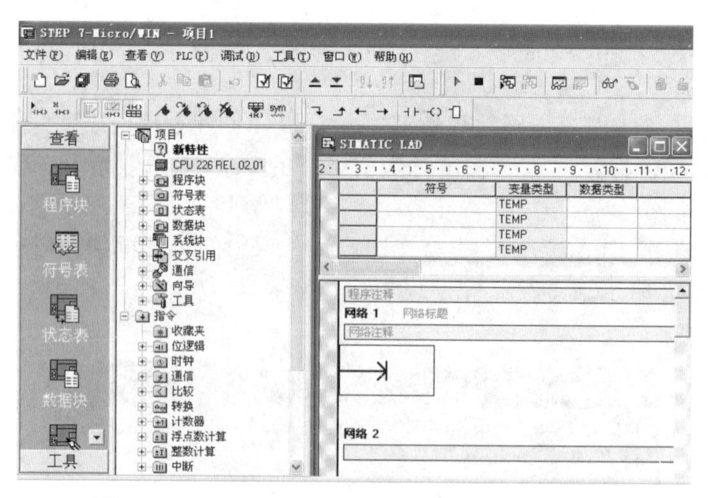

图 1–10　STEP 7–Micro/WIN4.0 编程软件主界面

② 单击浏览栏的“程序块”按钮，进入梯形图编辑窗口。

③ 在编辑窗口中，把光标定位到将要输入编程元件的地方。

图 1–11　选取触点

④ 可直接在指令工具栏中单击常开触点按钮，选取触点如图 1–11 所示。在弹出的位逻辑指令中单击 ⊣⊢ 图标选项，选择常开触点，如图 1–12 所示。输入的常开触点符号会自动写入光标所在位置。输入常开触点，如图 1–13 所示。也可以在指令树中双击位逻辑选项，然后双击常开触点输入。

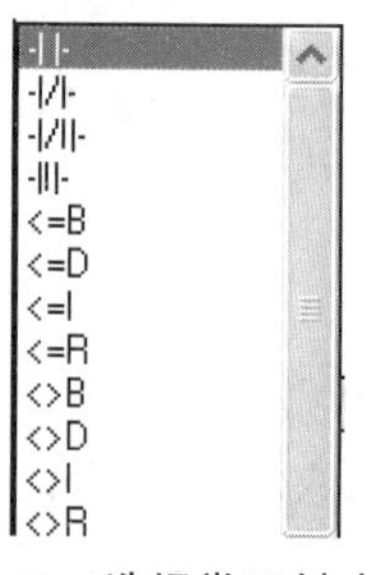

图 1–12　选择常开触点

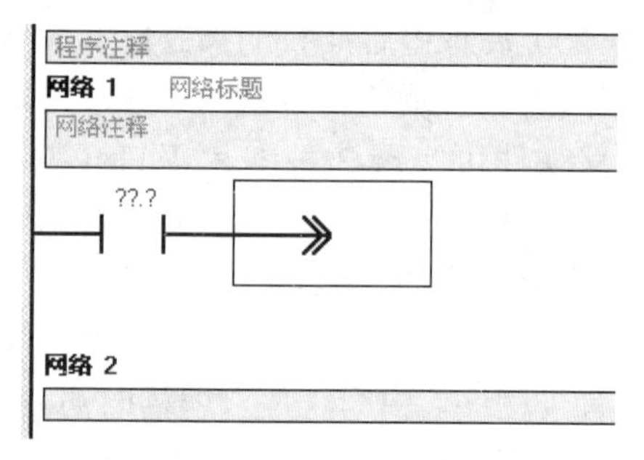

图 1–13　输入常开触点

⑤ 在？？.？中输入操作数 I0.1，如图 1–14 所示，然后光标自动移到下一列。

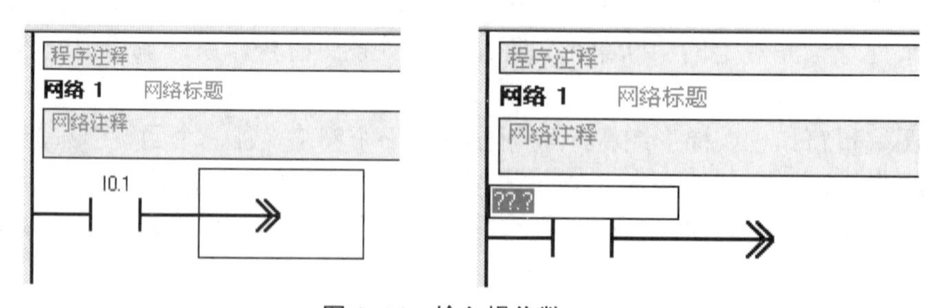

图 1–14　输入操作数 I0.1

⑥ 用同样的方法在光标位置输入 -|/|- 和 -( )，并填写对应地址。T37 和 Q0.1 的编辑结果如图 1–15 所示。

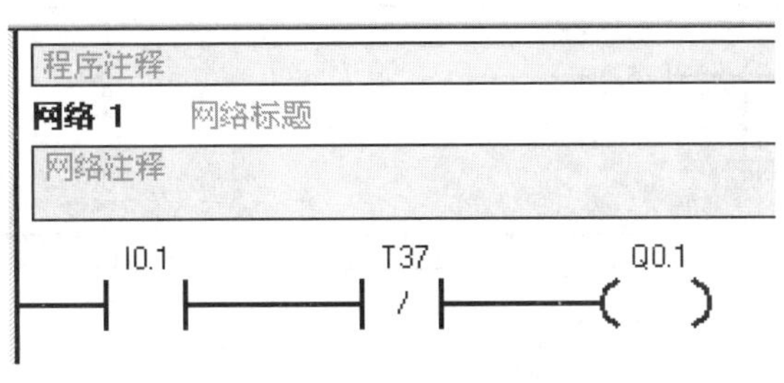

图 1–15　T37 和 Q0.1 编辑结果

⑦ 将光标定位到 I0.1 下方，按照 I0.1 的输入办法输入 Q0.1，编辑结果如图 1–16 所示。

⑧ 将光标移到要合并的触点处，单击指令工具栏中的向上连线按钮 ，将 Q0.1 和 I0.1 并联连接，如图 1–17 所示。

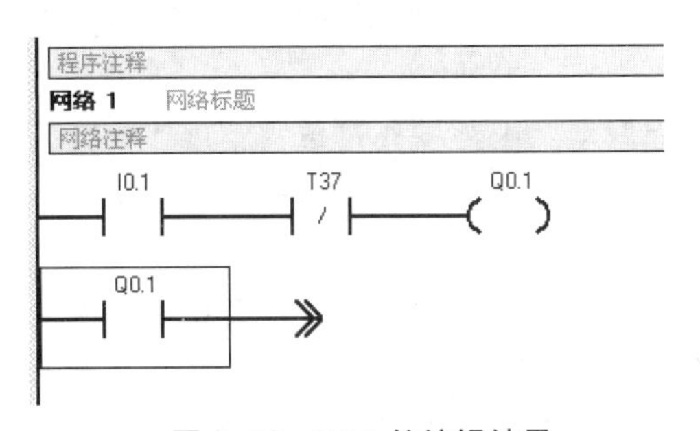

图 1–16　Q0.1 的编辑结果

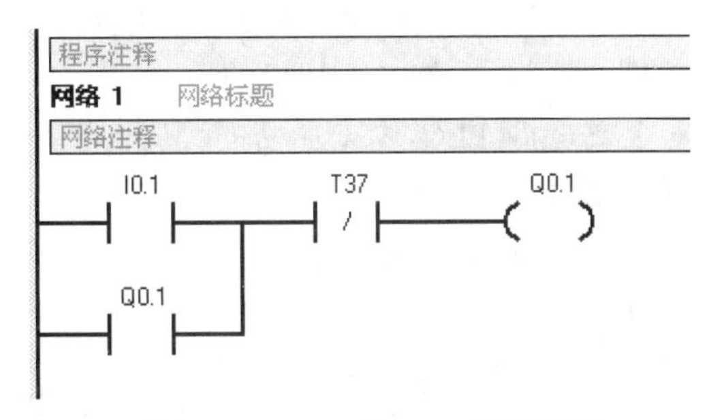

图 1–17　Q0.0 和 I0.0 并联连接

⑨ 将光标定位到网络 2，按照 I0.1 的输入方法编写 Q0.1。

⑩ 将光标定位到定时器输入位置，双击指令树的“定时器”选项，然后在展开的选项中双击接通延时定时器图标（如图 1–18 所示），这时在光标位置即可输入接通延时定时器。

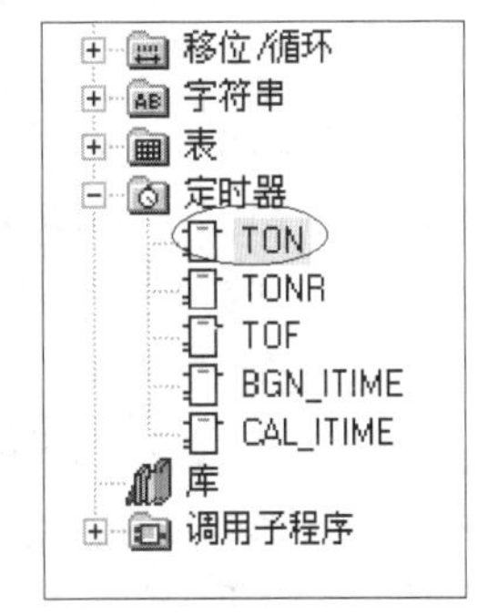

图 1–18　选择定时器

在定时器指令上面的????处输入定时器编号 T37，在左侧????处输入定时器的预置值 100，编辑结果如图 1–19 所示。

经过上述操作过程，编程软件使用示例的梯形图就编辑完成了。如果需要进行语句表和功能图编辑，可按下面的方法来实现。

语句表的编辑：单击菜单“查看”→“STL”选项，可以直接进行语句表的编辑。如图 1–20 所示。

（3）程序的状态监控与调试

① 编译程序。

单击菜单“PLC”→“编译”或“全部编译”选项，或单击工具栏的 或 按钮，可以分别编译当前打开的程序或全部程序。编译后在输出窗口中显示程序的编译结果，必须修正程序中的所有错误，编译无错误后，才能下载程序。若没有对程序进行编译，在下载之前编程软件会自动对程序进行编译。

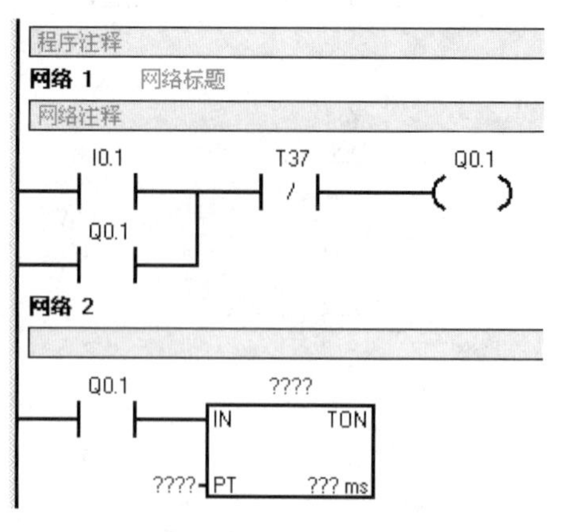

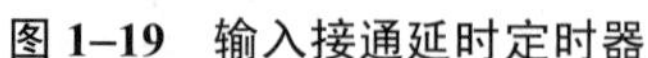

图 1–19　输入接通延时定时器

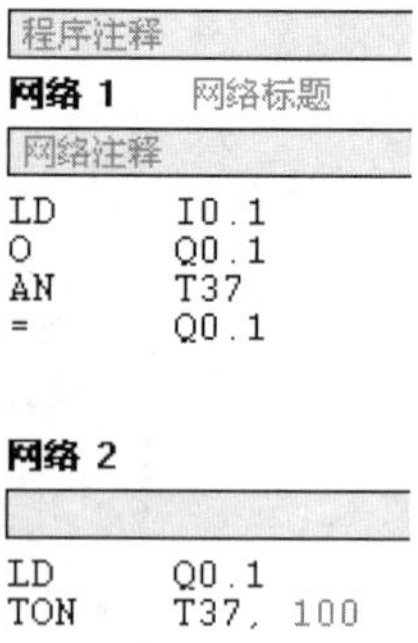

```
程序注释
网络 1   网络标题
网络注释
LD      I0.1
O       Q0.1
AN      T37
=       Q0.1

网络 2

LD      Q0.1
TON     T37, 100
```

图 1–20　语句表的编辑

② 下载与上载程序。

下载是将当前编程器中的程序写入 PLC 的存储器中。计算机与 PLC 建立的通信连接正常，并且用户程序编译无错误后，才可以将程序下载到 PLC 中。下载操作可单击菜单“文件”→“下载”选项，或单击工具栏的按钮。

上载是将 PLC 中未加密的程序向上传送到编程器中。上载操作可单击菜单“文件”→“上载”选项，或单击工具栏的按钮。

③ PLC 的工作方式。

PLC 有两种工作方式，即运行和停止。在不同的工作方式下，PLC 进行调试操作的方法不同。可以通过单击菜单“PLC”→“运行”或“停止”的选项来选择工作方式，也可以在 PLC 的工作方式开关处操作来选择。PLC 只有处在运行工作方式下，才可以启动程序的状态监控。

④ 程序的调试与运行。

程序的调试及运行监控是程序开发的重要环节，很少有程序一经编制就是完整的，只有经过调试运行甚至现场运行后才能发现程序中不合理的地方，从而进行修改。STEP 7–Micro/WIN4.0 编程软件提供了一系列工具，可使用户直接在软件环境下调试并监视用户程序的执行。

⑤ 程序的运行。

单击工具栏的按钮，或单击菜单“PLC”→“运行”选项，在对话框中确定进入运行模式，这时黄色 STOP（停止）状态指示灯灭，绿色 RUN（运行）灯点亮。程序运行后如图 1–21 所示。

⑥ 程序的调试。

在程序调试中，经常采用程序状态监控、状态表监控和趋势图监控三种方式反映程序的运行状态。下面结合示例介绍基本的使用情况。

方式一：程序状态监控。

单击工具栏中的按钮，或单击菜单“调试”→“开始程序状态监控”选项，进入程序状态监控。启动程序运行状态监控后：当 I0.1 触点断开时，编程软件使用示例的程序状态如图 1–21 所示；当 I0.1 触点接通后，编程软件使用示例的程序状态如图 1–22 所示。

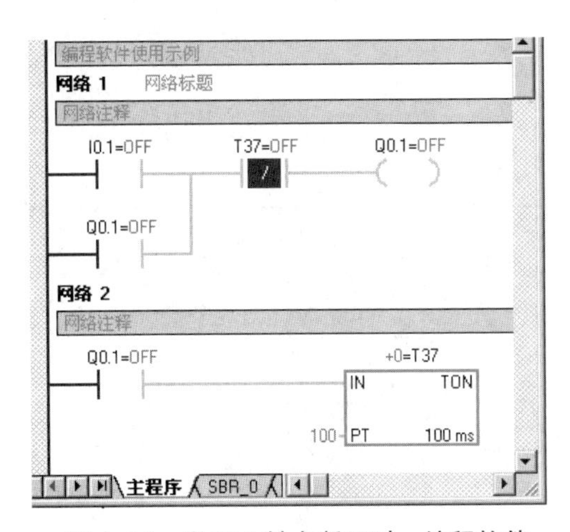

图 1–21　当 I0.1 触点断开时，编程软件使用示例的程序状态

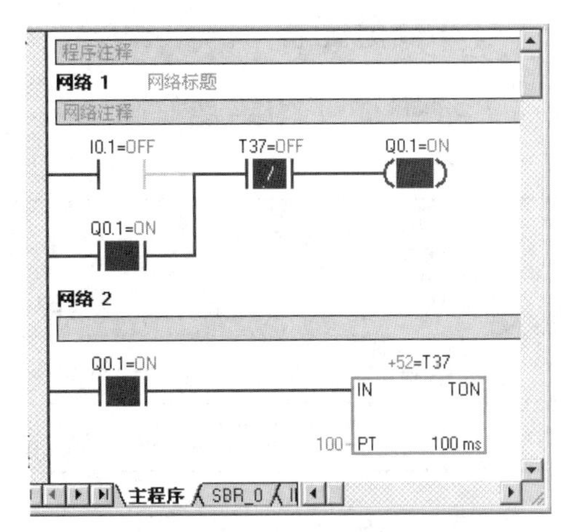

图 1–22　当 I0.1 触点接通后，编程软件使用示例的程序状态

在监控状态下，“能流”通过的元件将显示蓝色，通过施加输入，可以模拟程序的实际运行，从而检验程序。梯形图中的每个元件的实际状态都能显示出来，这些状态是 PLC 在扫描周期完成时的结果。

方式二：状态表监控。

可以使用状态表来监控用户程序，还可以采用强制表操作修改用户程序的变量。编程软件使用示例的状态表监控如图 1–23 所示，在当前值栏目中显示了各元件的状态和数值大小。

	地址	格式	当前值	新值
1	I0.1	位	2#0	
2	Q0.1	位	2#1	
3	T37	位	2#0	
4	T37	有符号	+51	

图 1–23　编程软件使用示例的状态表监控

可以选择下面三种方法之一来进行状态表监控：

方法一：单击菜单“查看”→“组件”→“状态表”。

方法二：单击浏览栏的“状态表”按钮。

方法三：单击装订线，选择程序段，右击，在弹出的快捷菜单中单击“创建状态图”命令，能快速生成一个包含所选程序段内各元件的新表格。

方式三：趋势图监控。

趋势图监控是采用编程元件的状态和数值大小随时间变化关系的图形监控。可单击工具栏的按钮，将状态表监控切换为趋势图监控。

任务实施

图 1–1 电动机单向启动、停止控制线路的系统功能采用 PLC 控制系统来完成时，仍然需要保留主电路部分，图 1–1（b）中控制电路的功能由 PLC 执行程序取代，在 PLC 的控制系统中，还要求对 PLC 的输入/输出端口进行设置，即 I/O 分配，根据 I/O 分配情况完成 PLC 的硬件接线，直到系统调试符合控制要求为止。

一、I/O 分配表

I/O 分配情况如表 1–2 所列。

表 1–2　I/O 分配

输　入		输　出	
I0.0	停止按钮 SB1	Q0.1	控制接触器 KM
I0.1	启动按钮 SB2		
I0.2	热继电器动合触点 FR		

二、PLC 硬件接线图

PLC 的硬件接线如图 1–24 所示。

三、控制程序

控制程序和运行结果分析如图 1–25 所示。

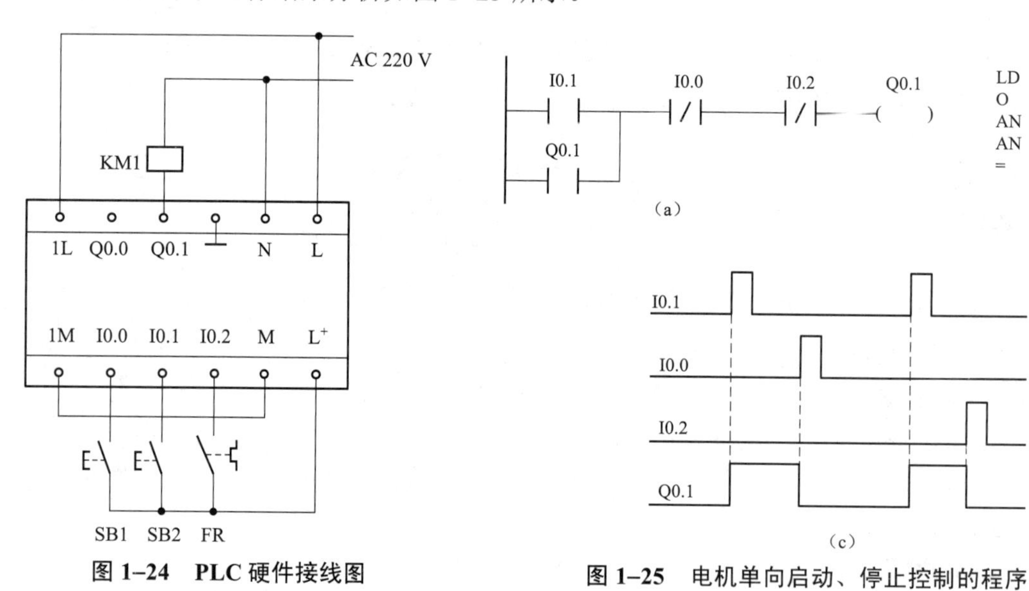

图 1–24　PLC 硬件接线图

图 1–25　电机单向启动、停止控制的程序
（a）梯形图；（b）语句表；（c）波形图

四、系统调试

① 完成接线并检查、确认接线正确；

② 输入并运行程序，监控程序运行状态，分析程序运行结果；

③ 程序符合控制要求后再接通主电路试车，进行系统调试，直到最大限度地满足系统的控制要求为止。

拓展知识

一、PLC 简介

1. PLC 的定义

可编程控制器（Programmable Controller）简称 PLC，是以微处理器为基础，融合了计算机技术、自动控制技术和通信技术等现代科技而发展起来的一种新型工业自动控制装置。随着计算机技术的发展，可编程控制器作为通用的工业控制计算机，其功能日益强大，性价比越来越高，已经成为工业领域的主流设备。PLC 是目前最可靠的工控机，也是工业控制的三大支柱（机械人、PLC、CAD/CAM）之一。

2. PLC 的主要特点

（1）高可靠性、抗干扰能力强

工业生产一般对控制设备的可靠性要求很高，并且还要求有很强的抗干扰能力。PLC 能在恶劣的环境中可靠地工作，平均无故障时间达到数万小时以上，已被公认为最可靠的工业控制设备之一。

PLC 本身具有较强的自诊断功能，保证了硬件核心设备（CPU、存储器、I/O 总线等）在正常情况下执行用户程序，一旦出现故障则立即给出出错信号，停止用户程序的执行，并切断所有输出信号，等待修复。PLC 的主要模块均采用大规模和超大规模集成电路，I/O 系统设计有完善的通道保护与信号调理电路。在结构上对耐热、防潮、防尘、抗震等都有精确考虑；在硬件上采用隔离、屏蔽、滤波、接地等抗干扰措施；在软件上采用数字滤波等措施。与继电器系统和通用计算机相比，PLC 更能适应工业现场环境要求。

（2）硬件配套齐全，使用方便，适应性强

PLC 是通过执行程序来实现控制的。当控制要求发生改变时，只要修改程序即可，最大限度地缩短了工艺更新所需要的时间。PLC 的产品已标准化、系列化、模块化，而且 PLC 及配套产品的模块品种多，用户可以灵活方便地进行系统配置组合成各种不同规模、不同功能的控制系统。在 PLC 控制系统中，只需在 PLC 的端子上接入相应的输入/输出信号线即可，而不需要进行大量且复杂的硬接线，并且 PLC 有较强的带负载能力，可以直接驱动一般的电磁阀和交流接触器。

（3）编程直观，易学易会

PLC 提供了多种编程语言，其中梯形图使用最普遍。PLC 是面向用户的设备，其设计者充分考虑到现场工程技术人员的技能和习惯，规定其程序的编制采用梯形图的简单指令形式。梯形图与继电原理图相似，这种编程语言形象直观，易学易懂，不需要专门的计算机知识和语言，现场工程技术人员可在短时间内学会使用。用户在购买 PLC 后，只需按说明书的提示，做少量的接线和进行简易的用户程序编制工作，就可灵活方便地将 PLC 应用于生产实践。

（4）系统的设计、安装、调试工作量小，维护方便

PLC 用软件取代了继电器控制系统中大量的中间继电器、时间继电器、计数器等器件，使控制柜的设计、安装、接线工作量大为减少。同时，PLC 的用户程序大部分可以在实验室进行模拟调试，模拟调试好后再将 PLC 控制系统安装到生产现场，进行联机调试，这样既

安全，又快捷方便。

PLC 的故障率很低，并且有完善的自诊断和显示功能。当发生故障时，可以根据 PLC 的状态指示灯显示或编程器提供的信息迅速查找到故障原因，排除故障。

（5）体积小，能耗低

由于 PLC 采用了半导体集成电路，其体积小、重量轻、结构紧凑、功耗低、便于安装，是机电一体化的理想控制器。对于复杂的控制系统，采用 PLC 后，一般可将开关柜的体积缩小到原来的 1/10～1/2。

3. PLC 的分类

（1）按 I/O 点数分类

PLC 所能接受的输入信号个数和输出信号个数分别称为 PLC 的输入点数和输出点数。其输入、输出点数的数目之和称为 PLC 的输入/输出点数，简称 I/O 点数。I/O 点数是选择 PLC 的重要依据之一。

一般而言，PLC 控制系统处理的 I/O 点数较多时，其控制关系比较复杂，用户要求的程序存储器容量也较大，要求 PLC 指令及其他功能就比较多。按 PLC 输入、输出点数的多少可将 PLC 分为以下三类。

① 小型 PLC。小型 PLC 的输入、输出总点数一般在 256 点以下，用户程序存储器容量在 4K 字左右。小型 PLC 的功能一般以开关量控制为主，适合单机控制和小型控制系统。如西门子 S7–200 系列、三菱 FX 系列、欧姆龙 CPM2A 系列。

② 中型 PLC。中型 PLC 的输入、输出总点数为 256～2 048 点，用户程序存储器容量达到 8K 字左右。中型机适用于组成多机系统和大型控制系统。如西门子 S7–300 系列、三菱 A 系列、欧姆龙 C200H 系列。

③ 大型 PLC。大型 PLC 的输入、输出总点数在 2 048 点以上，用户程序存储器容量达到 16K 字以上。大型机适用于组成分布式控制系统和整个工厂的集散控制网络。如西门子 S7–400 系列，三菱 Q 系列，欧姆龙 CS1 系列。

上述划分没有一个十分严格的界限，随着 PLC 技术的飞速发展，一些小型 PLC 也具备中型或大型 PLC 的功能，这也是 PLC 的发展趋势。

（2）按结构形式分类

按照 PLC 的结构特点可分为整体式、模块式两大类。

① 整体式结构。把 PLC 的 CPU、存储器、输入/输出单元、电源等集成在一个基本单元中，其结构紧凑、体积小、成本低、安装方便。基本单元上设有扩展端口，通过电缆与扩展单元相连，可配接特殊功能模块。微型和小型 PLC 一般为整体式结构，且 S7–200 系列也属整体式结构。

② 模块式结构。PLC 由一些模块单元构成，这些标准模块包括 CPU 模块、输入模块、输出模块、电源模块和各种特殊功能模块等，使用时将这些模块插在标准机架内即可。各模块功能是独立的，外形尺寸是统一的。模块式 PLC 的硬件组态方便灵活，装配和维修方便，易于扩展。

目前，中、大型 PLC 多采用模块式结构形式，如西门子的 S7–300 和 S7–400 系列。

4. PLC 的应用领域

目前，PLC 在国内外已广泛应用于钢铁、石油、化工、电力、建材、机械制造、汽车、轻纺、交通运输、环保及文化娱乐等各个行业，随着其性能价格比的不断提高，应用的范围还在不断扩大，PLC 的应用大致可归纳为以下几类。

（1）开关量的逻辑控制

这是 PLC 最基本、最广泛的应用领域。PLC 的逻辑控制取代了传统的继电系统控制电路，实现了逻辑控制和顺序控制，既可用于单机控制，也可用于多机群控及自动化生产线的控制等。如机床电气控制、装配生产线、电梯控制、冶金系统的高炉上料系统以及各种生产线的控制。

（2）运动控制

PLC 可以用于圆周运动或直线运动的控制。目前，大多数的 PLC 制造商都提供了拖动步进电动机或伺服电动机的单轴或多轴位置控制模块，这一功能可广泛用于各种机械，如金属切削机床、金属成型机床、机器人、电梯等。

（3）过程控制

过程控制是指对温度、压力、流量、速度等连续变化的模拟量的闭环控制。PLC 采用相应的 A/D 和 D/A 转换模块及各种各样的控制算法程序来处理模拟量，完成闭环控制。PID 调节是一般闭环控制系统中用得较多的一种调节方法。过程控制在冶金、化工、热处理、锅炉控制等场合有着非常广泛的应用。现代的大、中型 PLC 一般都有闭环 PID 控制模块，这一功能可以用 PID 子程序来实现，而更多的是使用专用 PID 模块来实现的。

（4）数据处理

PLC 具有数学运算（含矩阵运算、函数运算、逻辑运算）、数据传送、数据转换、排序、查表、位操作等功能，可以完成数据的采集、分析及处理。这些数据可以通过通信接口传送到指定的智能装置进行处理，或将它们打印备用。数据处理一般用于大型控制系统，如造纸、冶金、食品工业中的一些大型控制系统。

（5）通信及联网

PLC 通信包括 PLC 相互之间、PLC 与上位机、PLC 与其他智能设备间的通信。而 PLC 与其他智能控制设备一起，可以构成"集中管理、分散控制"的分布式控制系统，满足了工厂自动化系统发展的需要。

二、S7–200 PLC 的组成

PLC 的硬件系统一般主要由中央处理单元、输入/输出接口、I/O 扩展接口、编程器接口、编程器和电源等几个部分组成，如图 1–26 所示。

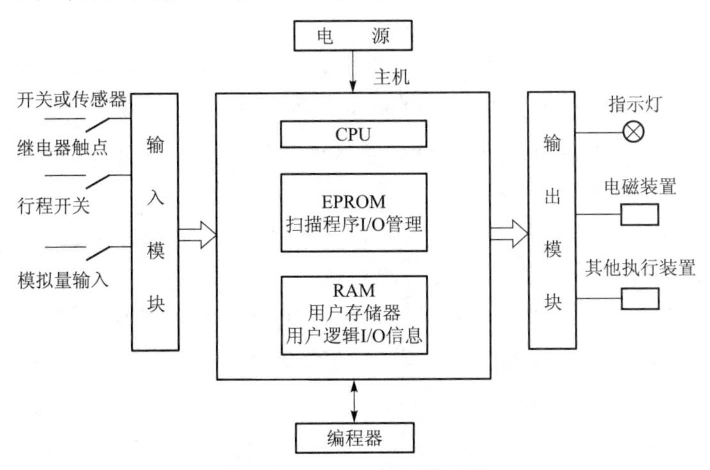

图 1–26　PLC 的硬件系统

（1）中央处理器（CPU）

一般由控制器、运算器和寄存器组成，这些电路都集成在一个芯片内。CPU 通过数据总线、地址总线和控制总线与存储单元、输入/输出接口电路相连接。

与一般的计算机一样，CPU 是整个 PLC 的控制中枢，它按照 PLC 中系统程序赋予的功能指挥 PLC 有条不紊地进行工作。CPU 主要完成下述几种工作。

① 接收、存储用户通过编程器等输入设备输入的程序和数据。

② 用扫描的方式通过 I/O 部件接收现场信号的状态或数据，并存入输入映像寄存器或数据存储器中。

③ 诊断 PLC 内部电路的工作故障和编程中的语法错误等。

④ PLC 进入运行状态后，执行用户程序，完成各种数据的处理、传输和存储相应的内部控制信号，以完成用户指令规定的各种操作。

⑤ 响应各种外围设备（如编程器、打印机等）的请求。

PLC 采用的 CPU 随机型的不同而不同。目前，小型 PLC 为单 CPU 系统，中型及大型则采用双 CPU 甚至多 CPU 系统。PLC 通常采用的微处理器有三种：通用微处理器、单片微处理器（即单片机）和位片式微处理器。

（2）存储器

PLC 系统中的存储器主要用于存放系统程序、用户程序和工作状态数据。PLC 存储器包括系统存储器和用户存储器。

① 系统存储器用来存放由 PLC 生产厂家编写的系统程序，并固化在 ROM 内，且用户不能更改。它使 PLC 具有基本的功能，能够完成 PLC 设计者规定的各项工作。系统程序质量的好坏很大程度上决定了 PLC 的性能。

② 用户存储器包括用户程序存储器（程序区）和数据存储器（数据区）两部分。用户程序存储器用来存放用户针对具体控制任务采用 PLC 编程语言编写的各种用户程序。且用户程序存储器根据所选用的存储器单元类型的不同（可以是 RAM、EPROM 或 E^2PROM 存储器），其内容可以由用户修改或增删。用户数据存储器可以用来存放（记忆）用户程序中所使用器件的 ON/OFF 状态和数据等。用户存储器的大小关系到用户程序容量的大小，是反映 PLC 性能的重要指标之一。

（3）输入/输出接口

输入/输出接口是 PLC 与现场 I/O 设备或其他外部设备之间的连接部件。PLC 通过输入接口把外部设备（如开关、按钮、传感器）的状态或信息读入 CPU，并通过用户程序的运算与操作，把结果通过输出接口传递给执行机构（如电磁阀、继电器、接触器等）。

（4）电源部分

PLC 内部配有一个专用开关型稳压电源，它将交流/直流供电电源变换成系统内部各单元所需的电源，即为 PLC 各模块的集成电路提供工作电源。

PLC 一般使用 220 V 的交流供电电源。其内部的开关电源对电网提供的电源要求不高，与普通电源相比，PLC 电源稳定性好、抗干扰能力强。许多 PLC 都向外提供直流 24 V 的稳压电源，用于对外部传感器供电。

对于整体式结构的 PLC，通常电源封装在机壳内部；对于模块式 PLC，有的采用单独电源模块，有的将电源与 PLC 封装到一个模块中。

技能训练

一、控制要求

在生产实际中，为了操作方便，对有些生产机械（特别是大型机械），往往要求能在多个地点进行控制，故设计出 PLC 梯形图，来完成两地点控制电动机的启动、停止及点动控制任务。

二、实训内容

① 写出 I/O 分配表。

② 绘制主电路图和 PLC 硬件接线图。

③ 根据控制要求，设计梯形图程序。

④ 完成接线并检查确认接线是否正确。

⑤ 输入并运行程序，监控程序运行状态，分析程序运行结果。

⑥ 程序符合控制要求后再接通主电路试车，进行系统调试，直到最大限度地满足系统的控制要求为止。

⑦ 汇总整理并编制实验报告，保留工程文件。

三、技能训练评价

技能训练如表 1–3 所列。

表 1–3　技能训练评价表

序号	主要内容	考核要求	评分标准	配分	扣分	得分
1	方案设计	根据控制要求，画出 I/O 分配表，设计梯形图程序，画出 PLC 的外部接线图	1. 输入/输出地址遗漏或错误，每处扣 1 分 2. 梯形图表达不正确或画法不规范，每处扣 2 分 3. PLC 的外部接线图表达不正确或画法不规范，每处扣 2 分 4. 指令有错误，每个扣 2 分	30		
2	安装与接线	按 PLC 的外部接线图在板上正确接线，要求接线正确、紧固、美观	1. 接线不紧固、不美观，每根扣 2 分 2. 接点松动，每处扣 1 分 3. 不按接线图接线，每处扣 2 分	30		
3	程序输入与调试	学会编程软件的基本操作，正确操作电脑开机和停机，并能正确地将程序输入 PLC，按动作要求进行模拟调试，最终达到控制要求	1. 不熟练操作电脑，扣 2 分 2. 不会用删除、插入、修改等指令，每项扣 2 分 3. 第一次试车不成功扣 5 分，第二次试车不成功扣 10 分，第三次试车不成功扣 20 分	30		

续表

序号	主要内容	考核要求	评分标准	配分	扣分	得分
4	安全与文明生产	遵守国家相关专业的安全文明生产规程，遵守学校纪律、学习态度端正	1. 不遵守教学场所规章制度，扣 2 分 2. 出现重大事故或人为损坏设备扣 10 分	10		
5	备注	电气元件均采用国家统一规定的图形符号和文字符号	由教师或指定学生代表负责依据评分标准评定	合计 100 分		
小组成员签名						
教师签名						

工作任务 2　电动机正反转的 PLC 控制

教学导航

能力目标

① 学会 I/O 口分配表的设置；
② 学会绘制 PLC 硬件接线图的方法并正确接线；
③ 学会编程软件的基本操作，掌握用户程序的输入和编辑方法。

知识目标

① 熟悉基本指令的应用；
② 掌握 PLC 控制系统的设计方法；
③ 理解置位和复位指令功能，学会使用置位、复位指令编写控制程序。

知识分布网络

- 置位指令
- 复位指令
- 上升沿脉冲指令
- 下降沿脉冲指令

任务导入

在生产实际中，各种生产机械常常要求具有上、下、左、右、前、后等相反方向的运动，这就要求电动机能够正、反向运转。三相交流电动机可以借助正、反向接触器改变定子绕相序来实现。

图 1–27 为电动机正反转的控制线路。该线路可以实现电动机正转－停止－反转－停止控制功能。

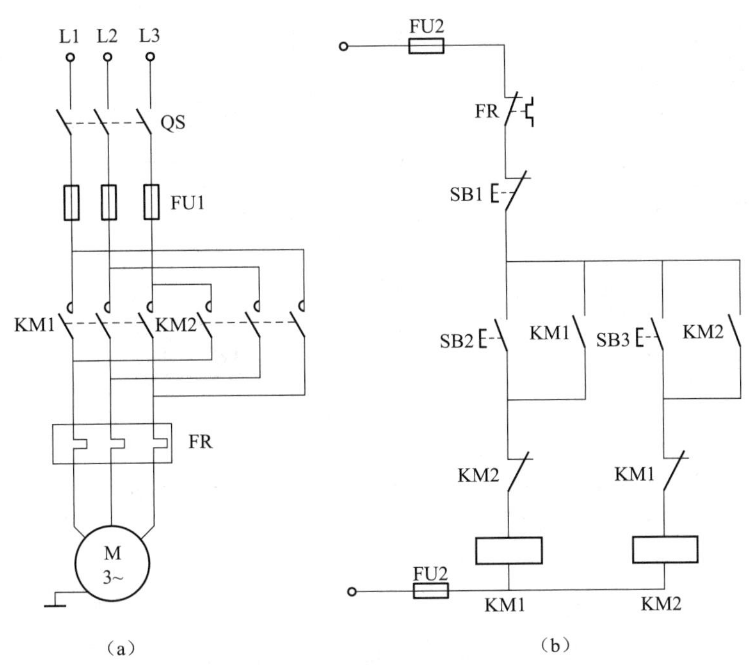

图 1–27　电动机正反转的控制线路

任务分析

由图 1–27 可知，为保证电机正常工作，避免发生两相电源短路事故，在电机正、反向控制的两个接触器线圈电路中互串一个对方的动断触点，形成相互制约的控制，使 KM1 和 KM2 线圈不能同时得电，这对动断触点起互锁作用称为互锁触点。这些控制要求都应在梯形图中体现。

图 1–27 电动机正反转的控制线路系统功能可以改由 PLC 的指令来实现。

知识链接

在程序设计过程中，常常需要对输入、输出继电器或内部存储器的某些位进行置 1 或置 0 的操作，S7–200CPU 指令系统提供了置位与复位指令，从而可以很方便地对多个点进行置 1 或置 0 操作，使 PLC 程序的编程更为灵活和简便。下面对置位、复位指令的用法和编程应用进行介绍。

一、置位、复位指令

1. 格式及功能

置位、复位指令的格式及功能如表 1–4 所列。

表 1–4　置位、复位指令的格式及功能

指令名称	LAD	STL	功　能
置位指令 Set	bit —(　S　) N	S　bit，N	使能输入有效后，从指定 bit 地址开始的 N 个位置“1”并保持
复位指令 Reset	bit —(　R　) N	R　bit，N	使能输入有效后，从指定 bit 地址开始的 N 个位置“0”并保持

【例 1–4】 置位、复位指令的应用举例如图 1–28 所示。

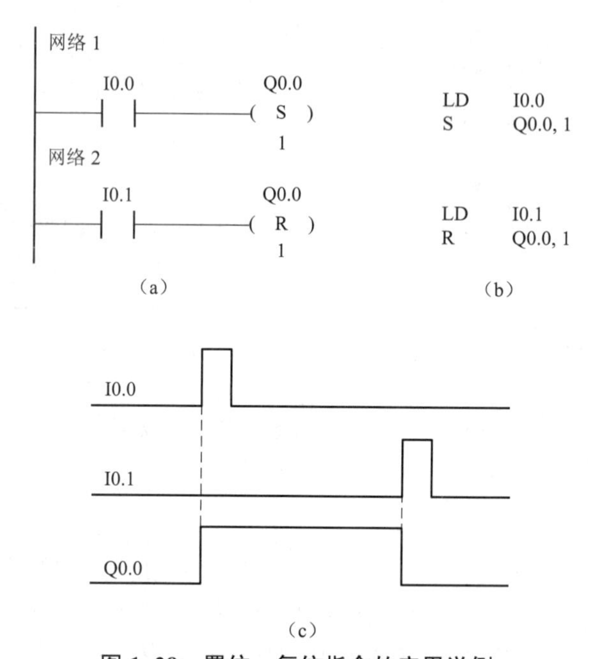

图 1–28　置位、复位指令的应用举例

（a）梯形图；（b）语句表；（c）波形图

程序及运行结果分析如下：

I0.0 触点接通时，使输出线圈 Q0.0 置位为 1，并保持。I0.1 触点接通时，使输出线圈 Q0.0 复位为 0，并保持。

2. 置位、复位指令使用说明

① S/R 的操作数可以为 Q、M、SM、T、C、V、S 和 L。

② N 一般情况下使用常数，其范围为 1～255，也可以为 VB、IB、QB、MB、SMB、SB、LB、AC、VD 和 LD。

③ 对位元件而言，一旦被置 1，就保持在通电状态，除非对它复位；而元件一旦被置 0，就保持在断电状态，除非对它置位。

④ S/R 指令通常成对使用，也可以单独使用或与其他指令配合使用，对同一元件，可以多次使用 S/R 指令。

⑤ S/R 指令可以互换使用次序使用，但由于 PLC 采用扫描工作方式，当置位、复位指令同时有效时，写在后面的指令具有优先权。

⑥ 置位指令可以对计数器和定时器复位，而复位时计数器和定时器的当前值被清零。

二、边沿脉冲指令

S7–200PLC 的边沿脉冲指令包括上升沿脉冲指令和下降沿脉冲指令格式。边沿脉冲指令常用于启动、关断条件的判定以及配合功能指令完成一些逻辑控制任务。

1. 格式和功能

边沿脉冲指令格式和功能如表 1–5 所示。

表 1–5　边沿脉冲指令格式和功能表

指令名称	LAD	STL	功　　能
上升沿脉冲指令	─┤P├─	EU	检测到 EU 指令前的逻辑运算结果有一个上升沿时，产生一个宽度为一个扫描周期的脉冲
下降沿脉冲指令	─┤N├─	ED	检测到 ED 指令前的逻辑运算结果有一个下降沿时，产生一个宽度为一个扫描周期的脉冲

【例 1–5】边沿脉冲指令的应用举例如图 1–29 所示。

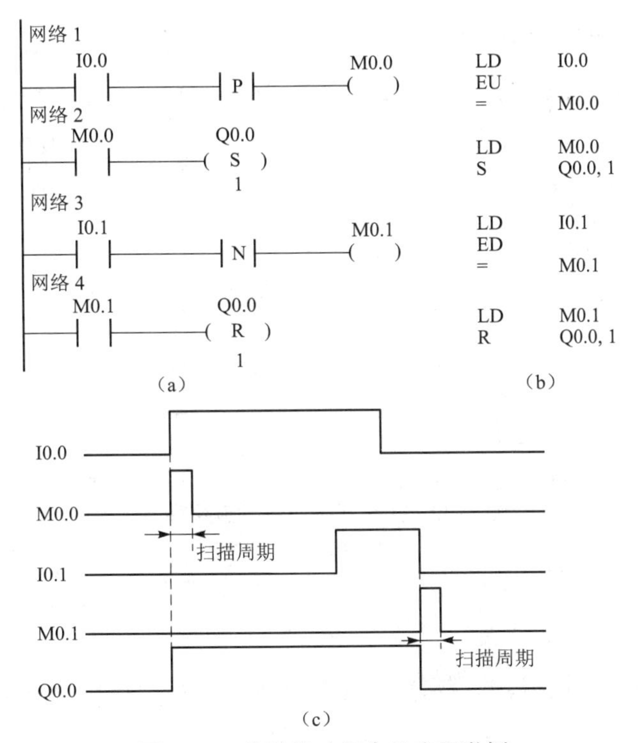

图 1–29　边沿脉冲指令的应用举例

（a）梯形图；（b）语句表；（c）波形图

程序及运行结果分析如下：

I0.0 的上升沿，经触点（EU）产生一个扫描周期的时钟脉冲，驱动输出线圈 M0.0 导通一个扫描周期，M0.0 的常开触点闭合一个扫描周期，使输出线圈 Q0.0 置位为 1，并保持。

I0.1 的下降沿，经触点（ED）产生一个扫描周期的时钟脉冲，驱动输出线圈 M0.1 导通一个扫描周期，M0.1 的常开触点闭合一个扫描周期，使输出线圈 Q0.0 复位为 0，并保持。

【例 1–6】某台设备有两台电动机 M1 和 M2，其交流接触器分别连接 PLC 的输出继电器 Q0.1 和 Q0.2，总启动按钮使用常开触点，接输入继电器 I0.0 的端口，总停止按钮使用常闭触点，接输入继电器 I0.1 端口。为了减小两台电动机同时启动对供电电路的影响，应让 M2 稍微延迟片刻再启动。控制要求是：按下启动按钮，M1 立即启动，松开启动按钮时，M2 才启动；按下停止按钮，M1 和 M2 同时停止。

解 根据控制要求，启动第一台电动机用 EU 指令，启动第二台电动机用 ED 指令，程序梯形图和指令表如图 1–30 所示。

2. 边沿脉冲指令的使用说明

① EU、ED 指令无操作数。

② 开机时就为接通状态的输入条件的，EU 指令不予执行。

③ EU、ED 指令只在输入信号变化时有效，其输出信号的脉冲宽度为一个机器扫描周期。

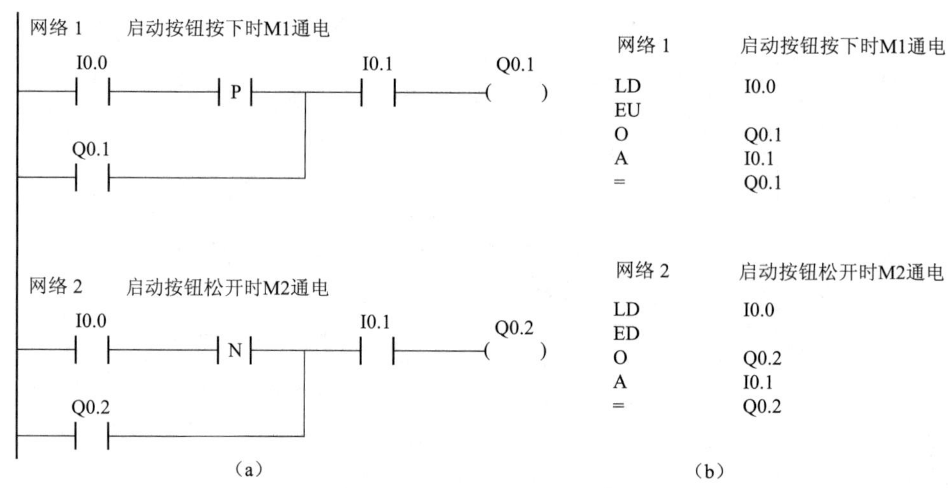

图 1–30 边沿脉冲指令的应用举例

（a）梯形图；（b）语句表

三、取反指令

取反指令 NOT：将其左边的逻辑运算结果取反，为用户使用反逻辑提供方便。该指令无操作数。

【例 1–7】取反指令的应用举例如图 1–31 所示。

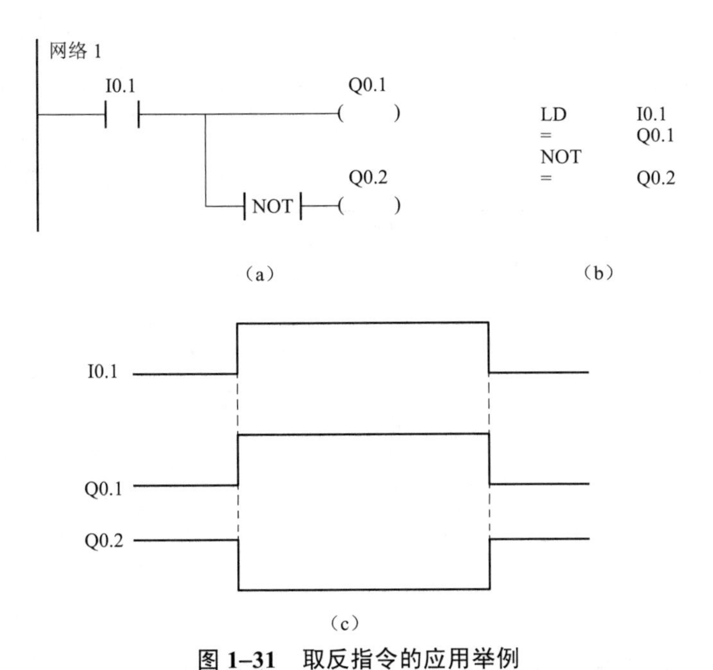

图 1–31　取反指令的应用举例

（a）梯形图；（b）语句表；（c）波形图

任务实施

图 1–27 电动机正反转的控制线路的系统功能采用 PLC 控制系统来完成时，仍然需要保留主电路部分，图 1–27（b）控制电路的功能由 PLC 执行程序取代，在 PLC 的控制系统中，还要求对 PLC 的输入/输出端口进行设置即 I/O 分配，然后根据 I/O 分配情况完成 PLC 的硬件接线，直到系统调试符合控制要求为止。

一、I/O 分配

I/O 分配情况如表 1–6 所示。

表 1–6　I/O 分配表

输　入		输　出	
I0.0	停止按钮 SB1	Q0.1	正转控制接触器 KM1
I0.1	正转启动按钮 SB2	Q0.2	反转控制接触器 KM2
I0.2	反转启动按钮 SB3		
I0.3	热继电器动合触点 FR		

二、PLC 硬件接线

PLC 硬件接线如图 1–32 所示。为了保证电动机正常运行，不出现电源短路情况，在 PLC 的输出端口线圈电路中应连接上接触器的动断互锁触点。

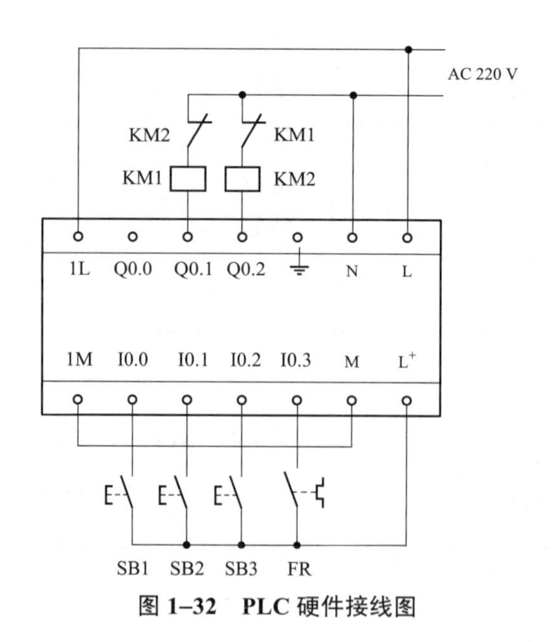

图 1–32　PLC 硬件接线图

三、控制程序和运行结果分析

① 使用一般逻辑指令设计的控制程序如图 1–33 所示。

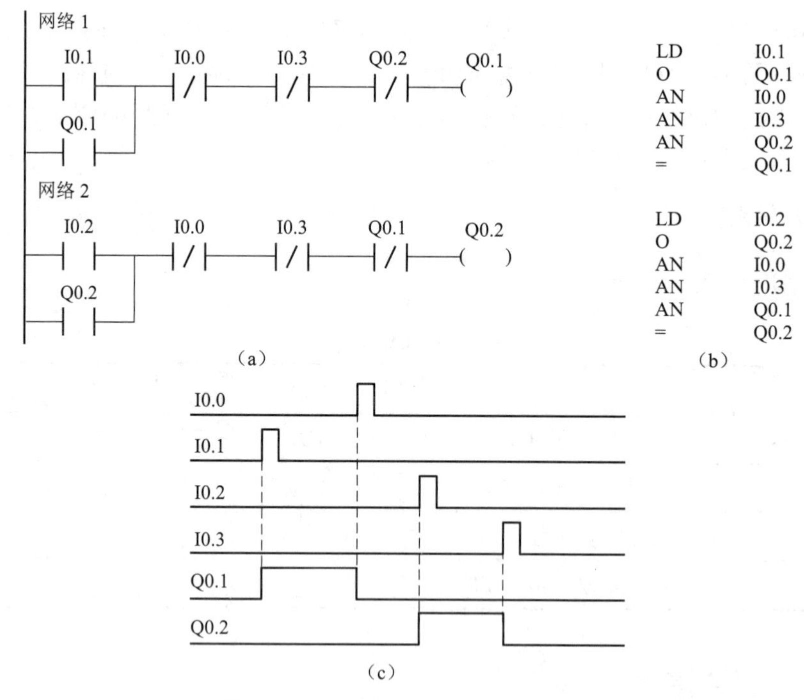

图 1–33　电动机正反转的控制程序

（a）梯形图；（b）语句表；（c）波形图

② 使用置位、复位指令设计的控制程序如图 1–34 所示。

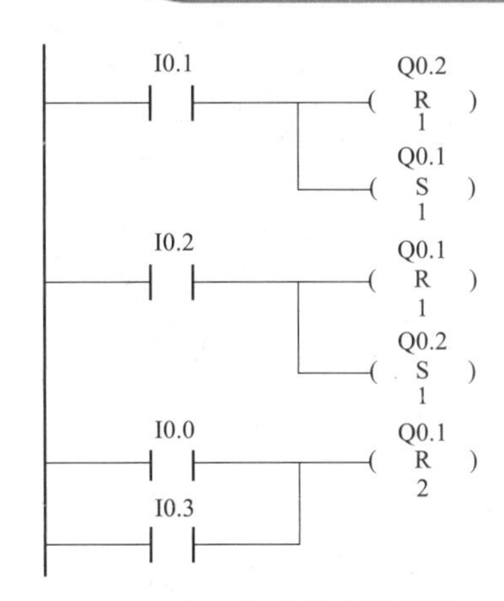

图 1–34　置位、复位指令控制梯形图

四、系统调试

① 完成接线并检查确认接线正确与否。

② 输入并运行程序，监控程序运行状态，分析程序运行结果。

③ 程序符合控制要求后再接通主电路试车，进行系统调试，直到最大限度地满足系统的控制要求为止。

拓展知识

一、S7–200 PLC 介绍

PLC 的产品很多，不同厂家、不同系列、不同型号的 PLC，其功能和结构均有所不同，但工作原理和组成基本相同。西门子公司的 SIMATIC　S7 系列 PLC，以结构紧凑、可靠性高、功能全等优点，在自动控制领域占有重要地位。

S7 系列 PLC 分为 S7–200 小型机、S7–300 中型机、S7–400 大型机。S7–200 系列 PLC 是西门子公司在 20 世纪 90 年代推出的整体式小型机，其结构紧凑、功能强，具有很高的性能价格比，在中小规模控制系统中应用广泛，其产品如图 1–35 所示。

图 1–35　S7–200 系列 PLC

二、S7–200 PLC 的结构及技术性能

1. S7–200 PLC 结构

S7–200 PLC 把 CPU、存储器、电源、输入 / 输出接口、通信接口和扩展接口等组成部分集成在一个紧凑、独立的设备中。它具有功能强大的指令集和丰富强大的通信功能，其结构如图 1–36 所示。

2. S7–200 CPU 的类型

从 CPU 模块的功能来看，SIMATIC　S7–200 系列小型 PLC 发展至今，大致经历了两代。

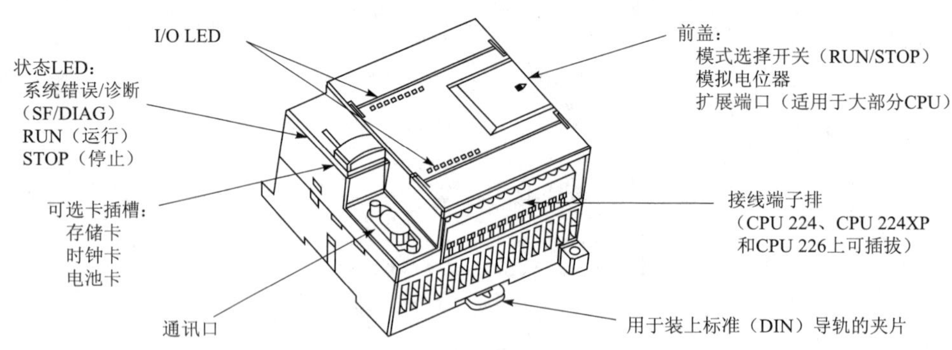

图 1–36　S7–200 系列 PLC 的外形图

第一代：其 CPU 模块为 CPU 21X，主机都可进行扩展，它具有四种不同配置的 CPU 单元：CPU 212，CPU 214，CPU 215 和 CPU 216，本书不再介绍该产品。

第二代：其 CPU 模块为 CPU 22X，主机可进行扩展，它具有五种不同配置的 CPU 单元：CPU 221，CPU 222，CPU 224 和 CPU 226 和 CPU226XM，除 CPU 221 之外，其他都可加扩展模块，是目前小型 PLC 的主流产品。本书将介绍 CPU22X 系列产品。

对于每个型号，西门子厂家都提供了产品货号，并根据产品货号可以购买到指定类型的 PLC。

3. S7–200 CPU 22X 的 I/O 及电源

对于每个型号，西门子厂家都提供 24 V DC 和 120 V/240 VAC 两种电源供电的 CPU 类型，可在主机模块外壳的侧面看到电源规格。

输入接口电路也为连接外信号源直流和交流两种类型。输出接口电路主要有两种类型，即交流继电器输出型和直流晶体管输出型。CPU 22X 系列 PLC 可提供五个不同型号的 10 种基本单元 CPU 供用户选用，其类型及参数如表 1–7 所列。

表 1–7　S7–200 系列 CPU 的电源

型　号	电源/输入/输出类型	主机 I/O 点数
CPU 221	DC/DC/DC	6 输入 / 4 输出
	AC/DC/继电器	
CPU 222	DC/DC/DC	8 输入 / 6 输出
	AC/DC/继电器	
CPU 224	DC/DC/DC	14 输入/10 输出
	AC/DC/继电器	
	AC/DC/继电器	
CPU 226	DC/DC/DC	24 输入/16 输出
	AC/DC/继电器	
CPU 226XM	DC/DC/DC	24 输入/16 输出
	AC/DC/继电器	
注：表中第 2 列的电源/输入/输出类型的含义，如为 DC/DC/DC，表示电源、输入类型为 24VDC，输出类型为 24VDC 晶体管型。如为 AC/DC/继电器，则表示电源类型为 220VAC，输入类型为 24VDC，输出类型为继电器型。		

CPU 22X 电源供电接线如图 1–37 所示。

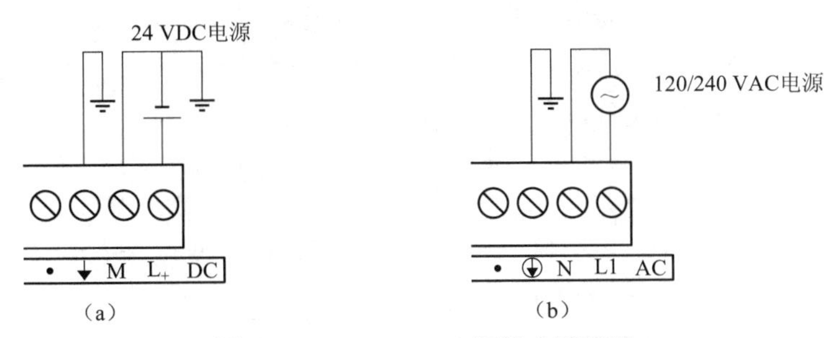

图 1–37　CPU 22X 电源供电接线图

（a）直流供电；（b）交流供电

4. PLC 的扫描工作原理

当 PLC 的方式开关置于“RUN”位置时，即进入程序运行状态。在程序运行模式下，PLC 用户程序的执行采用独特的周期性循环扫描工作方式。每一个扫描周期分为读输入、执行程序、处理通信请求、执行 CPU 自诊断和写输出 5 个阶段，如图 1–38 所示。

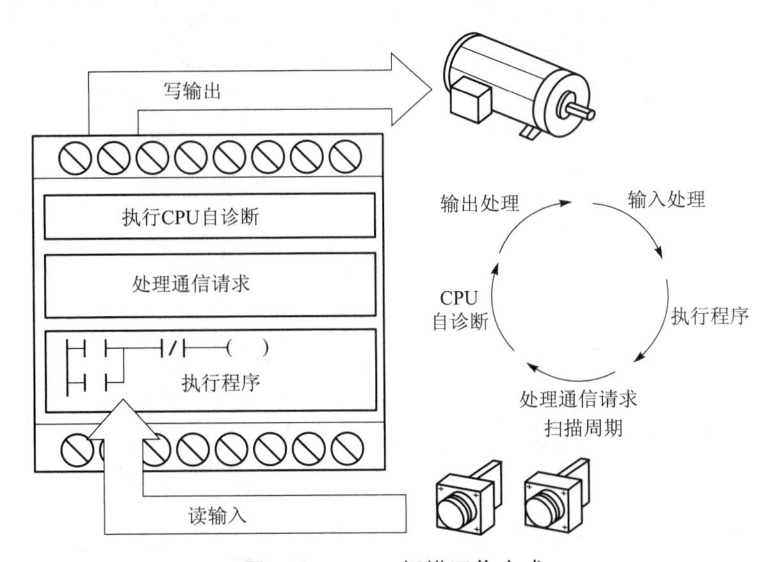

图 1–38　PLC 扫描工作方式

（1）读输入

在读输入阶段，PLC 的 CPU 将每个输入端口的状态复制到输入数据映像寄存器（也称为输入继电器）中。

（2）执行程序

在执行程序阶段，CPU 逐条按顺序（从左到右、从上到下）扫描用户程序，同时进行逻辑运算和处理，最终将运算结果存入输出数据映像寄存器中。

（3）处理通信请求

CPU 执行 PLC 与其他外部设备之间的通信任务。

（4）执行 CPU 自诊断

CPU 检查 PLC 各部分是否工作正常。

（5）写输出

在写输出阶段，CPU 将输出数据映像寄存器中存储的数据复制到输出继电器中。在非读输入阶段，即使输入状态发生变化，程序也不读入新的输入数据，这种方式是为了增强 PLC 的抗干扰能力和程序执行的可靠性。

PLC 扫描周期与 PLC 的类型、程序指令语句的长短和 CPU 执行指令的速度有关，通常一个扫描周期为几毫秒至几十毫秒，超过设定时间时程序将报警。由于 PLC 的扫描周期很短，所以从操作上感觉不到 LC 的延迟。对于高速信号，PLC 则有专门的处理方式，相关内容将在后面模块三中断与高速计数器中介绍。

PLC 循环扫描工作方式与继电器并联工作方式有本质的不同。在继电器并联工作方式下，当控制线路通电时，所有的负载（继电器线圈）可以同时通电，即与负载在控制线路中的位置无关。PLC 属于逐条读取指令、逐条执行指令的顺序扫描工作方式，先被扫描的软继电器先动作，并且影响后被扫描的软继电器，而与软继电器在程序中的位置有关。在编程时掌握和利用这个特点，可以较好地处理软件联锁关系。

5. S7–200 CPU 22X 的输入/输出接口

S7–200 主机配置的输入接口是数字信号输入接口。为了提高抗干扰能力，输入接口均有光电隔离电路，即由发光二极管和光电三极管组成的光电耦合器。

S7–200 主机配置的输出接口通常是继电器和晶体管输出型。继电器输出型为有触点输出，外加负载电源既可以是交流，也可以是直流。CPU 226 AC/DC/继电器输出的 CPU 外围接线图如图 1–39 所示。

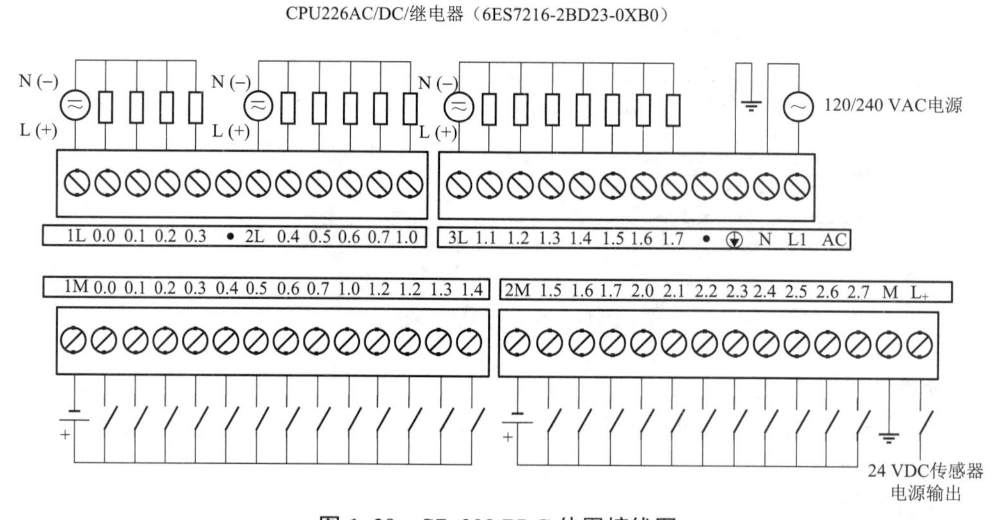

图 1–39　S7–200 PLC 外围接线图

（1）输入接口电路

各种 PLC 的输入接口电路结构大都相同，按其接口接受的外信号电源可分为两种类型：直流输入接口电路和交流输入接口电路。其作用是把现场的开关量信号变成 PLC 内部处理的标准信号。PLC 的输入接口电路如图 1–40 所示。

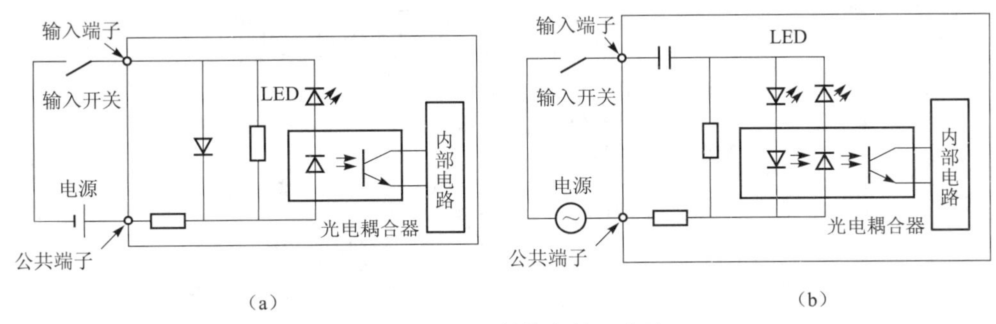

图 1–40 PLC 的输入接口电路

（a）直流输入接口电路；（b）交流输入接口电路

在输入接口电路中，每一个输入端子可接收一个来自用户设备的离散信号，即外部输入器件可以是无源触点，如按钮、开关、行程开关等，也可以是有源器件，如各类传感器、接近开关、光电开关等。在 PLC 内部电源容量允许的条件下，有源输入器件可以采用 PLC 输出电源（24 V），否则必须外设电源。

在图 1–40（a）直流输入接口电路中，当输入开关闭合时，光敏晶体管接收到光信号，并将接收的信号送入内部状态寄存器。即当现场开关闭合时，对应的输入映像寄存器为“1”状态，同时该输入端的发光二极管（LED）点亮；当现场开关断开时，对应的输入映像寄存器为“0”状态。光电耦合器隔离了输入电路与 PLC 内部电路的电气连接，使外部信号通过光电耦合变成内部电路能接收的标准信号。

图 1–40（b）交流输入接口电路中，当输入开关闭合时，经双向光电耦合器，将该信号送至 PLC 内部电路，供 CPU 处理，同时发光二极管（LED）点亮。

（2）输出接口电路

为适应不同负载需要，各类 PLC 的输出都有三种类型的接口电路，即继电器输出、晶体管输出、晶闸管输出。其作用是把 PLC 内部的标准信号转换成现场执行机构所需的开关量信号，以驱动负载。发光二极管（LED）用来显示某一路输出端子是否有信号输出。

PLC 的输出接口电路如图 1–41 所示。

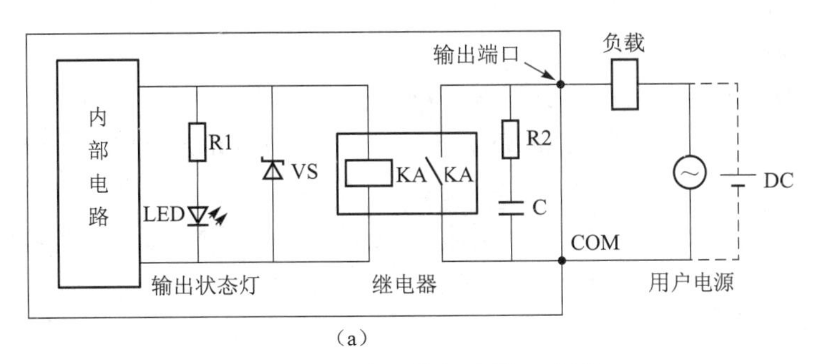

（a）

图 1–41 PLC 的输出接口电路

（a）继电器输出型接口电路

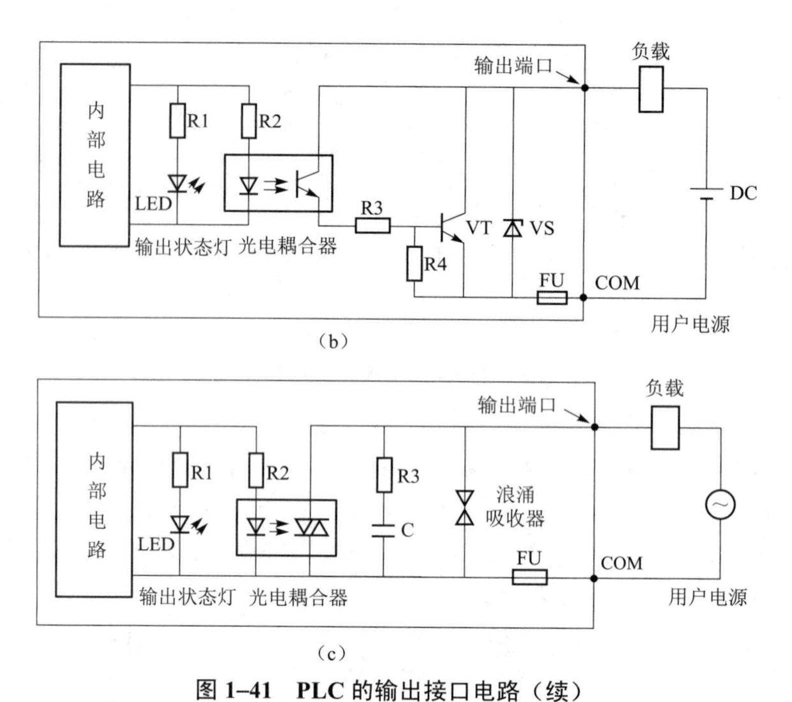

图 1–41　PLC 的输出接口电路（续）

（b）晶体管输出型接口电路；（c）晶闸管输出型接口电路

三、S7–200 系列 PLC 数据存储区及元件功能

1. 输入继电器

输入继电器（I）用来接受外部传感器或开关元件发来的信号，其一般采用八进制编号，一个端子占用一个点。它有 4 种寻址方式，即可以按位、字节、字或双字来存取输入过程映像寄存器中的数据。

位：　I [字节地址] . [位地址]。如：I0.1;

字节、字或双字：　I [长度] [起始字节地址]。如：IB3，IW4，ID0。

2. 输出继电器

输出继电器（Q）是用来将 PLC 的输出信号传递给负载，以驱动负载。输出继电器一般采用八进制编号，且一个端子占用一个点。它有 4 种寻址方式，即可以按位、字节、字或双字来存取输出过程映像寄存器中的数据。

位：　Q [字节地址] . [位地址]。如：Q0.2;

字节、字或双字：　Q [长度] [起始字节地址]　如：QB2，QW6，QD4。

3. 变量存储区

用户可以用变量存储区（V）存储程序执行过程中控制逻辑操作的中间结果，也可以用它来保存与工序或任务相关的其他数据。它有 4 种寻址方式，即可以按位、字节、字或双字来存取变量存储区中的数据。

位：　V [字节地址] . [位地址]　　如：V10.2;

字节、字或双字：　V [长度]　[起始字节地址]　　如：VB 100，VW200，VD300。

4. 位存储区

在逻辑运算中通常需要一些存储中间操作信息的元件，它们并不直接驱动外部负载，只起中间状态的暂存作用，类似于继电器接触系统中的中间继电器。一般以位为单位使用。位存储区（M）有 4 种寻址方式，即可以按位、字节、字或双字来存取位存储器中的数据。

位：M [字节地址] . [位地址]。如：M0.3;

字节、字或双字：M [长度] [起始字节地址]。如：MB4，MW10，MD4。

5. 定时器区

在 S7–200 PLC 中，定时器（T）作用相当于时间继电器。

格式：T+定时器编号。如：T37。

6. 计数器区

在 S7–200 CPU 中，计数器（C）用于累计从输入端或内部元件送来的脉冲数。它有增计数器、减计数器及增/减计数器 3 种类型。

格式：即 C+计数器编号。如：C0;

7. 高速计数器

高速计数器（HC）用于对频率高于扫描周期的外界信号进行计数，其使用主机上的专用端子接收这些高速信号。

格式：HC [高速计数器号]。如：HC1。

8. 累加器

累加器（AC）是用来暂存数据的寄存器，可以同子程序之间传递参数，以及存储计算结果的中间值。S7–200 PLC 提供了 4 个 32 位累加器 AC0～AC3。累加器可以按字节、字和双字的形式来存取累加器中的数值。

格式：AC [累加器号]。如：AC1。

9. 顺序控制继电器存储区

顺序控制继电器（S）又称状态元件，以实现顺序控制和步进控制。状态元件是使用顺序控制继电器指令的重要元件，在 PLC 内为数字量。可以按位、字节、字或双字来存取状态元件存储区中的数据。

位：S [字节地址] . [位地址]。如：S0.6。

字节、字或双字：S [长度] [起始字节地址]。如：SB10，SW10，SD4。

10. 模拟量输入

S7–200 将模拟量值（如温度或电压）转换成 1 个字长（16 位）的数字量，可以用区域标识符（AI）、数据长度（W）及字节的起始地址来存取这些值。因为模拟输入量为 1 个字长，且从偶数位字节（如 0、2、4）开始，所以必须用偶数字节地址（如 AIW0、AIW2、AIW4）来存取这些值。模拟量输入值为只读数据，转换的实际精度是 12 位。

格式：AIW [起始字节地址]。如：AIW4。

11. 模拟量输出

S7–200 将 1 个字长（16 位）数字值按比例转换为电流或电压，可以用区域标识符（AQ）、数据长度（W）及字节的起始地址来改变这些值。因为模拟量为 1 个字长，且从偶数字节（如 0、2、4）开始，所以必须用偶数字节地址（如 AQW0、AQW2、AQW4）来改变这些值。模拟量输出值为只写数据。模拟量转换的实际精度是 12 位。

格式：AQW [起始字节地址]。如：AQW4。

技能训练

一、控制要求

分别用一般逻辑指令和置位、清 0 指令设计两套 PLC 梯形图，完成电动机启动、停止要求的控制任务，控制要求如下：

① 启动时，电动机 M1 先启动，才能启动电动机 M2，停止时 M1 和 M2 同时停止。

② 启动时，电动机 M1 和 M2 同时启动，停止时，只有在电动机 M2 停止时，电动机 M1 才能停止。

二、实训内容

① 写出 I/O 分配表。

② 绘制主电路图和 PLC 硬件接线图。

③ 根据控制要求，设计梯形图程序。

④ 完成接线并检查确认接线正确与否。

⑤ 输入并运行程序，监控程序运行状态，分析程序运行结果。

⑥ 程序符合控制要求后再接通主电路试车，进行系统调试，直到最大限度地满足系统控制要求为止。

⑦ 汇总整理并编制实验报告，保留工程文件。

三、技能训练评价

技能训练评价如表 1–8 所列。

表 1–8　技能训练评价表

序号	主要内容	考核要求	评分标准	配分	扣分	得分
1	方案设计	根据控制要求，画出 I/O 分配表，设计梯形图程序画出 PLC 的外部接线图	1. 输入/输出地址遗漏或错误，每处扣 1 分 2. 梯形图表达不正确或画法不规范，每处扣 2 分 3. PLC 的外部接线图表达不正确或画法不规范，每处扣 2 分 4. 指令有错误，每个扣 2 分	30		
2	安装与接线	按 PLC 的外部接线图在板上正确接线，要求接线正确、紧固、美观	1. 接线不紧固、不美观，每根扣 2 分 2. 接点松动，每处扣 1 分 3. 不按接线图接线，每处扣 2 分	30		
3	程序输入与调试	学会编程软件的基本操作，正确操作电脑的开机和停机，能正确将程序输入 PLC，按动作要求进行模拟调试，达到控制要求	1. 操作电脑不熟练，扣 2 分 2. 不会用删除、插入、修改等指令，每项扣 2 分 3. 第一次试车不成功扣 5 分，第二次试车不成功扣 10 分，第三次试车不成功扣 20 分	30		

续表

序号	主要内容	考核要求	评分标准	配分	扣分	得分
4	安全与文明生产	遵守国家相关专业安全文明生产规程，遵守学校纪律、学习态度端正	1. 不遵守教学场所规章制度，扣 2 分 2. 出现重大事故或人为损坏设备扣 10 分	10		
5	备注	电气元件均采用国家统一规定的图形符号和文字符号	由教师或指定学生代表负责依据评分标准评定	合计 100 分		
小组成员签名						
教师签名						

工作任务 3　电动机Y/△降压启动的 PLC 控制

教学导航

能力目标

① 会进行 I/O 点设置；
② 能用定时器指令编写控制程序。

知识目标

① 理解定时器指令（TON、TOF、TONR）的含义；
② 掌握 PLC 控制系统的设计方法。

知识分布网络

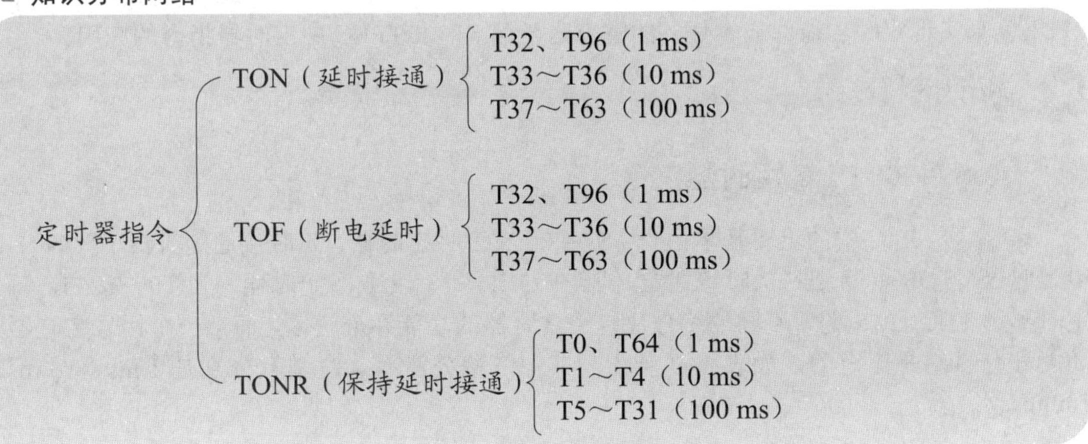

任务导入

由于交流电动机直接启动时电流达到额定值的 4～7 倍，电动机功率越大，电网电压波动率也越大，对电动机及机械设备的危害也越大。因此对容量较大的电动机采用减压启动来限制启动电流，Y/△降压启动是常见的启动方法，基本控制线路如图 1–42 所示，它是根据启动过程中的时间变化而利用时间继电器来控制 Y/△切换的。

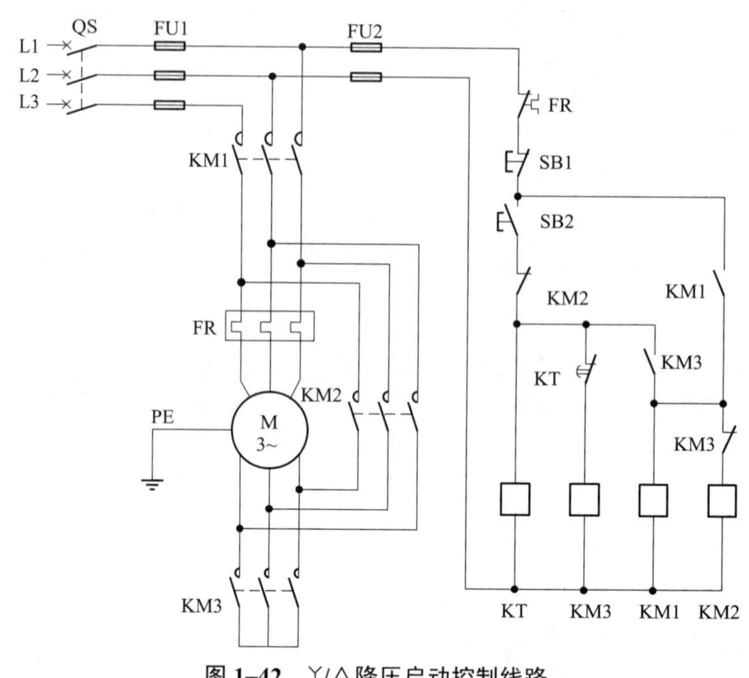

图 1–42　Y/△降压启动控制线路

任务分析

由图 1–42 可知，接触器 KM2 与 KM3 不能同时通电，否则会造成电源短路，故应考虑互锁作用；控制线路所需的元器件有输入量，如启动按钮和停止按钮。输出量，即控制电动机的接触器，时间继电器 KT 不能作为输入量与输出量，而应利用 PLC 内部的定时器指令（TON）来实现定时功能，故本任务的重点是学习 S7–200 PLC 中定时器指令的应用。

知识链接

一、S7–200 PLC 定时器指令

定时器是 PLC 中的重要基本指令，S7–200 有三种定时器，延时接通定时器（TON）、断电定时器（TOF）、有记忆延时接通定时器（TONR）；有 256 个定时器，为 T0～T255，每个定时器都有唯一的编号。不同的编号决定了定时器的功能和分辨率，而某一个标号定时器的功能和分辨率是固定的，如表 1–9 所列。其中三种分辨率（时基）分别是 1 ms、10 ms、100 ms。

分辨率指定时器中能够区分的最小时间增量，即精度。具体的定时时间 *T* 由预置值 PT 和分辨率的乘积决定，如表 1–9 所列。

表 1–9　S7–200 PLC 规定了定时器的编号与分辨率

定时器类型	分辨率/ms	最大计时范围/s	定 时 编 号
TON、TOF	1	32.767	T32、T96
	10	327.67	T33～T36，T97～T100
	100	3276.7	T37～T63、6，T101～T255
TONR	1	32.767	T0、T64
	10	327.67	T1～T4、6，T65～T68
	100	3276.7	T5～T31，T69～T95

1. 指令格式

LAD 及 STL 格式如图 1–43 所示。

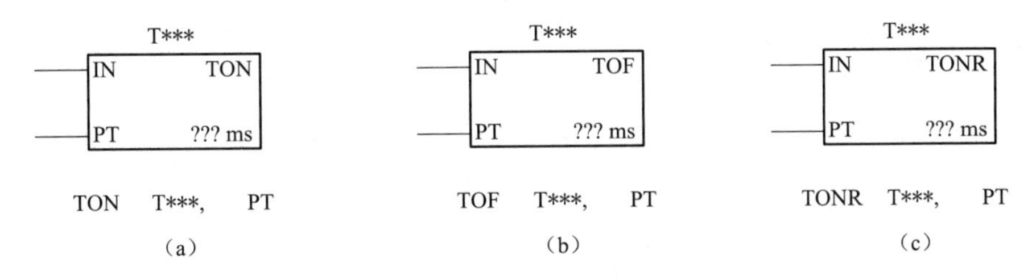

TON　T***,　PT　　TOF　T***,　PT　　TONR　T***,　PT

（a）　　（b）　　（c）

图 1–43　定时器指令

（a）延时按通定时器；（b）断开延时定时器；（c）有记忆延时接通定时器

IN：表示输入的是一个位逻辑信号，起使能输入端的作用；

T***：表示定时器的编号；

PT：定时器的预设值。

2. 操作数取值范围

T***:　WORD　常数（0～255）

IN:　DOOL　能流

PT:　INT　VW、IW、QW、MW、SW、SMW、LW、AIW、T、C、AC、*VD、*AC、*LD

3. 接通延时定时器

接通延时定时器用于单一时间间隔的定时。其应用如图 1–44 所示。

① 输入端（IN）接通时，接通延时定时器开始计时，当定时器当前值等于或大于设定值（PT）时，该定时器位被置为 1，定时器累计值达到设定时间后，继续计时，一直计到最大值 32 767。

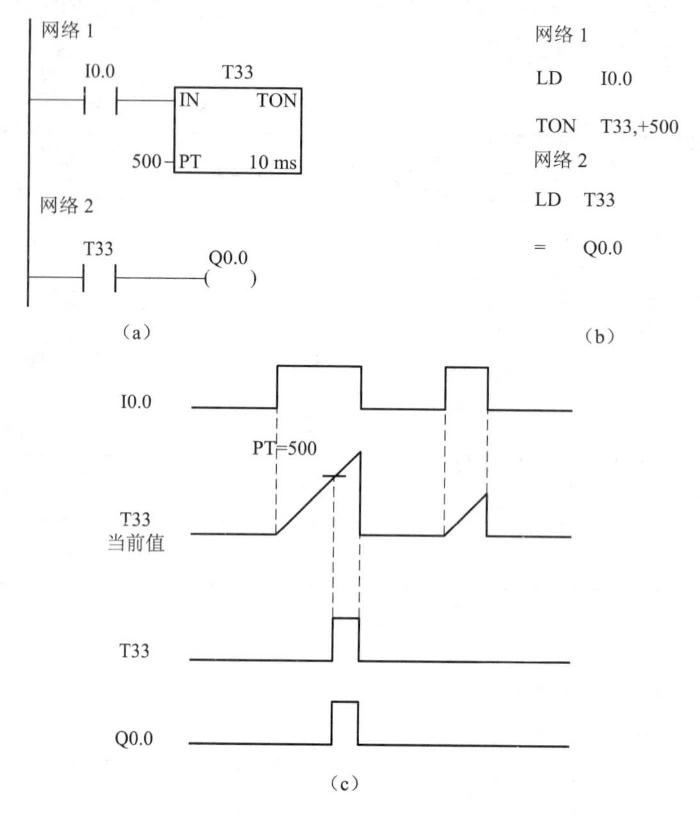

图 1–44　接通延时定时器（TON）的应用

（a）梯形图；（b）语句表；（c）时序图

② 输入端（IN）断开时，定时器复位，即当前值为 0，定时器位为 0。定时器的实际设定时间 T=设定值（PT）×分辨率。接通延时定时器是模拟通电延时型物理时间继电器的功能。

例如：TON 指令使用 T33（10 ms 分辨率的定时器），设定值为 500，则实际定时时间为

$$T=500\times10\ \text{ms}=5\ 000\ \text{ms}=5\ \text{s}$$

③ 在本例中如图 1–44（c）所示，在 I0.0 闭合 5 s 后，定时器 T33 闭合，输出线圈 Q0.0 接通。I0.0 断开，定时器复位，Q0.0 断开。I0.0 再次接通时间较短，定时器没有动作。

任务实施

一、Y/△降压启动控制要求

① 按下启动按钮 SB2，KM1 和 KM3 吸合，电动机 Y 型启动，8 s 后，KM3 断开，KM2 吸合，电动机△运行，启动完成；

② 按下停止按钮 SB1，接触器全部断开，电动机停止运行；

③ 如果电动机超负荷运行，热继电器 FR 断开，电动机停止运行。

二、I/O 分配表

表 1-10　I/O 分配表

输　入			输　出		
启动	SB2	I0.1	接触器 1	KM1	Q0.1
停止	SB1	I0.2	接触器 2	KM2	Q0.2
热继电器	FR	I0.3	接触器 3	KM3	Q0.3

三、PLC Y/△控制系统接线图

Y/△控制系统接线如图 1-45 所示。

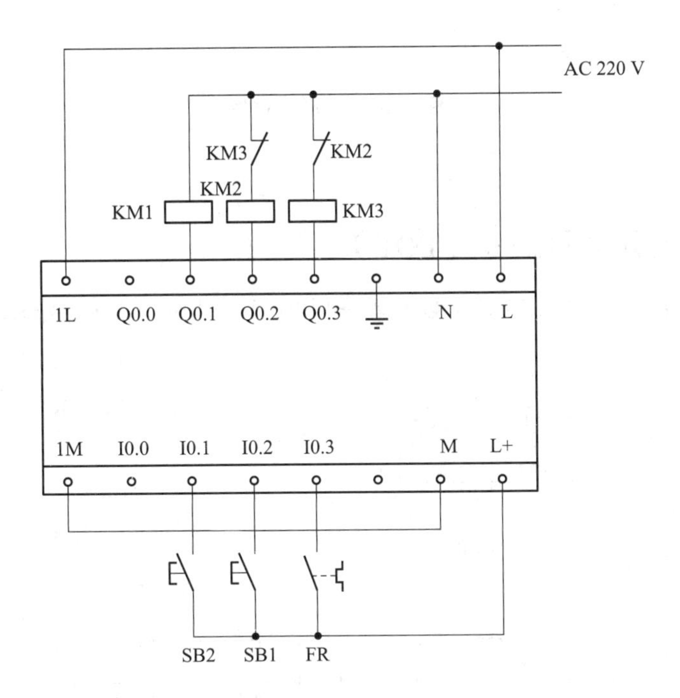

图 1-45　PLC Y/△控制系统接线图

四、设计梯形图程序

设计梯形图程序如图 1-46 所示。

五、运行并调试程序

① 下载程序，先监控调试；

② 连接外部按钮、接触器，分析程序运行结果，是否达到任务要求。

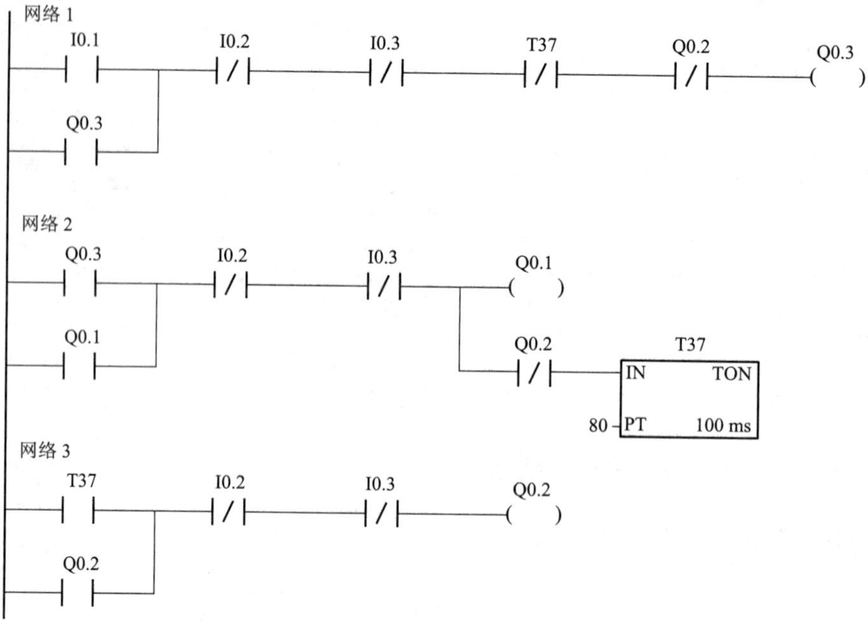

图 1–46　梯形图程序

拓展知识

一、断开延时定时器指令（TOF）

断开延时定时器用于输入端断开后的单一时间间隔计时。其应用如图 1–47 所示。

（a）

网络 1

LD　　I0.0

TON　　T36,+500

网络 2

LD　　T36

=Q0.0

（b）

（c）

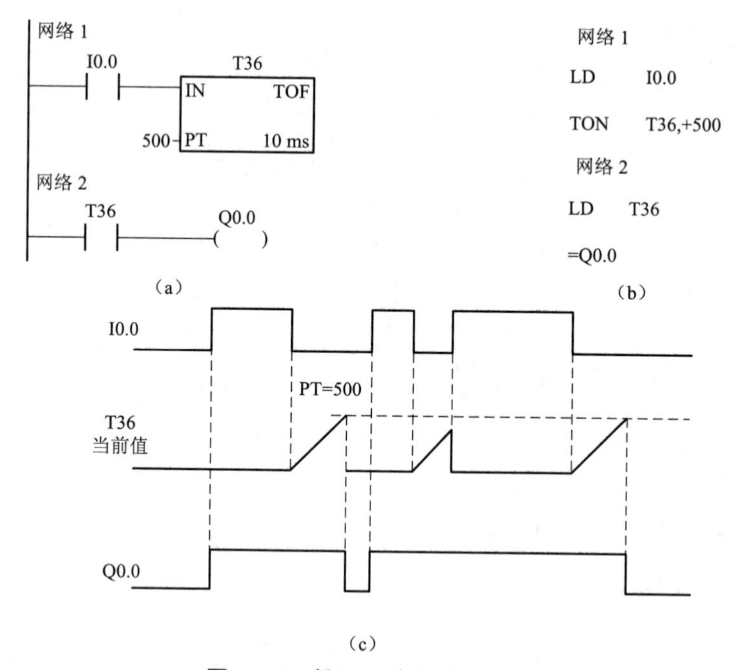

图 1–47　断开延时定时器应用

（a）梯形图；（b）语句表；（c）时序图

① 输入端（IN）接通时，定时器位立即置为 1，并把当前值设为 0。

② 输入端（IN）断开时，定时器开始计时，当计时当前值等于设定时间时，定时器位断开为 0，并且停止计时，TOF 指令必须用负跳变（由 on 到 off）的输入信号启动计时。

③ 在本例中，PLC 刚刚上电运行时，输入端 I0.0 没有闭合，定时器 T36 为断开状态；I0.0 由断开变为闭合时，定时器位 T36 闭合，输出端 Q0.0 接通，定时器并不开始计时，I0.0 由闭合变为断开时，定时器当前值开始累计时间，达到 5 s 时，定时器 T36 断开，输出端 Q0.0 同时断开。

二、记忆的接通延时定时器指令（TONR）

记忆的接通延时定时器具有记忆功能，它用于累计输入信号的接通时间。其应用如图 1–48 所示。

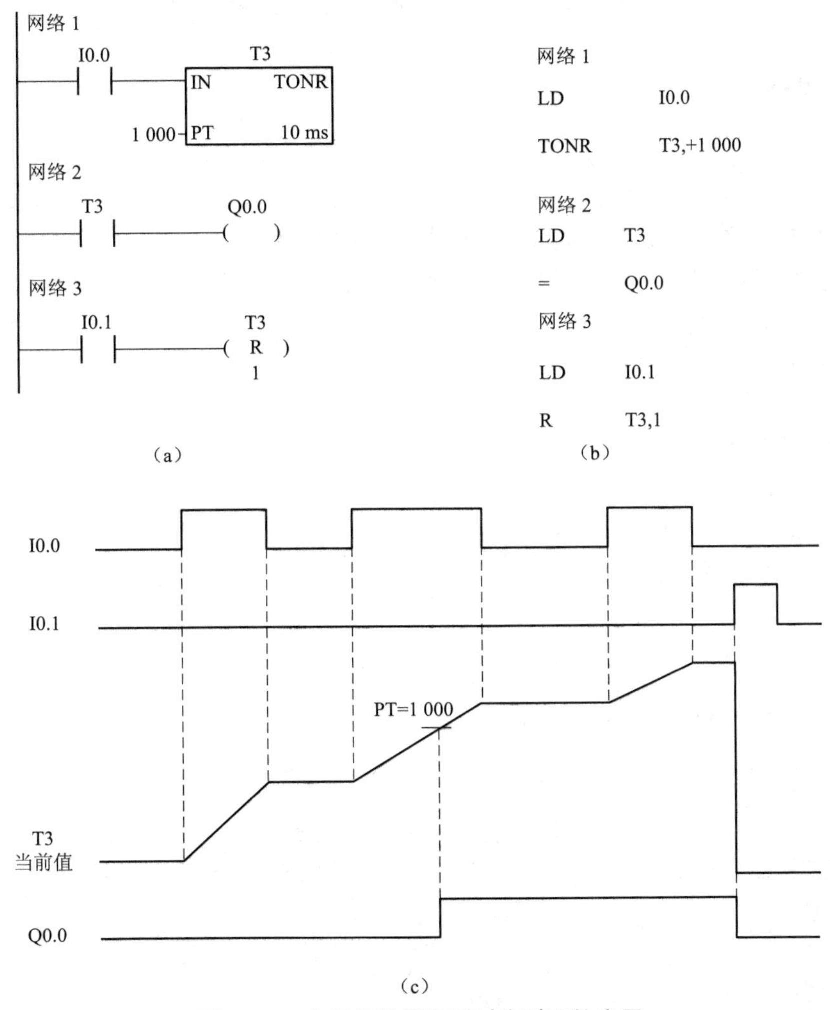

图 1–48 有记忆的接通延时定时器的应用

（a）梯形图；（b）语句表；（c）时序图

① 输入端（IN）接通时，有记忆接通延时定时器接通并开始计时，当定时器当前值等于或大于设定值（PT）时，该定时器位被置为 1。定时器累计值达到设定值后，继续计时，

一直计到最大值 32 767。

② 输入端（IN）断开时，定时器的当前值保持不变，定时器位不变。输入端（IN）再次接通时，定时器当前值从原来保持值开始向上继续计时，因此可累计多次输入信号的接通时间。

③ 上电周期或首次扫描时，定时器位为 0，当前值保持，可利用复位指令（R）清除定时器当前值。

④ 在本例中，如时序图 1–48 所示，当前值最初为 0，每一次输入端 I0.0 闭合，当前值开始累计，输入端 I0.0 断开，当前值则保持不变。在输入端闭合时间累计到 10 s 时，定时器位 T3 闭合，输出线圈 Q0.0 接通。当 I0.0 闭合时，由复位指令复位 T3 的位及当前值。

注意：TONR 与 TON 的区别，T3 当前值（SV）可记忆，当 SV ≥ PT 时，继续计时，一直计到 32 767，之后 SV 保持 32 767 不变，只有当 I0.1 通电时定时器复位。

技能训练

一、技术要求

设计 PLC 梯形图，完成两台电动机 M1 和 M2 按顺序操作的控制任务，要求：按启动按钮 SB1，电动机 M1 先启动，10 s 自动启动电动机 M2，停止时，按 SB2 电动机 M2 先停，延时 8 s 后，自动停止电动机 M1。

二、训练过程

① 画 I/O 分配表；
② 画 PLC 控制系统接线图；
③ 根据控制要求，设计梯形图程序；
④ 输入、调试程序；
⑤ 安装、运行控制系统；
⑥ 汇总整理文档，保留工程文件。

三、技能训练考核标准

技能训练考核标准如表 1–11 所列。

表 1–11　技能训练评价表

序号	主要内容	考核要求	评分标准	配分	扣分	得分
1	方案设计	根据控制要求，画出 I/O 分配表，设计梯形图程序及接线图	1. 输入/输出地址遗漏或错误，每处扣 1 分 2. 梯形图表达不正确或画法不规范，每处扣 2 分 3. 接线图表达不正确或画法不规范，每处扣 2 分 4. 指令有错误，每处扣 2 分	30		

续表

序号	主要内容	考核要求	评分标准	配分	扣分	得分
2	安装与接线图	按 I/O 接线图在板上正确安装，接线要正确、紧固、美观	1. 接线不紧固、不美观，每根扣 2 分 2. 接点松动，每处扣 1 分 3. 不按 I/O 接线图，每处扣 2 分	30		
3	程序输入与调试	熟练操作电脑，能正确将程序输入 PLC，按动作要求模拟调试，达到设计要求	1. 操作电脑不熟练，扣 2 分 2. 不会用删除、插入、修改等指令，每项扣 2 分 3. 第一次试车不成功的扣 5 分，第二次试车不成功扣 10 分，第三次试车不成功扣 20 分	30		
4	安全与文明生产	遵守国家相关专业安全文明生产规程，遵守学院纪律	1. 不遵守教学场所规章制度，扣 2 分 2. 出现重大事故或人为损坏设备扣 10 分	10		
备注			合　计	100		
小组成员签名						
教师签名						

思维拓展

特殊标志位为用户提供一些特殊的控制功能及系统信息，用户对操作的一些特殊要求也要通过 SM 通知系统。特殊标志位分为只读区和可读可写区两部分。

只读区特殊标志位，用户只能使用其触点，如下所述。

SM0.0：RUN 监控，PLC 在 RUN 状态时，SM0.0 总为 1。

SM0.1：初始化脉冲，PLC 由 STOP 转为 RUN 时，SM0.1 接通一个扫描周期。

SM0.2：当 RAM 中保存的数据丢失时，SM0.2 接通一个扫描周期。

SM0.3：PLC 上电进入 RUN 时，SM0.3 接通一个扫描周期。

SM0.4：该位提供了一个周期为 1 min，占空比为 0.5 的时钟。

SM0.5：该位提供了一个周期为 1 s，占空比为 0.5 的时钟。

SM0.6：该位为扫描时钟，本次扫描置 1，下次扫描置 0，交替循环，可作为扫描计数器的输入。

SM0.7：该位指示 CPU 工作方式开关的位置，0=TERM，1=RUN。通常用来在 RUN 状态下启动自由口通信方式。

脉冲发生器

【例 1–8】用 SM0.4、SM0.5 可以分别产生占空比为 1/2、脉冲周期为 1 min 和 1 s 的脉冲周期信号，如图 1–49（a）所示。在图 1–49（b）所示的梯形图中，用 SM0.4 的触点控制输出端 Q0.0，用 SM0.5 的触点控制输出端 Q0.1，可使 Q0.0 和 Q0.1 按脉冲周期间断通电。

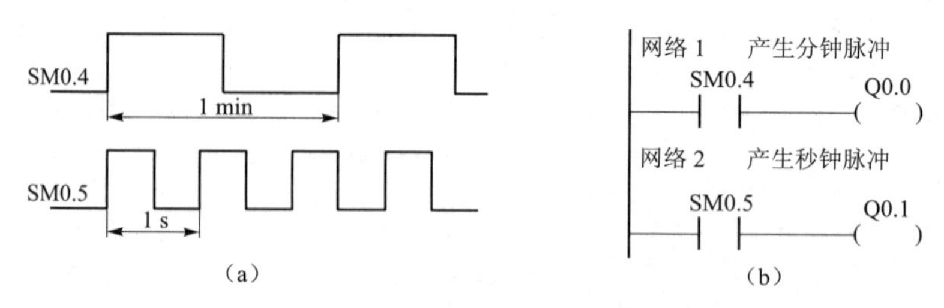

图 1–49　特殊存储器 SM0.4、SM0.5 的波形及应用

【例 1–9】用自复位定时器来产生任意周期的脉冲信号。例如，产生周期为 15 s 的脉冲信号，其梯形图和时序图如图 1–50 所示。

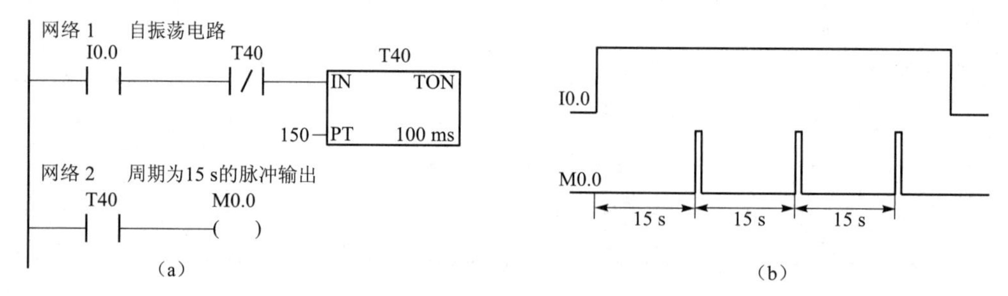

图 1–50　产生周期为 15 s 的脉冲信号

由于定时器指令设置的原因，分辨率为 1 ms 和 10 ms 的定时器不能组成如图 1–51（a）所示的自复位定时器，图 1–51（b）所示是 10 ms 自复位定时器正确使用的例子。

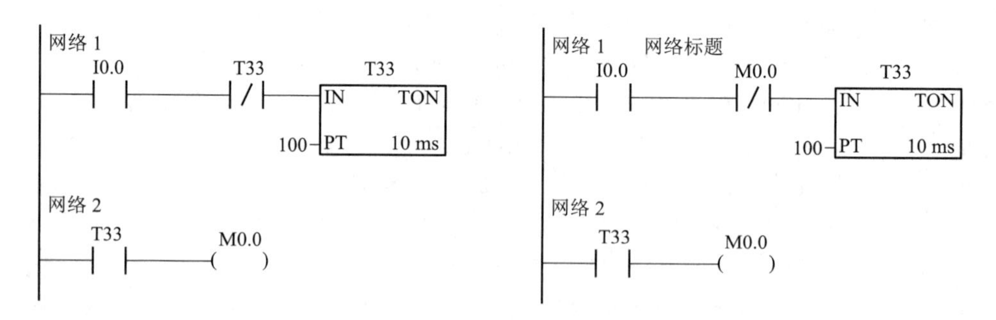

图 1–51　10 ms 自复位定时器

（a）自复位定时器；（b）使用例子

【例 1–10】产生一个占空比可调的任意周期的脉冲信号，脉冲信号的低电平时间为 1 s，高电平时间为 2 s 的程序如图 1–52 所示。其中，I0.0 为启动按钮，I0.1 为停止按钮。

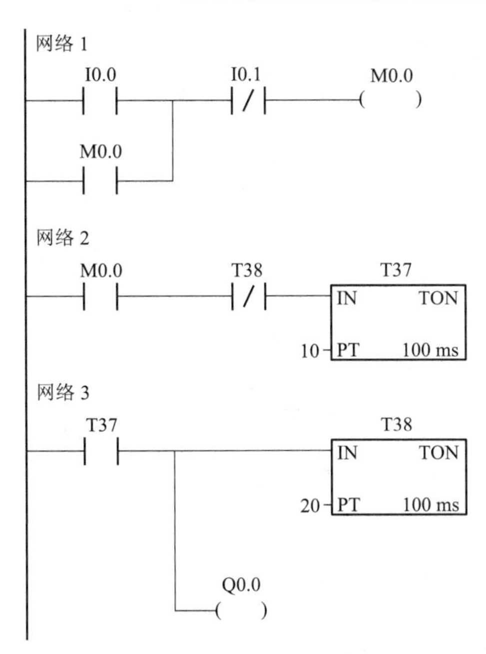

图 1-52　产生一个占空比可调的任意周期的脉冲信号

当 I0.0 接通时，T37 开始计时，T37 定时 1 s 时间到，T37 常开触点闭合，Q0.0 接通，T38 开始计时；T38 定时 2 s 时间到，T38 常闭触点分断，T37 复位，Q0.0 分断，T38 复位。T38 常闭触点闭合，T37 再次接通延时。因此，输出继电器 Q0.0 周期性通电 2 s、断电 1 s。

【例 1-11】某机械设备有 3 台电动机，控制要求如下：按下启动按钮，第 1 台电动机 M1 启动；运行 4 s 后，第 2 台电动机 M2 启动；M2 运行 15 s 后，第 3 台电动机 M3 启动。按下停止按钮，3 台电动机全部停止。在启动过程中，指示灯闪烁（亮 0.5 s，灭 0.5 s），在运行过程中，指示灯常亮。

1. I/O 端口分配表

I/O 端口分配如表 1-12 所列。

表 1-12　I/O 端口分配表

输　入		输　出	
I0.0	启动	Q0.0	指示灯
I0.1	停止	Q0.1	电动机 M1 接触器
I0.2	过载保护	Q0.2	电动机 M2 接触器
		Q0.3	电动机 M3 接触器

2. 程序

梯形图如图 1-53 所示。

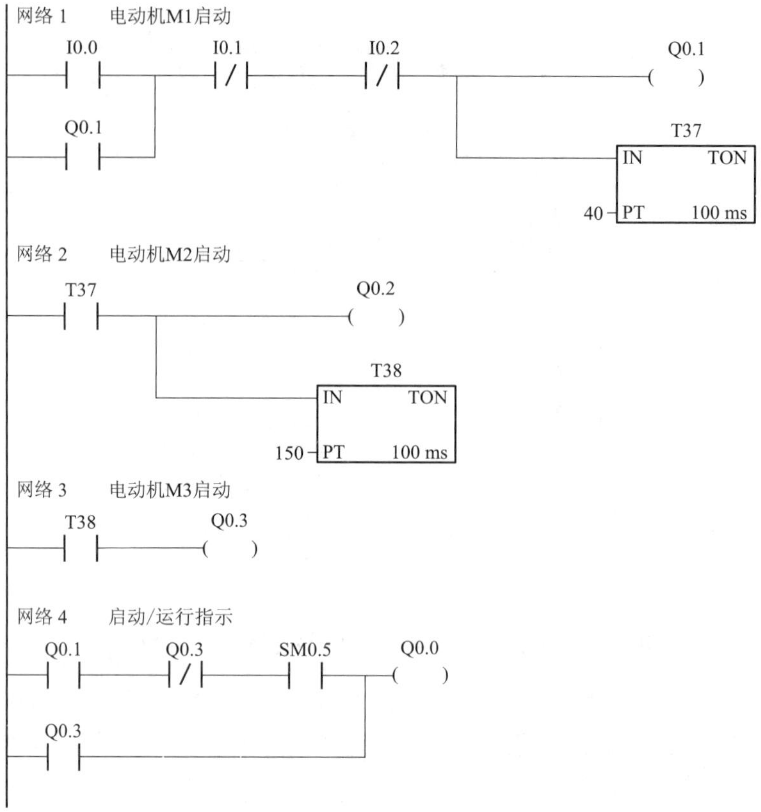

网络 1　电动机M1启动

I0.0　I0.1　I0.2　Q0.1

Q0.1　T37

IN　TON

40　PT　100 ms

网络 2　电动机M2启动

T37　Q0.2

T38

IN　TON

150　PT　100 ms

网络 3　电动机M3启动

T38　Q0.3

网络 4　启动/运行指示

Q0.1　Q0.3　SM0.5　Q0.0

Q0.3

图 1–53　梯形图

工作任务 4　电动机带动传送带的 PLC 控制

教学导航

能力目标

① 会进行 I/O 点设置；

② 能用计数器指令编写控制程序。

知识目标

① 理解计数器指令（CTU、CTD、CTUD）的含义；

② 掌握 PLC 控制系统的设计方法。

知识分布网络

计数器指令→ CTU（增计数器）
CTUD（增/减计数器）
CTD（减计数器）

任务导入

图 1–54 所示为一种典型的传送带控制装置，其工作过程为：按下启动按钮（I0.0=1），运货车到位（I0.2=1），传送带（由 Q0.0 控制）开始传送工件。件数检测仪在没有工件通过时，I0.1=1；当有工件经过时，I0.1=0。当件数检测仪检测到 3 个工件时，推板机（由 Q0.1 控制）推动工件到运货车，此时传送带停止传送。当工件推到运货车上后（行程可以由时间控制）推板机返回，计数器复位，准备重新计数。只有当下一辆运货车到位，并且按下启动按钮后，传送带和推板机才能重新开始工作。

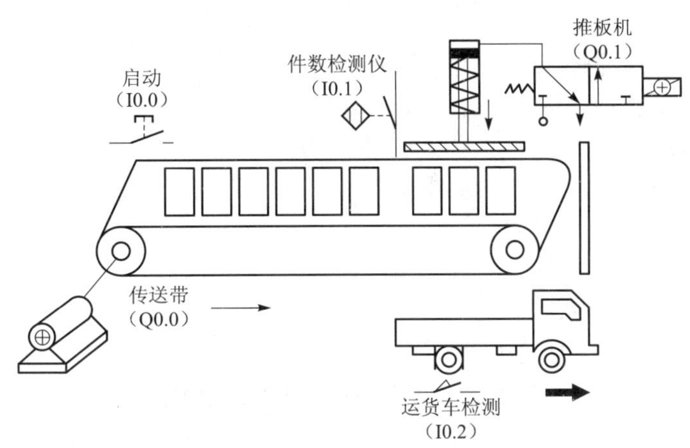

图 1–54　传送带控制装置示意图

任务分析

分析上述控制要求可见，传送带（Q0.0）启动条件为启动按钮接通（I0.0=1）、运货车到位（I0.2=1），传送带（Q0.0）停止条件为计数器的当前值等于 3，推板机（Q0.1）的启动条件为计数器的当前值等于 3；推板机推板的行程由定时器 T37 的延时时间（10 s）来确定，传送带与推板机之间应有联锁控制功能。计数器 C0 的计数脉冲为件数检测仪信号 I0.1 由 1 变为 0，计数器复位信号为推板机启动（Q0.1=1）；设定 C0 为增计数器，设定值为 3。所以，本任务将重点学习 S7–200　PLC 中计数器指令的应用。

知识链接

S7–200 PLC 提供了 C0～C256 个计数器，每一个计数器都具有三种功能。由于每一个计数器只有一个当前值，因此不能把一个计数器号当作几个类型的计数器来使用。在程序中，既可以访问计数器位（表明计数器的状态），也可以访问计数器的当前值，它们的使用方式相同，都以计数器加编号的方式访问，可根据使用的指令方式的不同由程序确定。

S7–200 PLC 的计数器有 3 种：增计数器（CTU）、增减计数器（CTUD）、减计数器（CTD）。

1. 指令格式

LAD 及 STL 格式如图 1–55 所示。

C***：计数器编号。程序可以通过计数器编号对计数器位或计数器当前值进行访问。

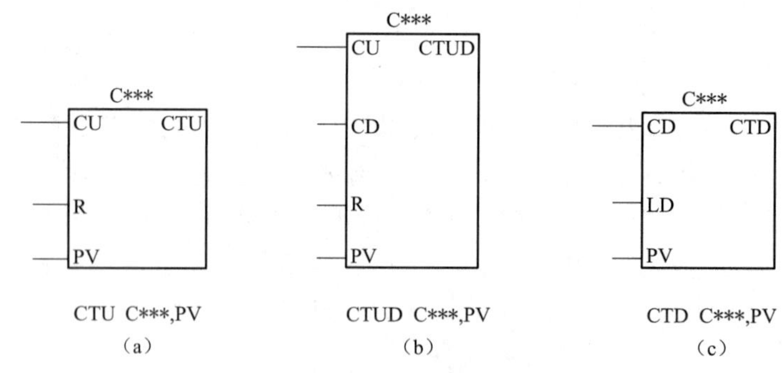

（a）（b）（c）

图 1–55 计数器指令

（a）增计数器；（b）增/减计数器；（c）减计数器

CU：递增计数器脉冲输入端，上升沿有效。

CD：递减计数器脉冲输入端，上升沿有效。

R：复位输入端。

LD：装载复位输入端，只用于递减计数器。

PV：计数器预置值。

2. 操作数的取值范围

C***： WORD 常数。

CU，CD，LD，R： BOOL 能流。

PV：INT VW、IW、QW、MW、SW、SMW、LW、AIW、T、C、AC、*VD、*AC、*LD。

3. 功能

以下介绍增计数器（CTU）指令。当增计数器的计数输入端（CU）有一个计数脉冲的上升沿（由 OFF 到 ON）信号时，增计数器被启动，计数值加 1，计数器作递增计数，计数至最大值 32 767 时停止计数。当计数器的当前值等于或大于设定值（PV）时，该计数器位被置位（ON）。复位输入端（R）有效时，计数器被复位，计数器位为 0，并且当前值被清零。也可用复位指令（R）复位计数器。

图 1–56 是增计数器（CTU）的应用，在本例中，当 I0.0 第 5 次闭合时，计数器位被置位，输出线圈 Q0.0 得电。当 I0.1 闭合时，计数器被复位，Q0.0 失电。

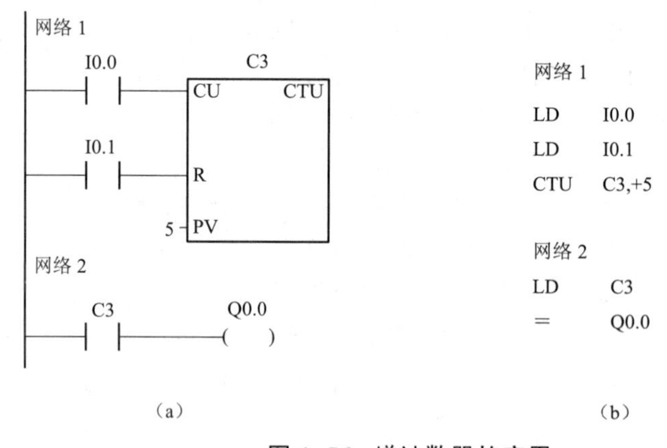

（a）（b）

图 1–56 增计数器的应用

（a）梯形图程序；（b）语句表

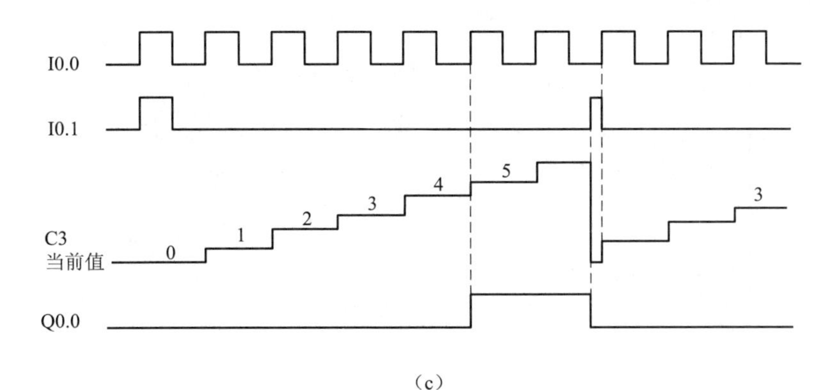

（c）

图 1–56　增计数器的应用（续）

（c）时序图

任务实施

① 根据控制要求分析输入信号与被控信号，列出 PLC 的 I/O 分配表如表 1–13 所列。

表 1–13　I/O 分配表

输　入　量		输　出　量	
启动按钮 SB1	I0.0	传送带 KM1	Q0.0
件数检测仪 SQ1	I0.1	推板机 KM2	Q0.1
运货车检测 SQ2	I0.2		

② 根据 PLC 的 I/O 分配表设计 PLC 的 I/O 硬件接线图，如图 1–57 所示。

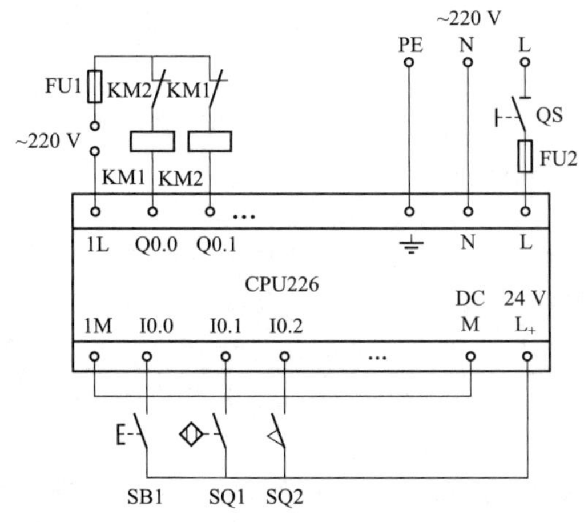

图 1–57　PLC 的 I/O 硬件接线图

③ 设计梯形图程序，如图 1–58 所示。

④ 运行并调试程序。

- 下载程序，先监控调试；
- 连接外部按钮、接触器，分析程序运行结果，是否达到任务要求。

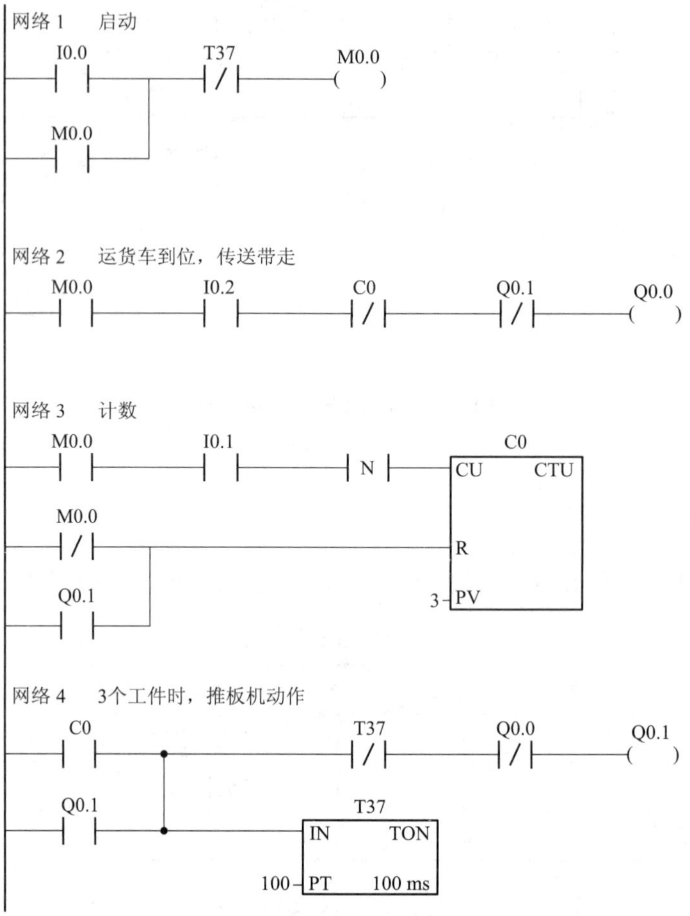

图 1–58　梯形图

拓展知识

一、增/减计数器（CTUD）

当增/减计数器的计数输入端（CU）有一个计数脉冲的上升沿（由 OFF 到 ON）信号时，计数器作递增计数；当增/减计数器的另一个计数器输入端（CD）有一个计数脉冲的上升沿（由 OFF 到 ON）信号时，计数器作递减计数。当计数器的当前值等于或大于设定值（PV）时，该计数器位被置位（ON）。当复位输入端（R）有效时，计数器被复位，计数器位为 0，并且当前值被清零。

计数器在达到计数最大值 32 767 后，下一个 CU 输入端上升沿将使计数器值变为最小值（–32 768），同样在达到最小数值（–32 768）时，下一个 CD 输入端上升沿将使计数值变为最大值（32 767）。

当用复位指令（R）复位计数器时，计数器被复位，计数器位为 0，并且当前值被清零。

【例 1–12】如图 1–59 中，C8 的当前值大于等于 5 时，C8 常开触点闭合；当前值小于 5 时，C8 触点断开。I0.2 闭合时，复位当前值及计数器位。输出线圈 Q0.0 在 C8 触点闭合时得电。

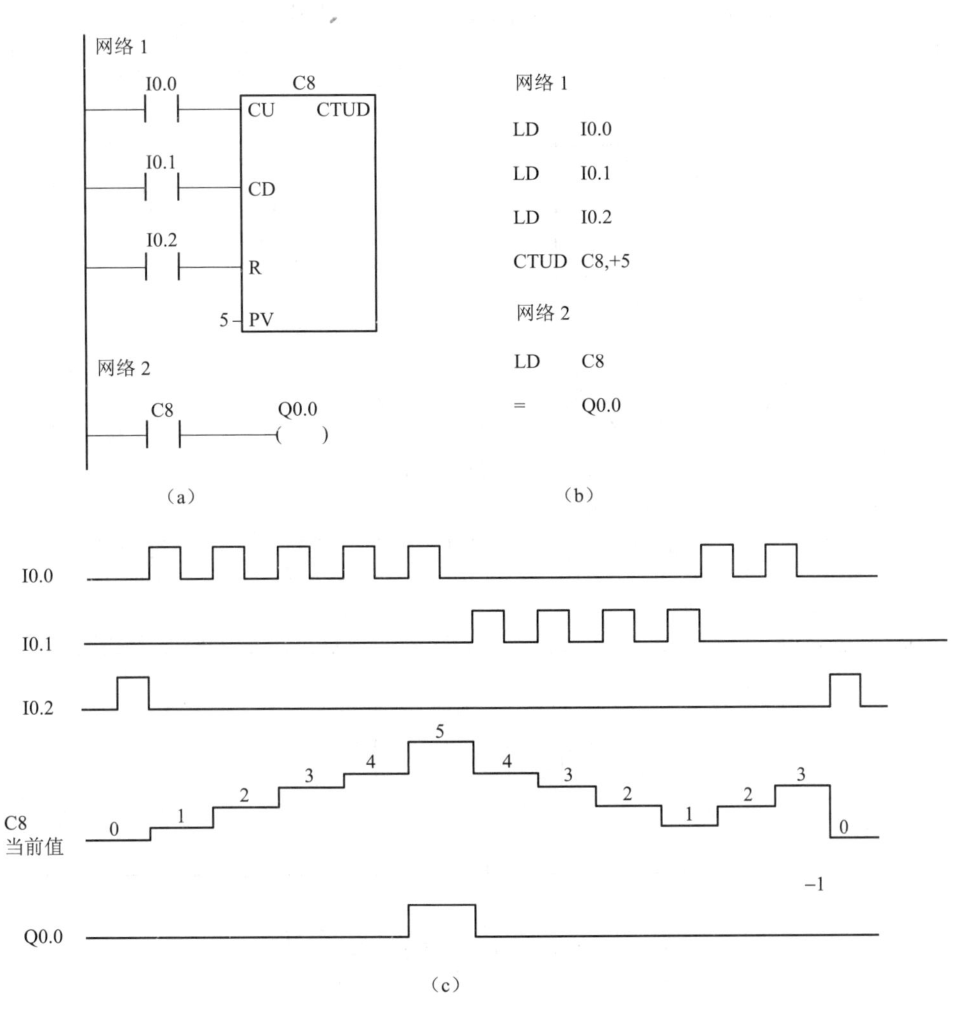

图 1–59　增/减计数器 CTUD 的应用

（a）梯形图；（b）语句表；（c）时序图

二、减计数器（CTD）指令

当装载输入端（LD）有效时，计数器复位并把设定值（PV）装入当前值寄存器（CV）中。当减计数器的计数输入端（CD）有一个计数脉冲的上升沿（由 OFF 到 ON）信号时，计数器从设定值开始作递减计数，直至计数器当前等于 0 时，停止计数，同时计数器位被置位。减计数器（CTD）指令无复位端，它是在装载输入端（LD）接通时，使计数器复位并把设定值装入当前值寄存器中。

计数器指令说明如下：

① 在使用指令表编程时，一定要分清各输入端的作用，次序一定不能颠倒。

② 在程序中，既可以访问计数器位，又可以访问计数器的当前值，都是通过计数器编号 Cn 实现的。使用位控制指令则访问计数器位，使用数据处理功能指令则访问当前值。

【例 1–13】在图 1–60 中，当 I0.0 第 5 次闭合时，计数器位被置位，输出线圈 Q0.0 得电。当 I0.1 闭合时，定时器被复位，输出线圈 Q0.0 失电，计数器可以重新工作。

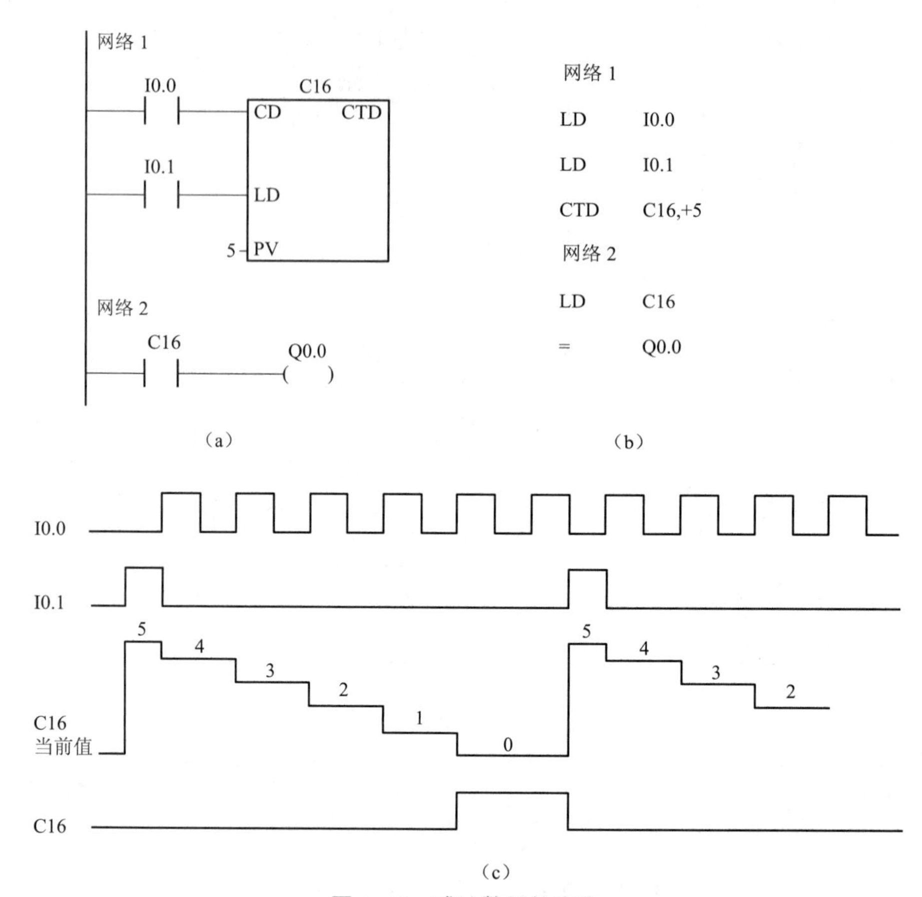

图 1–60　减计数器的应用

（a）梯形图；（b）语句表；（c）时序图

技能训练

一、技术要求

设计单键控制电动机的启停。控制要求：第一次按下按键，输出开的状态；第二次按下该按键，输出关的状态，如此循环，可用于电梯控制等。本设计使用 1 个按钮控制 1 个接触器，接触器的通、断分别控制电动机的启动、停止。

二、训练过程

① 画 I/O 分配表；

② 画电气控制图；

③ 按接线图安装 PLC；

④ 根据控制要求，设计梯形图程序；

⑤ 调试运行程序；
⑥ 汇总整理文档，保留工程文件。

三、技能训练考核标准

技能训练考核标准如表 1–14 所列。

表 1–14　技能训练评价表

序号	主要内容	考核要求	评分标准	配分	扣分	得分
1	方案设计	根据控制要求，画出 I/O 分配表，设计梯形图程序及接线图	1. 输入/输出地址遗漏或错误，每处扣 1 分 2. 梯形图表达不正确或画法不规范，每处扣 2 分 3. 接线图表达不正确或画法不规范，每处扣 2 分 4. 指令有错误，每处扣 2 分	30		
2	安装与接线图	按 I/O 接线图在板上正确安装，接线要正确、紧固、美观	1. 接线不紧固、不美观，每根扣 2 分 2. 接点松动，每处扣 1 分 3. 不按 I/O 接线图接线，每处扣 2 分	30		
3	程序输入与调试	熟练操作电脑，能正确将程序输入 PLC，按动作要求模拟调试，达到设计要求	1. 操作电脑不熟练，扣 2 分 2. 不会用删除、插入、修改等指令，每项扣 2 分 3. 第一次试车不成功的扣 5 分；第二次试车不成功扣 10 分；第三次试车不成功扣 20 分	30		
4	安全与文明生产	遵守国家相关专业安全文明生产规程，遵守学院纪律	1. 不遵守教学场所规章制度，扣 2 分 2. 出现重大事故或人为损坏设备扣 10 分	10		
备注			合　计	100		
小组成员签名						
教师签名						

思维拓展

【例 1–14】 控制要求：按下启动按钮，KM1 通电，电动机正转；经过延时 5 s，KM1 断电，同时 KM2 得电，电动机反转；再经过 6 s 延时，KM2 断电，KM1 通电。这样反复 8 次后电动机停下。

设计的梯形图如图 1–61 所示。

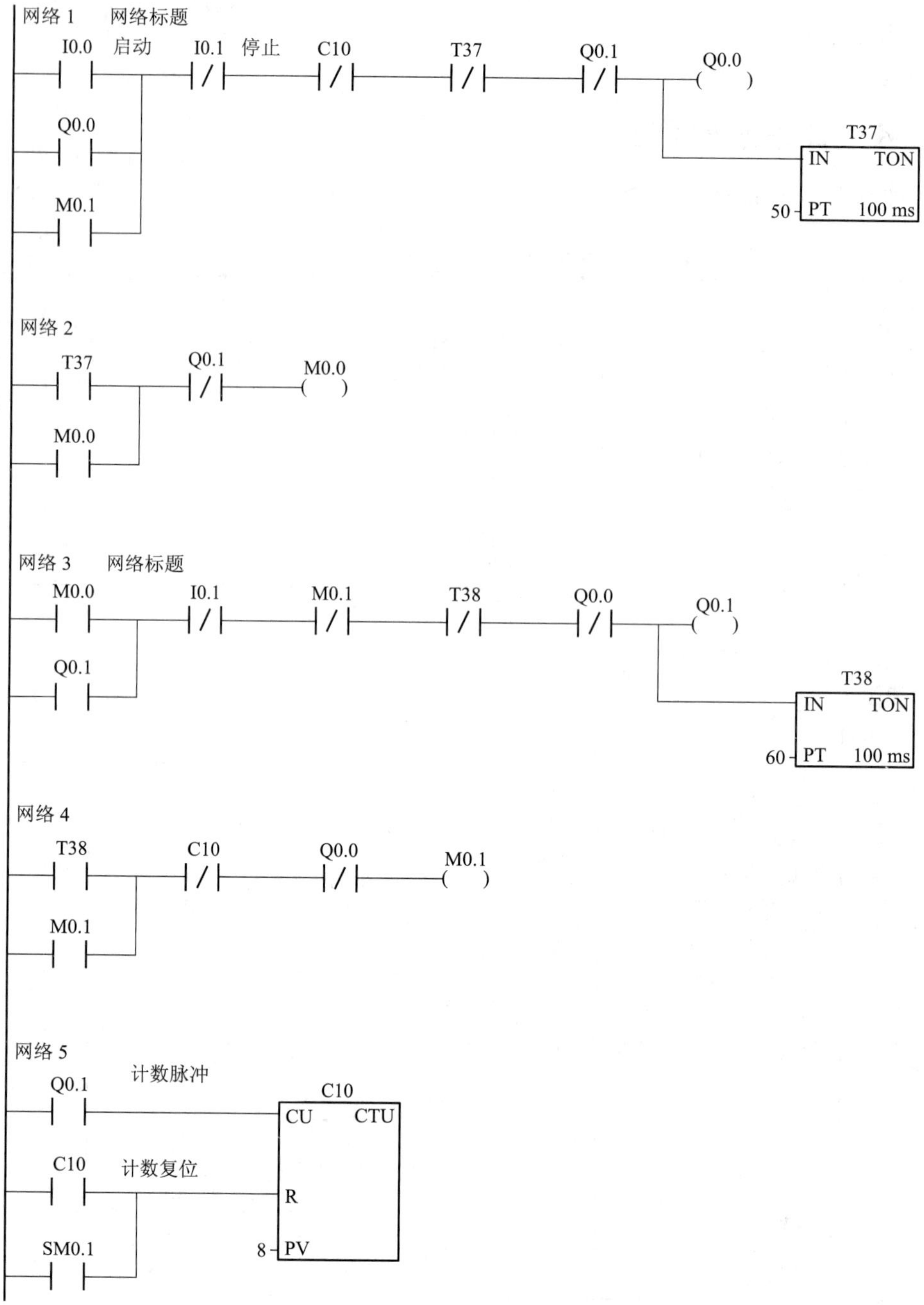

图 1–61 ［例 1–13］梯形图

【例 1–15】试设计一个会议大厅入口人数统计报警控制程序。

控制要求：会议大厅入口处安装光电检测装置 I0.0，进入一人发一高电平信号；会议大厅出口处安装光电检测装置 I0.1，退出一人发出一高电平信号；会议大厅只能容纳 2 000 人。当厅内达到 2 000 人时，发出报警信号 Q0.0，并自动关闭入口（电动机拖动 Q0.1）。有人退出，不足 2 000 人时，则打开大门（电动机反向拖动 Q0.2）。设 I0.2 为开门到位开关，I0.3 为关门到位开关，I0.4 为启动开关。

设计的梯形图如图 1–62 所示。

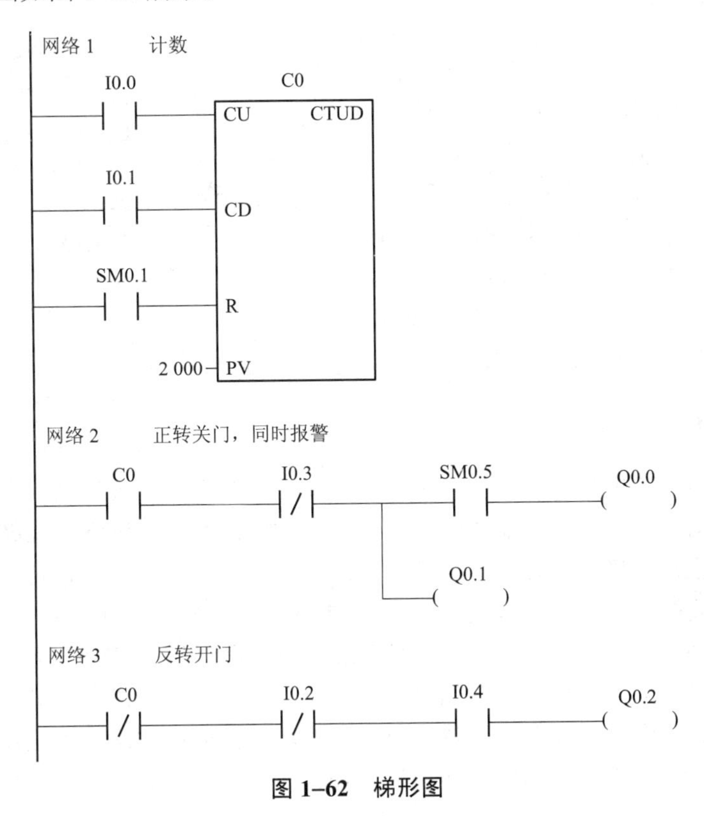

图 1–62　梯形图

工作任务 5　运料小车的 PLC 控制

教学导航

能力目标

① 熟练使用基本指令编写较复杂的控制程序；
② 具备独立分析问题，使用经验设计法编写控制程序的基本技能。

知识目标

① 理解 PLC 基本指令综合应用；
② 掌握 PLC 在典型控制系统应用中的经验设计方法。

知识分布网络

启、保、停电路设计梯形图的方法
S、R指令设计梯图形的方法

任务导入

针对工业控制企业生产线上运输工程的需要设计自动生产线上运料小车的自动控制系统的工作过程。一小车运行过程如图 1–63 所示，小车原位在后退终端，当小车压下后限位开关 SQ1 时，按下启动按钮 SB，小车前进，当运行至料斗下方时，前限位开关 SQ2 动作，此时打开料斗给小车加料，延时 7 s 后关闭料斗，小车后退返回，SQ1 动作时，打开小车底门卸料，5 s 后结束，完成一次动作。如此循环 4 次后系统停止。

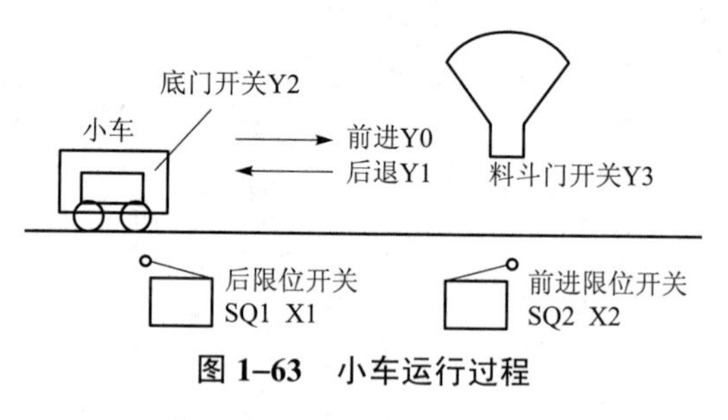

图 1–63　小车运行过程

任务分析

分析上述控制要求可见，初始状态小车停在左侧，左限位开关接通。小车的左右行走由电动机正反转控制线路实现，小车底门和漏斗翻门的电磁阀用中间继电器控制。小车右行的启动条件为左限位开关接通和按下启动按钮，停止条件为右限位开关接通。漏斗翻门的打开条件为右限位开关接通，关闭条件为定时器 T37 的延时（7 s）时间到。小车左行的启动条件为定时器 T37 的延时（7 s）时间到，停止条件为左限位开关接通。小车底门的打开条件为左限位开关接通，停止条件为定时器 T38 的延时（5 s）时间到。小车左右行走应有联锁控制功能，电动机应设置过载保护装置。通过计数器计数循环 4 次，系统停止。要完成小车运动装置的 PLC 控制，应首先学习下列相关知识。

知识链接

所谓经验设计法是依据典型的控制程序和常用的程序设计方法来设计程序，以满足控制系统的要求。这种方法没有普遍的规律可以遵循，而是具有很大的试探性和随意性，但最后的结果不是唯一的，设计所用的时间、设计的质量与设计者的经验有很大的关系，它可以用于较简单的梯形图的设计。

数字量控制系统又称开关量控制系统，继电器控制系统就是典型的数字量控制系统。可以用设计继电器电路图的方法来设计比较简单的数字量控制系统的梯形图，即在一些典型电路的基础上，根据被控对象对控制系统的具体要求，不断地修改和完善梯形图。有时需要多次反复地调试和修改梯形图，增加一些中间编程元件和触点，最后才能得到一个较为满意的结果。

前面任务的学习，可总结出两种设计典型的数字量控制系统的方法，即采用启保停电路设计梯形图和采用 S、R 指令设计梯形图。采用启保停电路设计梯形图是经验设计法的基础，它来源于继电器控制思想，易于理解和掌握；而采用 S、R 指令设计梯形图是对启保停电路的一种改进，使得程序结构更加简单，一目了然，这两种设计方法都可以完成控制要求。

任务实施

一、I/O 分配表

I/O 分配如表 1–15 所列。

表 1–15　I/O 分配表

输　　入			输　　出		
左行程开关限位停止	SQ1	I0.0	小车右行接触器	KM1	Q0.1
右行程开关限位	SQ2	I0.1	小车左行接触器	KM2	Q0.2
启动	SB	I0.2	翻门	KA1	Q0.3
热继电器	FR	I0.3	底门	KA2	Q0.4

二、运料小车 PLC 控制系统接线图

接线图如图 1–64 所示。

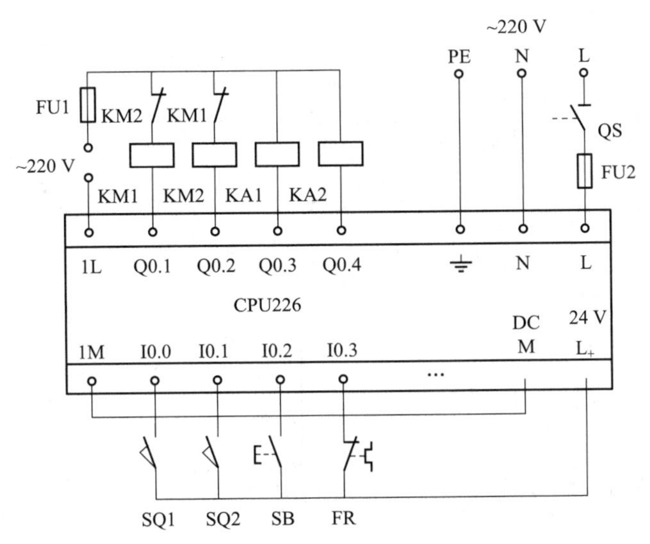

图 1–64　运料小车 PLC 控制系统的接线图

三、设计梯形图程序

1. 采用启保停电路设计的梯形图

梯形图如图 1–65 所示。

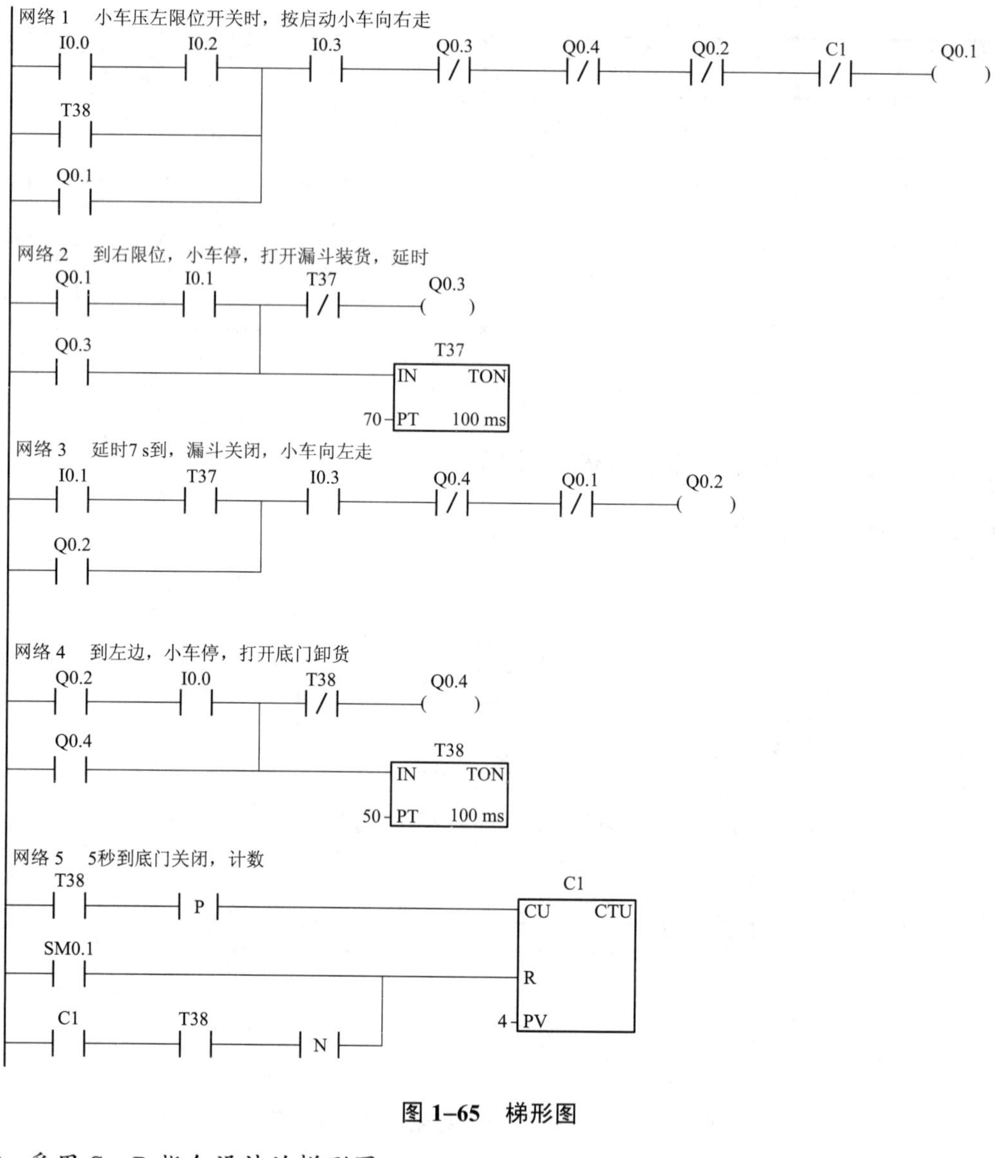

网络 1　小车压左限位开关时，按启动小车向右走

I0.0　I0.2　I0.3　Q0.3　Q0.4　Q0.2　C1　Q0.1

T38

Q0.1

网络 2　到右限位，小车停，打开漏斗装货，延时

Q0.1　I0.1　T37　Q0.3

Q0.3　T37　IN　TON　70 PT　100 ms

网络 3　延时7 s到，漏斗关闭，小车向左走

I0.1　T37　I0.3　Q0.4　Q0.1　Q0.2

Q0.2

网络 4　到左边，小车停，打开底门卸货

Q0.2　I0.0　T38　Q0.4

Q0.4　T38　IN　TON　50 PT　100 ms

网络 5　5秒到底门关闭，计数

T38　P　C1　CU　CTU

SM0.1　R

C1　T38　N　4 PV

图 1–65　梯形图

2. 采用 S、R 指令设计的梯形图

PLC 控制系统的梯形图如图 1–66 所示。

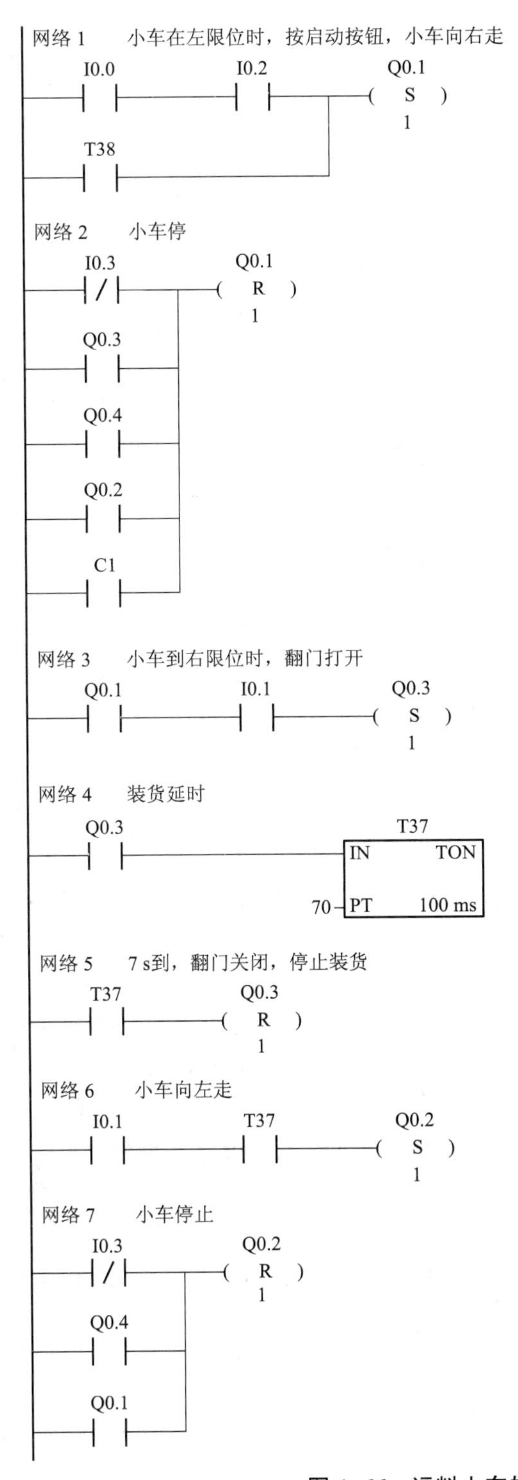

图 1–66　运料小车的 PLC 控制系统梯形图

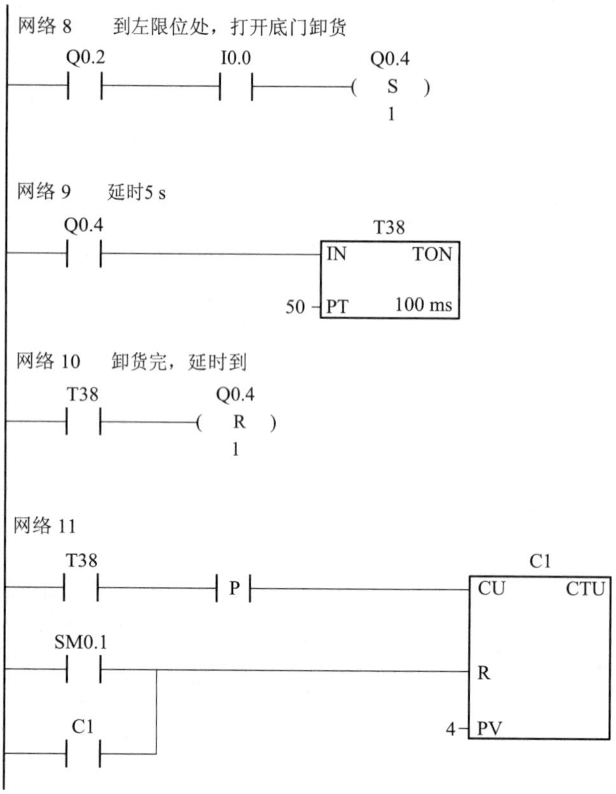

网络 8　到左限位处，打开底门卸货

Q0.2　I0.0　Q0.4 (S) 1

网络 9　延时5 s

Q0.4　T38 IN TON　50 PT 100 ms

网络 10　卸货完，延时到

T38　Q0.4 (R) 1

网络 11

T38　P　C1 CU CTU

SM0.1　R

C1　4 PV

图 1–66　运料小车的 PLC 控制系统梯形图（续）

四、运行并调试程序

① 下载程序，先监控调试；

② 连接外部按钮、接触器，分析程序运行结果，是否达到任务要求。

技能训练

液体混合装置控制系统：在炼油、化工、制药等行业中，多种液体混合是必不可少的工序，而且也是其生产过程中十分重要的组成部分。如图 1–67 所示，以三种液体的混合控制为例，其要求是将三种液体按一定比例混合，在电动机搅拌后要达到一定的温度才能将混合的液体输出容器。并形成循环状态，在按停止按钮后依然要完成本次混合才能结束。

一、技术要求

① 初始状态，容器是空的，Y1、Y2、Y3、Y4 均为 OFF，L1、L2、L3 为 OFF 搅拌机 M 也为 OFF。

② 启动操作，按一下启动按钮。

③ 启动后 Y1=Y2=ON，液体 A 和 B 同时进容器，当达到 L2 时，L2=ON，使 Y1=Y2=OFF，Y3=ON，即关闭 Y1、Y2 阀门，打开液体 C 的阀门 Y3。

④ 当液面达到 L1 时，Y3=OFF，M=ON，即关掉阀门 Y3 ，电动机 M 启动开始搅拌。

⑤ 10 s 钟后搅匀，M=OFF，停止搅动。H=ON，加热器开始加热。

⑥ 当混合液温度达到一定指定值时，T=ON，H=OFF，停止加热，使电磁阀 Y4=ON，开始放出混合液体。

⑦ 当液面下降到 L3 时，L3 从 ON 到 OFF，再过 5 s，容器放空，使 Y4=OFF 开始下一周期。

⑧ 按下停止键（按主机面板上的 I0.5）在当前混合操作处理完后，才停止工作（停在初始状态）。

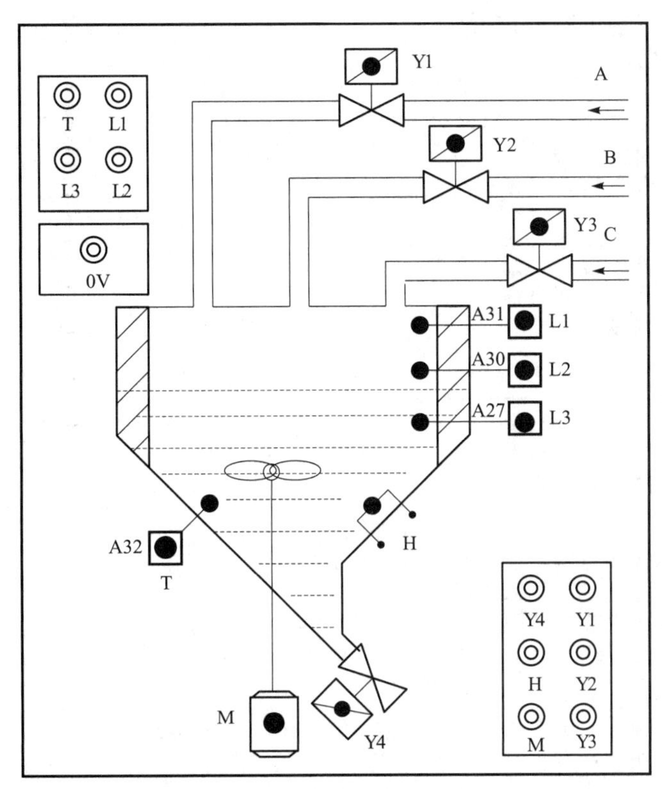

图 1–67　液体混合装置控制示意图

二、训练过程

① 列 I/O 分配表：

I/O 分配如表 1–16 所列。

表 1–16　I/O 分配表

输　　入			输　　出		
启动	S0	I0.0（用主机面板上的按钮）	A 阀	Y1	Q0.1
停止	S1	I0.5（用主机面板上的按钮）	B 阀	Y2	Q0.2
液面传感器 L1		I0.1	C 阀	Y3	Q0.3
液面传感器 L2		I0.2	混合阀	Y4	Q0.4
液面传感器 L3		I0.3	电动机	M	Q0.5
温度传感器 T		I0.4	电炉	H	Q0.6

② 根据控制要求，设计梯形图程序；
③ 输入、调试程序；
④ 安装、运行控制系统；
⑤ 汇总整理文档，保留工程文件。

三、技能训练考核标准

技能训练考核标准如表 1–17 所列。

表 1–17　技能训练评价表

序号	主要内容	考核要求	评分标准	配分	扣分	得分
1	方案设计	根据控制要求，画出 I/O 分配表，设计梯形图程序及接线图	1. 输入/输出地址遗漏或错误，每处扣 1 分 2. 梯形图表达不正确或画法不规范，每处扣 2 分 3. 接线图表达不正确或画法不规范，每处扣 2 分 4. 指令有错误，每处扣 2 分	30		
2	安装与接线图	按 I/O 接线图在板上正确安装，接线要正确、紧固、美观	1. 接线不紧固、不美观，每根扣 2 分 2. 接点松动，每处扣 1 分 3. 不按 I/O 接线图接线，每处扣 2 分	30		
3	程序输入与调试	熟练操作电脑，能正确将程序输入 PLC，按动作要求模拟调试，达到设计要求	1. 不熟练操作电脑，扣 2 分 2. 不会用删除、插入、修改等指令，每项扣 2 分 3. 第一次试车不成功的扣 5 分；第二次试车不成功扣 10 分；第三次试车不成功扣 20 分	30		
4	安全与文明生产	遵守国家相关专业安全文明生产规程，遵守学院纪律	1. 不遵守教学场所规章制度，扣 2 分 2. 出现重大事故或人为损坏设备扣 10 分	10		
备注			合　计	100		
小组成员签名						
教师签名						

思考练习题

1–1　画出 PLC 的基本构成框图。
1–2　PLC 有哪些主要特点？
1–3　与一般的计算机控制系统相比，PLC 有哪些优点？
1–4　与继电器控制系统相比，PLC 有哪些优点？
1–5　PLC 可以用在哪些领域？

1–6　PLC 有几种输出类型？各有什么特点，各适用于什么场合？

1–7　以 I0.1、I0.2 为输入点，Q0.1 为输出点，各画出它们符合与、或、与非、异或、同或关系的梯形图。

1–8　使用置位指令和复位指令，编写两套程序，控制要求如下：

① 启动时，电动机 M1 先启动，之后才能启动电动机 M2；停止时，电动机 M1 和 M2 同时停止。

② 启动时，电动机 M1 和 M2 同时启动；停止时，只有在电动机 M2 停止后，电动机 M1 才能停止。

1–9　用 S、R 和跃变指令设计出如图 1–68 所示的波形图的梯形图。

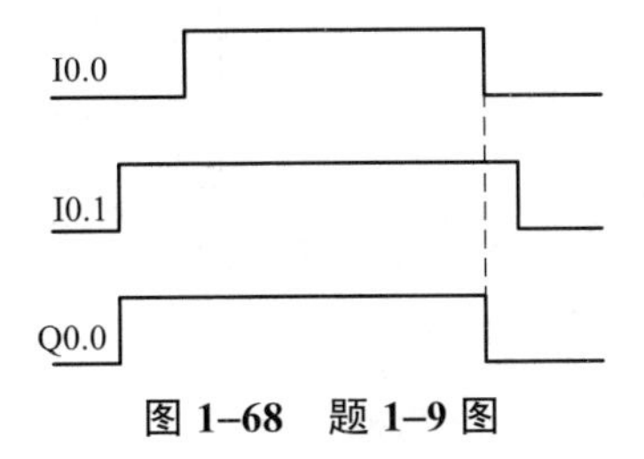

图 1–68　题 1–9 图

1–10　画出图 1–69 所示程序的 Q0.0 的波形图。

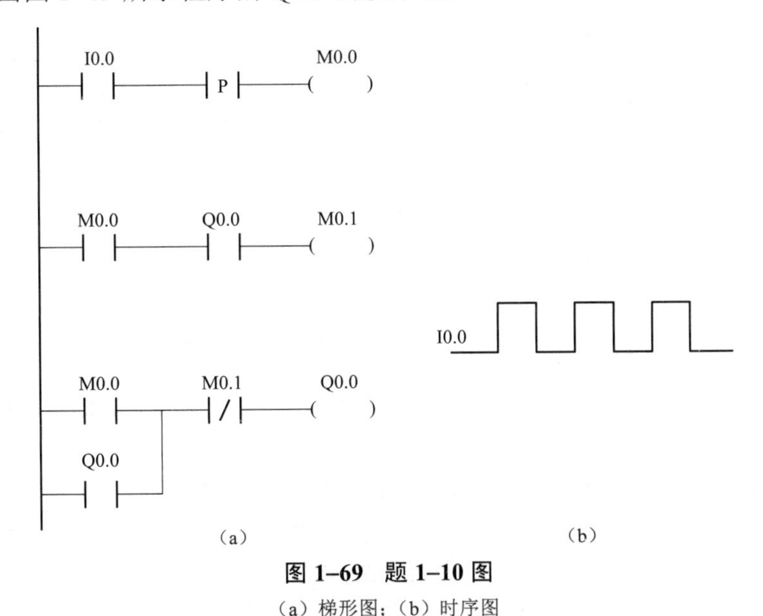

图 1–69　题 1–10 图

（a）梯形图；（b）时序图

1–11　设计满足图 1–70 所示时序图的梯形图。

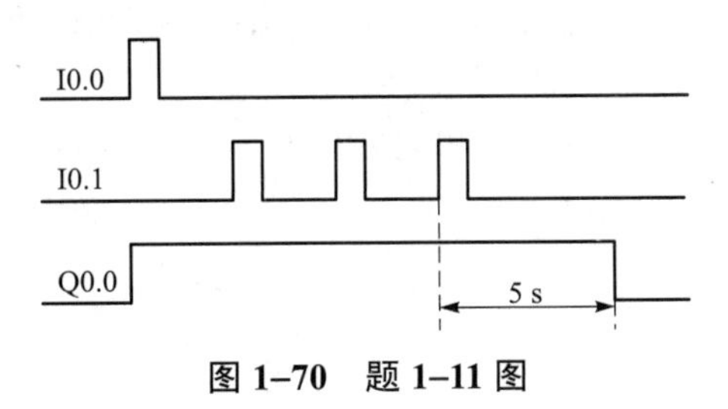

图 1–70　题 1–11 图

1–12　设计周期为 5 s、占空比为 20%的方波输出信号程序。

1–13　料箱盛料过少时，低限位开关 I0.0 为 ON，Q0.0 控制报警灯闪动。10 s 后自动停止报警，按复位按钮 I0.1 也停止报警。设计出梯形图程序。

1–14　在按钮 I0.0 按下后 Q0.0 变为 ON 并自保持（如图 1–71 所示），I0.1 输入 4 个脉冲后（加计数器 C1 计数），T37 开始定时，5 s 后 Q0.0 变为 OFF，同时 C1 被复位，在 PLC 刚开始执行用户程序时，C1 也被复位，设计出梯形图。

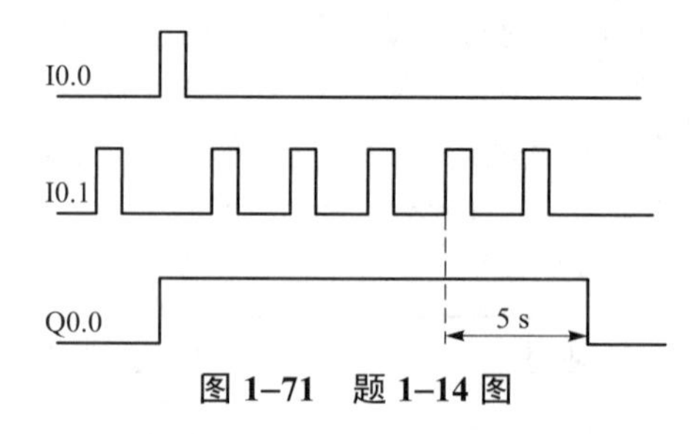

图 1–71　题 1–14 图

1–15　试设计满足图 1–72 所示波形的梯形图。

1–16　试设计满足图 1–73 所示波形的梯形图。

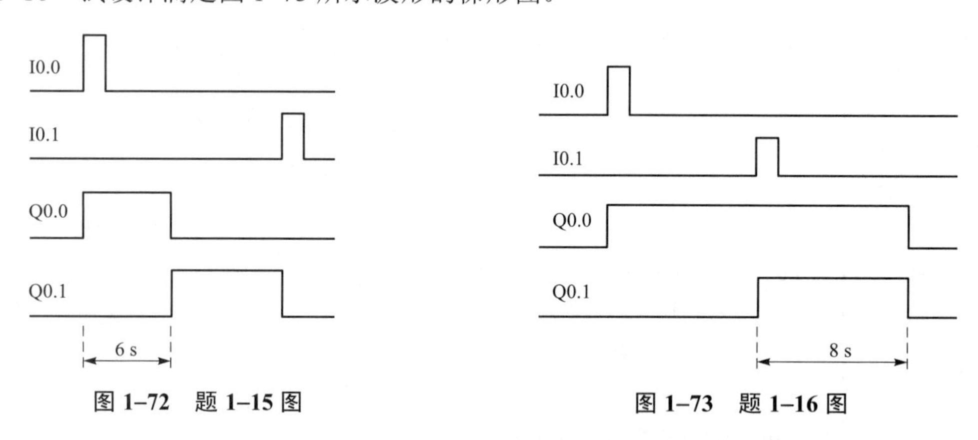

图 1–72　题 1–15 图　　**图 1–73　题 1–16 图**

1–17　按下照明灯的按钮，灯亮 10 s，在此期间若又有人按按钮，则定时时间从头开始，请设计出梯形图程序。

1–18　设计故障信息显示电路，若故障信号 I0.0 为 1，使 Q0.0 控制的指示灯以 1 Hz 的频率闪烁（可以使用 SM0.5 的触点）。操作人员按复位按钮 I0.1 后，如果故障已经消失，则指示灯熄灭。如果没有消失，指示灯转为常亮，直至故障消失。

1–19　试设计两台电动机顺序控制 PLC 系统。

控制要求：两台电动机相互协调运转，M1 运转 10 s，停止 5 s，M2 要求与 M1 相反，M1 停止 M2 运行，M1 运行 M2 停止，如此反复动作 3 次，M1 和 M2 均停止。

1–20　试设计 PLC 3 种速度电动机控制系统。

控制要求：启动低速运行 3 s，KM1 和 KM2 接通；中速运行 3 s，KM3 通（KM2 断开）；高速运行 KM4，KM5 接通（KM3 断开）。

灯光系统的 PLC 控制系统设计、安装与调试

工作任务 1　彩灯的 PLC 控制

教学导航

能力目标

① 能用数据传送指令、移位指令编写控制程序；
② 会用移位寄存器设计彩灯程序。

知识目标

① 理解数据传送指令、移位指令含义；
② 了解字节立即传送指令和单一传送指令的使用方法。

知识分布网络

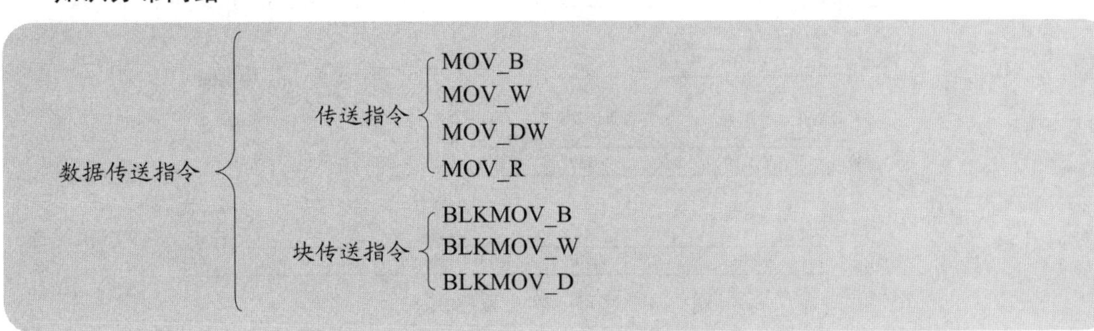

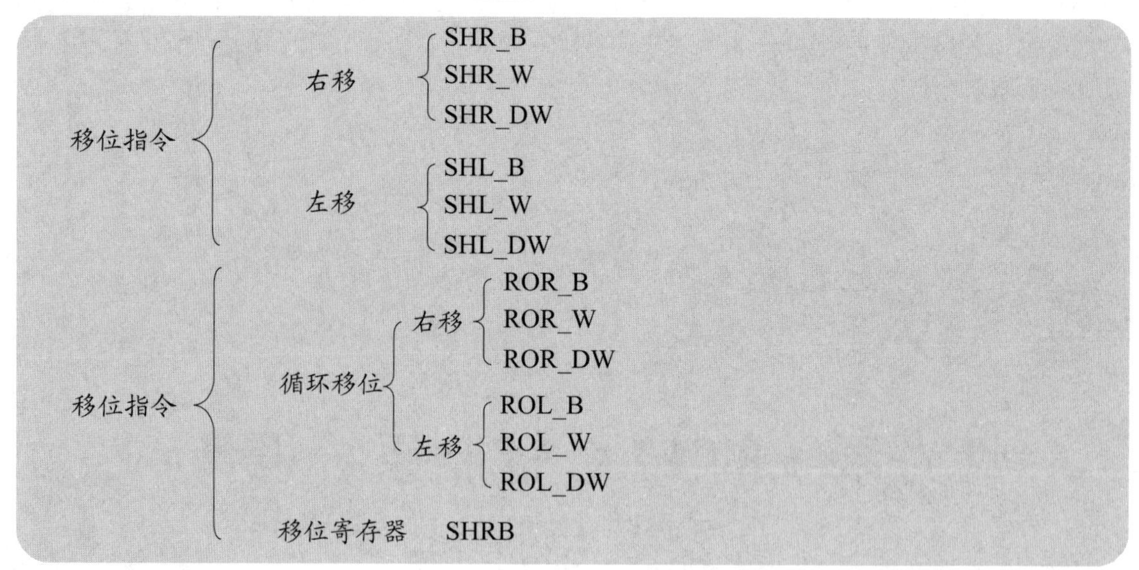

任务引入

广告灯的控制有多种方式。采用 PLC 控制的彩灯具有良好的稳定性，并且更改彩灯控制方式也非常容易。因此，PLC 控制彩灯方式比较方便。

任务分析

本任务中当按下 SB1（启动）时，点亮彩灯 L1；之后每按一次 SB2，彩灯左移一位（运行）；按钮 SB3 为停止按钮，按下后所有彩灯熄灭。

可利用单一传送指令及循环移位指令实现控制要求。本任务重点为单一传送指令及循环移位指令的学习。

知识链接

一、S7–200 数据类型

在计算机中使用的都是二进制数，其最基本的存储单位是位（bit），8 位二进制数组成 1 个字节（Byte），其中的第 0 位为最低位（LSB），第 7 位为最高位（MSB），两个字节（16 位）组成 1 个字（Word），两个字（32 位）组成 1 个双字（Double Word）。位、字节、字和双字占用的连续位数称为长度，如图 2–1 所示。

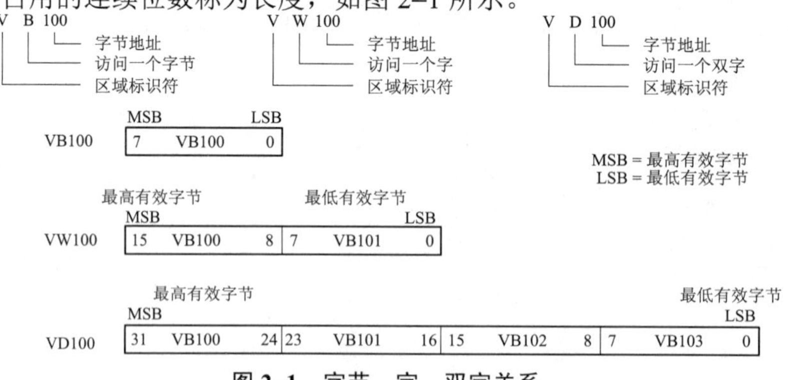

图 2–1　字节、字、双字关系

可以用这种寻址方式进行寻址存储区主要有：输入继电器（I）、输出继电器（Q）、通用辅助继电器（M）等，其表示格式如表 2–1 和表 2–2 所列。

表 2–1　输入继电器表示格式

位	I0.0～I0.7 … I15.0～I15.7	128 个点
字节	IB0、IB1、…、IB15	16 个
字	IW0、IW2、…、IW14	8 个
双字	ID0、ID4、ID8、ID12	4 个

表 2–2　输出继电器表示格式

位	Q0.0～Q0.7 … Q15.0～Q15.7	128 个点
字节	QB0、QB1、…、QB15	16 个
字	QW0、QW2、…、QW14	8 个
双字	QD0、QD4、QD8、QD12	4 个

S7–200 的许多指令中常会使用常数。常数的数据长度可以是字节、字和双字。CPU 以二进制的形式存储常数，书写常数可以用二进制、十进制、十六进制、ASCII 码或实数等多种形式。书写格式如下：

十进制常数：1234。

十六进制常数：16#3AC6。

二进制常数：2#1010 0001 1110 0000。

ASCII 码：“Show”。

实数（浮点数）：+1.175495E–38（正数），–1.175495E–38（负数）。

二、单一传送指令

单一传送指令（Move）包括字节传送、字传送和双字传送。

指令格式：LAD 和 STL，如图 2–2 所示。

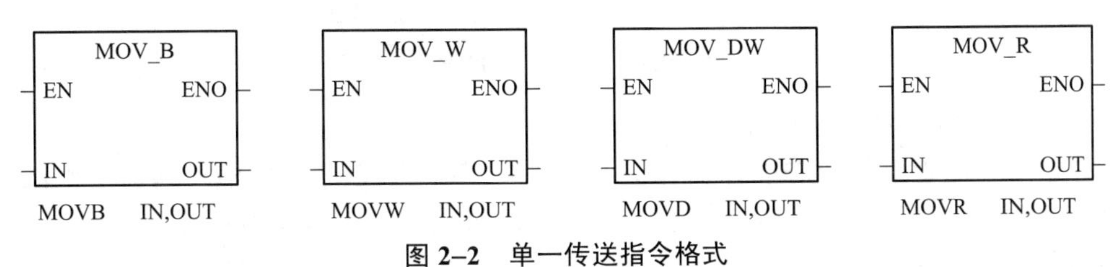

图 2–2　单一传送指令格式

功能描述：使能输入有效时，把一个单字节数据（字、双字或实数）由 IN 传送到 OUT 所指的存储单元。

数据类型：输入/输出均为字节（字、双字或实数）。

【例 2–1】字节、双字、实数三种数据类型的传送，如图 2–3 所示。

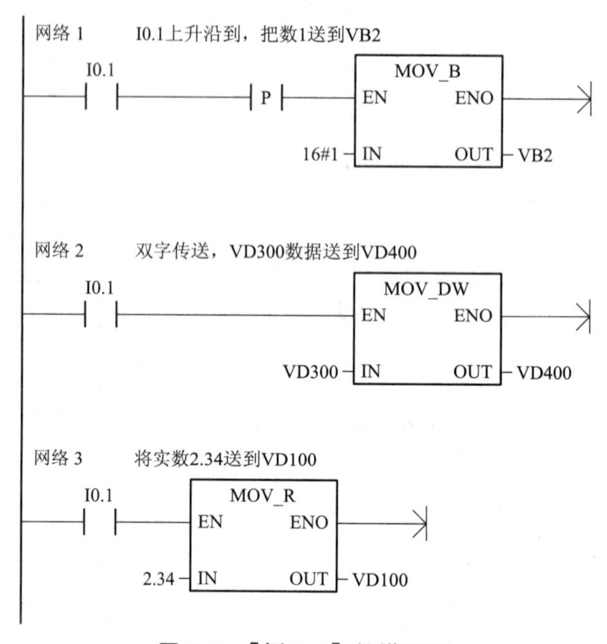

图 2–3 ［例 2–1］的梯形图

【例 2–2】利用传送指令实现三台电机 M0、M1、M2 同时启/停控制，如图 2–4 所示。

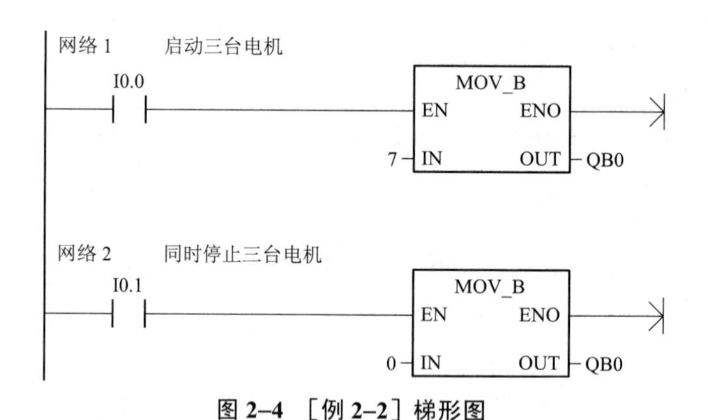

图 2–4 ［例 2–2］梯形图

【例 2–3】多种预置值选择控制。

三种型号产品设其加热时间分别是 10 s、15 s、5 s，设置一个手柄为其设定预置值，每一挡位一个预置值，一个开关控制电炉加热，加热时间到，则自动停止。

梯形图如图 2–5 所示。

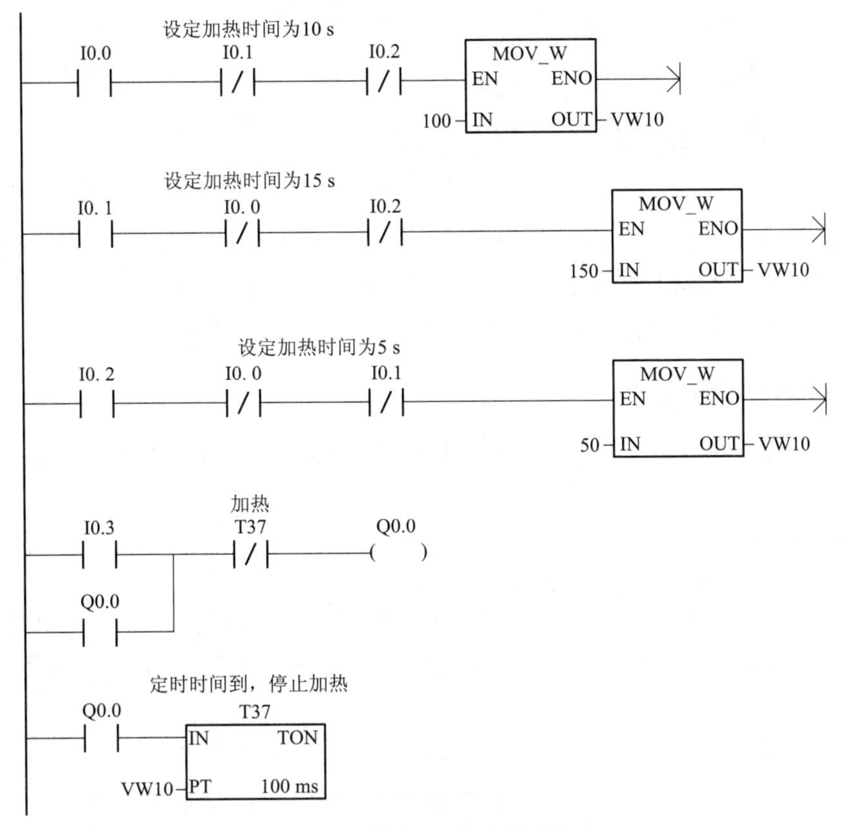

图 2–5　［例 2–3］的梯形图

二、移位指令

移位指令（Shift）将输入值 IN 右移或者左移 N 位，并将输出结果装载到 OUT 中。

1. *右移指令*

指令格式：LAD 和 STL，格式如图 2–6 所示。

功能描述：把字节型（字型或双字型）输入数据 IN 右移 N 位后，再将结果输出到 OUT 所指的（字或双字）存储单元。最大实际可移位次数为 8 位（16 位或 32 位）。

数据类型：输入/输出均为字节（字或双字），N 为字节型数据。

图 2–6　右移指令

2. *左移指令*

指令格式：LAD 和 STL，格式如图 2–7 所示。

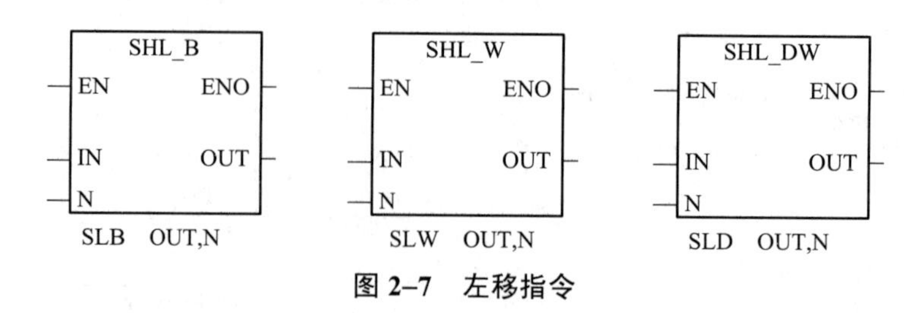

图 2–7 左移指令

功能描述：把字节型（字型或双字型）输入数据 IN 左移 N 位后，再将结果输出到 OUT 所指的（字或双字）存储单元。最大实际可移位次数为 8 位（16 位或 32 位）。

数据类型：输入/输出均为字节（字或双字），N 为字节型数据。

三、循环移位指令

循环移位指令（Rotate）将输入值 IN 循环右移或者循环左移 N 位，并将输出结果装载到 OUT 中。

1. 循环右移指令

指令格式：LAD 和 STL，格式如图 2–8 所示。

功能描述：把字节型（字型或双字型）输入数据 IN 循环右移 N 位后，再将结果输出到 OUT 所指的（字或双字）存储单元。实际移位次数为系统设定值取以 8（16 或 32）为底的模所得的结果。

数据类型：输入/输出均为字节（字或双字），N 为字节型数据。

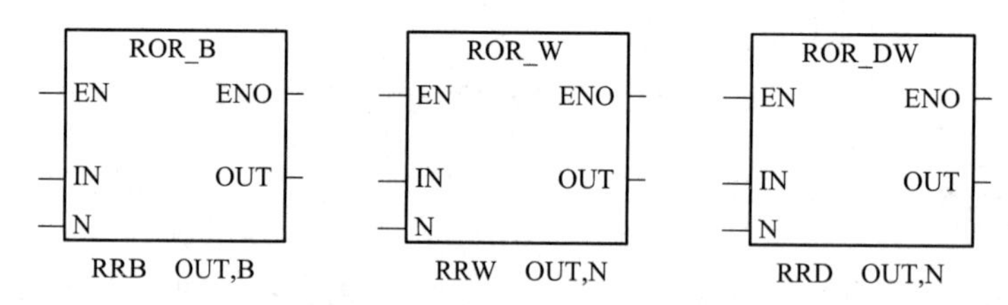

图 2–8 循环右移位指令格式

2. 循环左移指令

指令格式：LAD 和 STL，格式如图 2–9 所示。

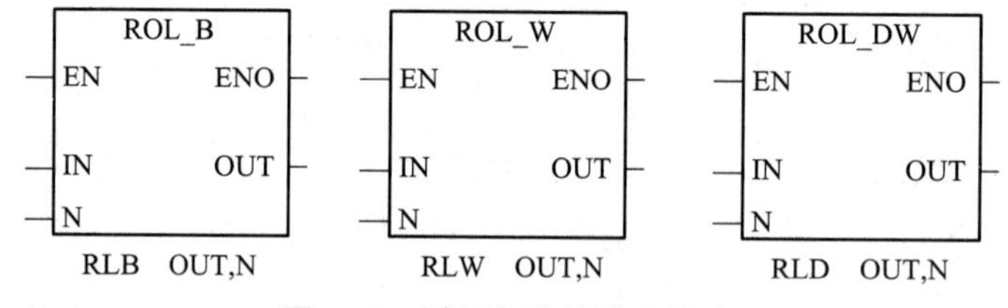

图 2–9 循环左移位指令格式

功能描述：把字节型（字型或双字型）输入数据 IN 循环左移 N 位后，再将结果输出到 OUT 所指的（字或双字）存储单元。实际移位次数为系统设定值取以 8（16 或 32）为底的模所得的结果。

数据类型：输入/输出均为字节（字或双字），N 为字节型数据。

【例 2-4】移位与循环指令应用举例，如图 2-10 所示。

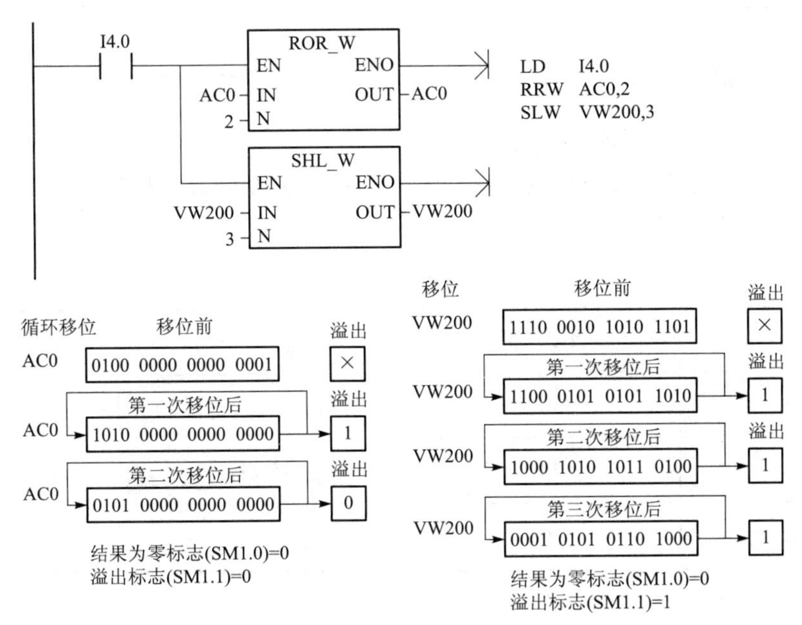

图 2-10 ［例 2-4］图

【例 2-5】8 个彩灯依顺序每秒闪亮一次梯形图如图 2-11 所示。

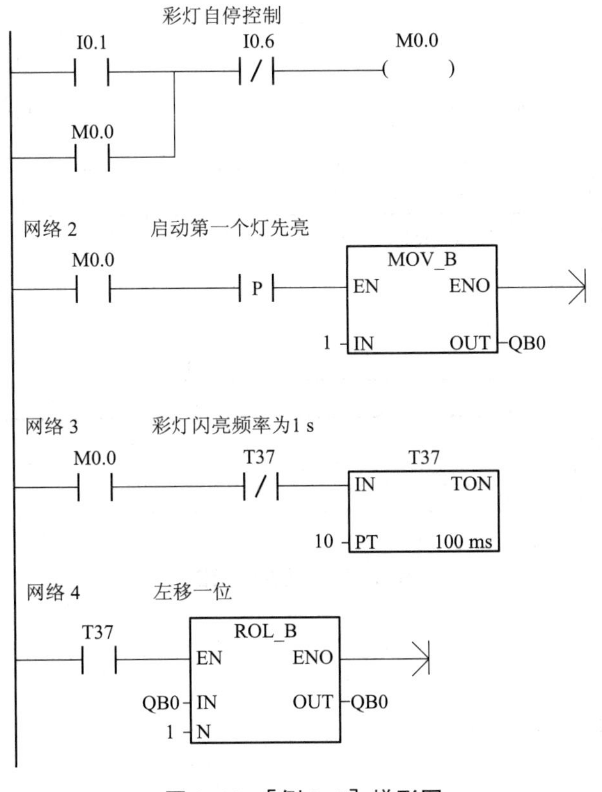

图 2-11 ［例 2-5］梯形图

任务实施

一、I/O 分配表

讨论用 PLC 如何实现彩灯的控制。

① 主电路中，八盏彩灯分别为 L1～L8，分别由 Q0.0～Q0.7 控制。

② I/O 分配表如表 2–3 所列。

表 2–3　控制系统 I/O 分配表

输　入	PLC 端子	输　　出	PLC 端子
启动 SB1	I0.0	8 个彩灯	Q0.0～Q0.7
控制 SB2	I0.1		
停止 SB3	I0.2		

二、PLC 硬件接线图

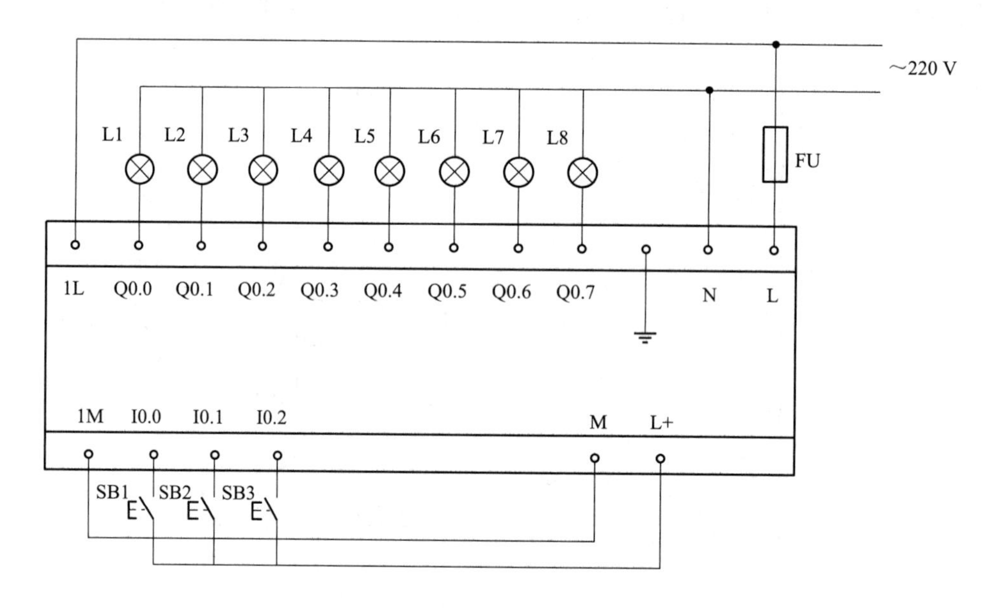

图 2–12　硬件连接图

三、梯形图

图 2–13 是彩灯控制的梯形图。

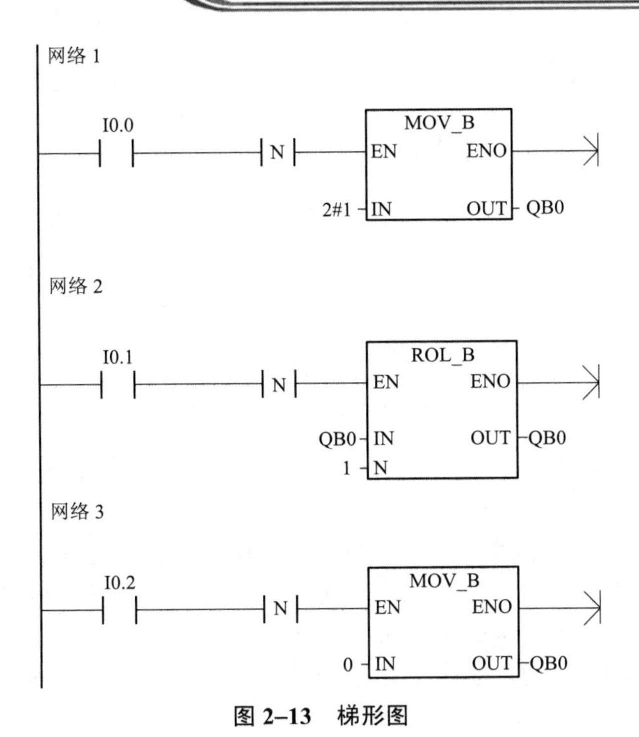

图 2–13　梯形图

四、运行并调试程序

① 下载程序，先监控调试。

② 连接外部按钮、接触器、彩灯，分析程序运行结果，是否达到任务要求。

拓展知识

一、块传送指令

块传送指令（Block Move）可用来进行一次多个（最多 255 个）数据的传送，它包括字节块传送、字块传送和双字块传送。

指令格式：LAD 和 STL，格式如图 2–14 所示。数据类型可为 B、W、DW（LAD 中）、D 或 R。

功能描述：把从 IN 开始的 N 个字节（字或双字）型数据传送到从 OUT 开始的 N 个字节（字或双字）存储单元。

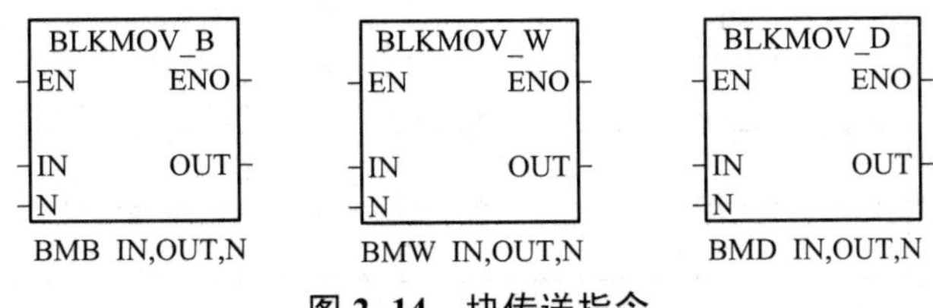

图 2–14　块传送指令

数据类型：输入/输出均为字节（字或双字），N 为字节（字或双字）数。

二、移位寄存器指令

指令格式：LAD 和 STL，格式如图 2–15 所示。

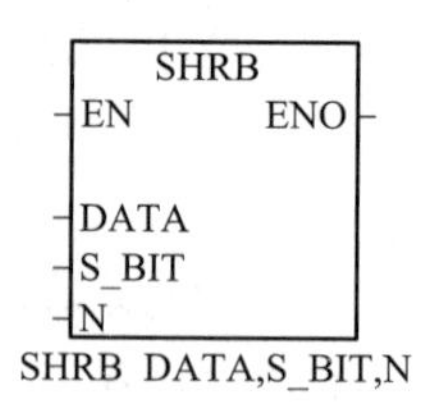

图 2–15　移位寄存器指令

功能描述：移位寄存器指令（Shift Register）在梯形图中有 3 个数据输入端，即 DATA 为数值输入，将该位的值移入移位寄存器；S_BIT 为移位寄存器的最低位端；N 指定移位寄存器的长度。当使能输入端有效时，在每个扫描周期内，且在允许输入端（EN）的每个上升沿时刻对 DATA 端采样一次，把输入端（DATA）的数值移入移位寄存器，整个移位寄存器移动一位。因此，要用边沿跳变指令来控制使能端的状态。

数据类型：DATA 和 S_BIT 为 BOOL 型，N 为字节型，可以指定的移位寄存器最大长度为 64 位，可正可负。

N 为正值，左移，输入数据从最低位移入，最高位（S_BIT 下）移出。

N 为负值，右移，输入数据从最高位移入，最低位（S_BIT 下）移出。

SHRB 指令移出的每一位都被放入溢出标志位（SM1.1）。

【例 2–6】用 PLC 构成对喷泉的控制。喷泉的 12 个喷水柱用 L1～L12 表示，喷水柱的布局如图 2–16 所示。控制要求：按下启动按钮后，L1 喷 0.5 s 后停，接着 L2 喷 0.5 s 后停，接着 L3 喷 0.5 s 后停，接着 L4 喷 0.5 s 后停，接着 L5、L9 喷 0.5 s 后停，接着 L6、L10 喷 0.5 s 后停，接着 L7、L11 喷 0.5 s 后停，接着 L8、L12 喷 0.5 s 后停，L1 喷 0.5 s 后停，如此循环下去，直至按下停止按钮。

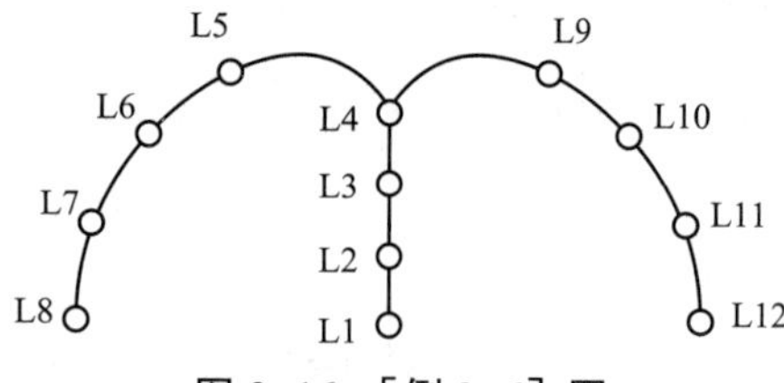

图 2–16 ［例 2–6］图

表 2–4 所列是 I/O 分配表。

表 2–4　I/O 分配表

输入 PLC 地址	说　明	输出 PLC 地址	说　明
I0.0	启动按钮	Q0.0～Q0.3	L1～L4
I0.1	停止按钮	Q0.4	L5、L9
		Q0.5	L6、L10
		Q0.6	L7、L11
		Q0.7	L8、L12

分析：在移位寄存器指令 SHRB 中，EN 连接移位脉冲 T37，每来一个脉冲的上升沿，移位寄存器移动一位。M1.0 为数据输入端 DATA。根据控制要求，每次只有一个输出，因此只需要

在第 1 个移位脉冲到来时由 M1.0 送入移位寄存器 S_BIT 位（Q0.0）“1”，第 2 个脉冲至第 8 个脉冲到来时由 M1.0 送入 Q0.0 的值均为 “0”，这在程序中由定时器 T38 延时 0.5 s 导通一个扫描周期实现，第 8 个脉冲到来时 Q0.7 置位为 1，同时通过与 T38 并联的 Q0.7 常开触点使 M1.0 置位为 1，在第 9 个脉冲到来时由 M1.0 送入 Q0.0 的值又为 1，如此循环下去，直至按下停止按钮。

梯形图如图 2–17 所示。

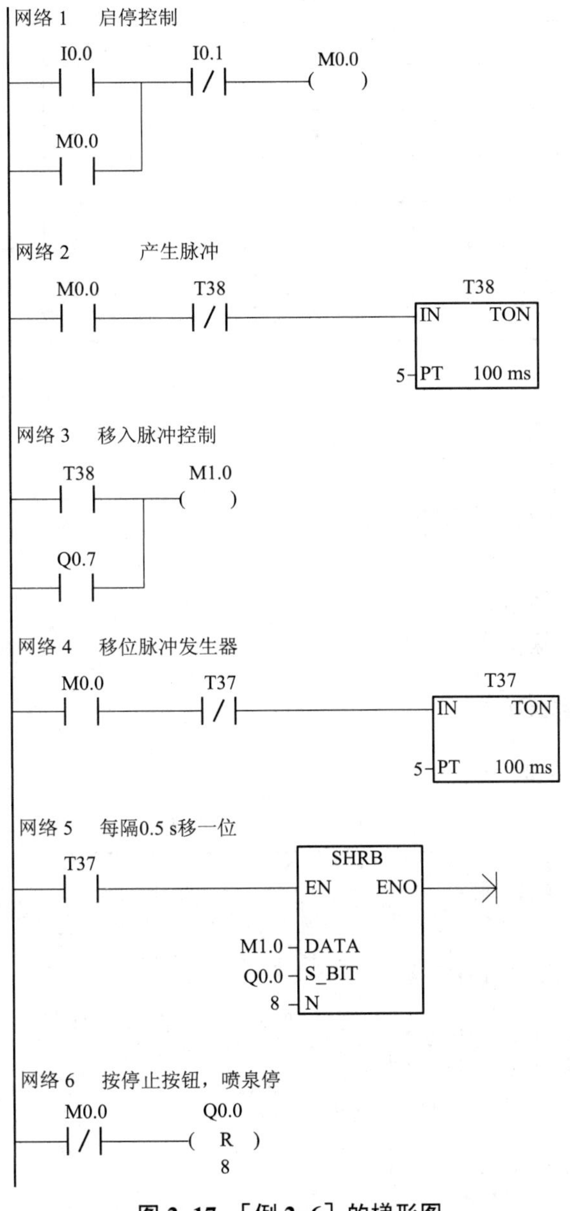

图 2–17　［例 2–6］的梯形图

技能训练

一、技术要求

设计 PLC 梯形图，完成八盏彩灯的控制任务。要求：按启动按钮 SB1，L1 和 L3 点亮。再按下按钮 SB1，每次右移两位点亮。当 L5 和 L7 点亮时，再按下 SB1 时，L3 和 L1 点亮。依次循环。任意时刻按下按钮 SB3，全部彩灯点亮。其示意表如表 2–5 所列。

表 2–5　彩灯亮来示意表

	L1	L2	L3	L4	L5	L6	L7	L8
按 SB1 第一次	亮		亮					
按 SB1 第二次			亮		亮			
按 SB1 第三次					亮		亮	
按 SB1 第四次	亮						亮	
按 SB1 第五次	亮		亮					
按 SB3	亮	亮	亮	亮	亮	亮	亮	亮

二、训练过程

① 画 I/O 图；
② 根据控制要求，设计梯形图程序；
③ 输入、调试程序；
④ 安装、运行控制系统；
⑤ 汇总整理文档，保留工程文件。

三、技能训练考核标准

技能训练考核标准如表 2–6 所列。

表 2–6　技能训练评价表

序号	主要内容	考核要求	评分标准	配分	扣分	得分
1	方案设计	方案要有工作任务实施流程 根据控制要求，画出 I/O 分配图及接线图，设计梯形图程序，程序要简洁、易读	1. 输入/输出地址遗漏或错误，每处扣 1 分 2. 梯形图表达不正确或画法不规范，每处扣 2 分 3. 接线图表达不正确或画法不规范，每处扣 2 分 4. 指令有错误，每个扣 2 分	35		
2	安装与接线	按 I/O 接线图在板上正确安装，符合安装工艺规范	1. 接线不紧固、接点松动，每处扣 2 分 2. 不符合安装工艺规范，每处扣 2 分 3. 不按 I/O 图接线，每处扣 2 分	20		

续表

序号	主要内容	考核要求	评分标准	配分	扣分	得分
3	程序调试	按控制要求进行程序调试，达到设计要求	1. 第一次调试不成功扣10分 2. 第二次调试不成功扣20分 3. 第三次调试不成功扣30分	30		
4	安全与文明生产	遵守国家相关专业安全文明生产规程，遵守学校纪律，小组成员分工协作，积极参与，具有团队互相配合精神	1. 不遵守教学场所规章制度，扣2分 2. 出现重大事故或人为损坏设备扣10分 3. 出现短路故障扣5分 4. 实训后不清理、无整洁现场扣3分	10		
5	创新亮点	自我发挥	方案设计或程序有独创加5分	5		
备　注			合　　计			
			小组成员签名			
			教师签名			
			日期			

工作任务2　十字路口交通灯的PLC控制

教学导航

能力目标

① 会编写顺序控制流程图；
② 能用SCR指令编写顺序控制梯形图。

知识目标

① 理解顺序功能图的含义；
② 掌握PLC控制系统的设计方法。

知识分布网络

顺序控制指令：
- LSCR（载入顺序控制指令）
- SCRT（顺序控制转换指令）
- SCRE（顺序控制结束指令）

任务导入

图 2–18 是十字路口的交通灯示意图及控制流程图，任务控制如下：当按下启动按钮之后，南北红灯亮并保持 23 s，同时东西绿灯亮，保持 20 s，然后绿灯闪 3 s。继而东西黄灯亮并保持 2 s，到 2 s 后，东西黄灯灭，东西红灯亮并保持 28 s，同时南北红灯灭，南北绿灯亮 25 s，25 s 到了之后，南北绿灯闪 3 s。继而南北黄灯亮并保持 2 s，到 2 s 后，南北黄灯灭，南北红灯亮，同时东西红灯灭，东西绿灯亮。到此完成一个循环。

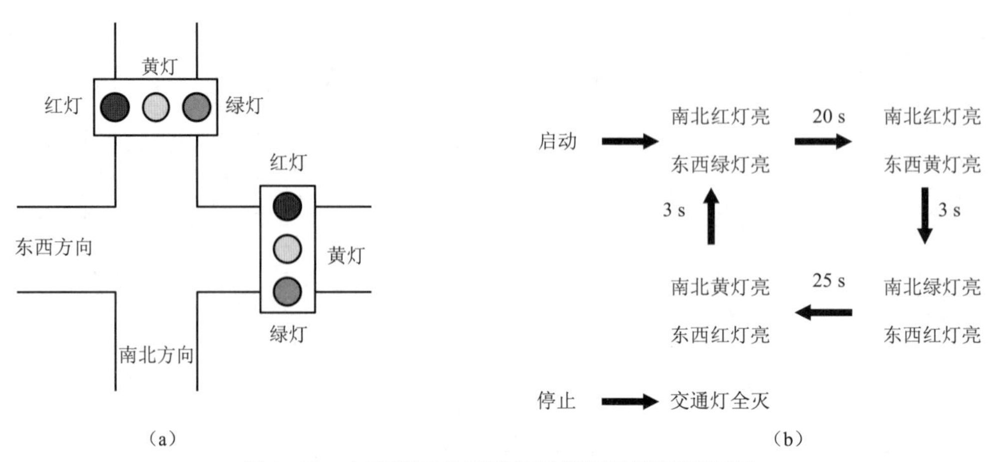

图 2–18　十字路口的交通灯示意图及控制流程图

（a）交通灯示意图；（b）控制流程图

任务分析

为了解决用 PLC 的基本逻辑指令编写顺序控制梯形图时所存在的编程复杂、不易理解等问题，故采用 PLC 的顺序功能图来编写顺序控制梯形图是一种非常有效的方法。该方法具有编程简单而且直观等特点，十字路口交通灯的控制是一个典型的顺序控制例子，使用一般的基本逻辑指令来实现时，很容易引起控制程序的思路混乱，会使程序变得复杂。使用步进功能流程图和顺序控制指令会使控制程序的编写变得清晰、简单，从而提高编程的效率。

知识链接

一、功能流程图

按照顺序控制的思想，根据工艺过程，将程序的执行分成各个程序步，整个功能图由步、转换、转换条件有向连线、程序处理组成，如图 2–19 所示，常用顺序控制继电器位 S0.0～S31.7 代表程序的状态步。

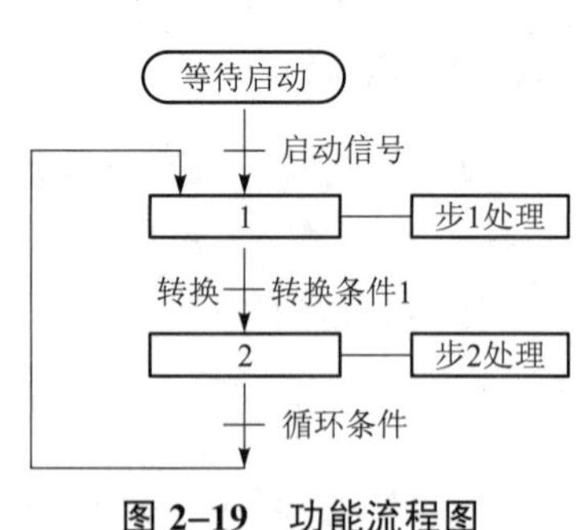

图 2–19　功能流程图

二、顺序控制指令

S7–200 系列 PLC 有三条顺序控制继电器指令，如表 2–7 所列。

表 2–7　顺序控制指令

LAD	STL	说　明
??? SCR	LSCR　n	步开始指令，为步开始的标志，该步的状态元件的位置 1 时，执行该步
??? (SCRT)	SCRT　n	步转移指令，使能有效时，关断本步，进入下一步。该指令由转换条件的接点启动，n 为下一步的顺序控制状态元件
(SCRE)	SCRE	步结束指令，为步结束的标志

LSCR——装载顺序控制继电器指令，用于表示一个 SCR 段即状态步的开始。

SCRT——顺序控制继电器转换指令，用于表示 SCR 段之间的转换。当 SCRT 对应的线圈得电时，对应的后续步的状态元件被激活，同时当前步对应的状态元件被复位，变为不活动步。

SCRE——顺序控制继电器结束指令，用于表示 SCR 段的结束。每一个 SCR 段的结束必须使用 SCRE 指令。SCRE 指令无操作数。

在使用顺序控制指令时应注意以下几点。

① 步进控制指令 SCR 只对状态元件 S 有效。为了保证程序的可靠运行，驱动状态元件 S 的信号应采用短脉冲。

② 当输出需要保持时，可使用 S、R 指令。

③ 不能把同一编号的状态元件用在不同的程序中。例如，如果在主程序中使用 S0.1，则不能在子程序中再使用。

④ 在 SCR 段中不能使用 JMP 和 LBL 指令。即不允许跳入或跳出 SCR 段，允许在 SCR 段内跳转。

⑤ 不能在 SCR 段中使用 FOR、NEXT 和 END 指令。

任务实施

使用顺序控制结构，编写出实现十字路口交通灯循环显示的程序。控制要求如下：设置一个启动按钮 SB1、循环开关 S。当按下启动按钮之后，信号灯控制系统开始工作，首先南北红灯亮，东西绿灯亮。按下循环开关 S 后，信号控制系统循环工作；否则信号系统停止，所有信号灯灭。

一、I/O 分配表

表 2–8 是 I/O 分配表。

表 2–8　I/O 分配表

输　　入	PLC 端子	输　　出	PLC 端子
启动按钮 SB1	I0.0	南北绿灯	Q0.0
循环开关 S	I0.1	南北黄灯	Q0.1
		南北红灯	Q0.2
		东西绿灯	Q0.3
		东西黄灯	Q0.4
		东西红灯	Q0.5

二、PLC 硬件接线图

硬件接线如图 2–20 所示。

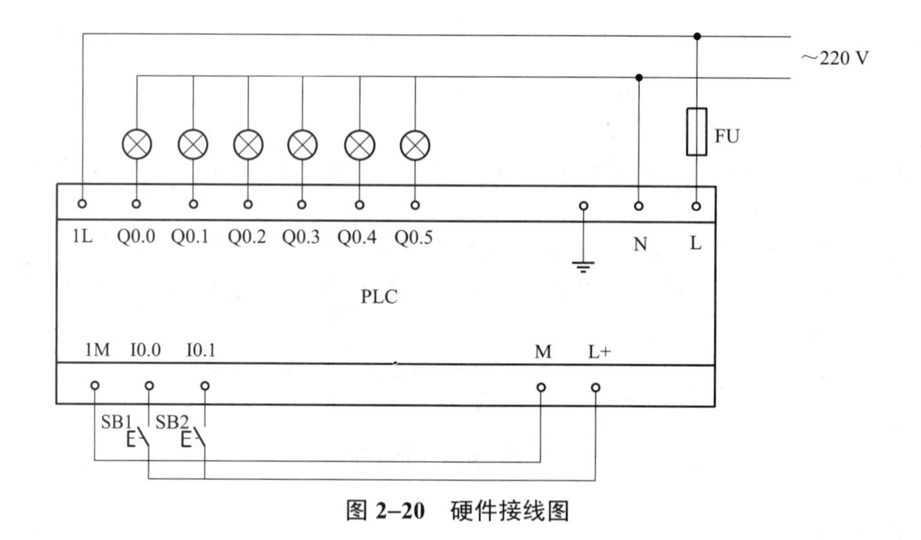

图 2–20　硬件接线图

三、设计梯形图程序

1. 流程图

程序流程如图 2–21 所示。

2. 梯形图

梯形图如图 2–22 所示。

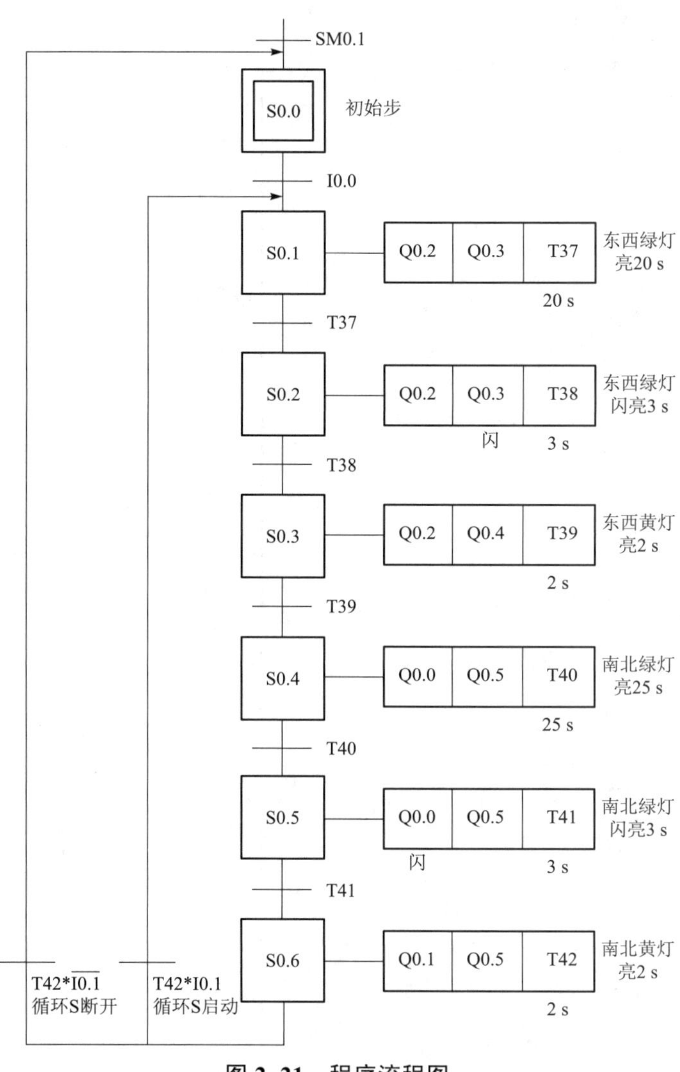

图 2–21　程序流程图

四、运行并调试程序

① 下载程序，先监控调试。

② 连接外部按钮、彩灯，调试程序，分析程序运行结果是否达到任务要求。

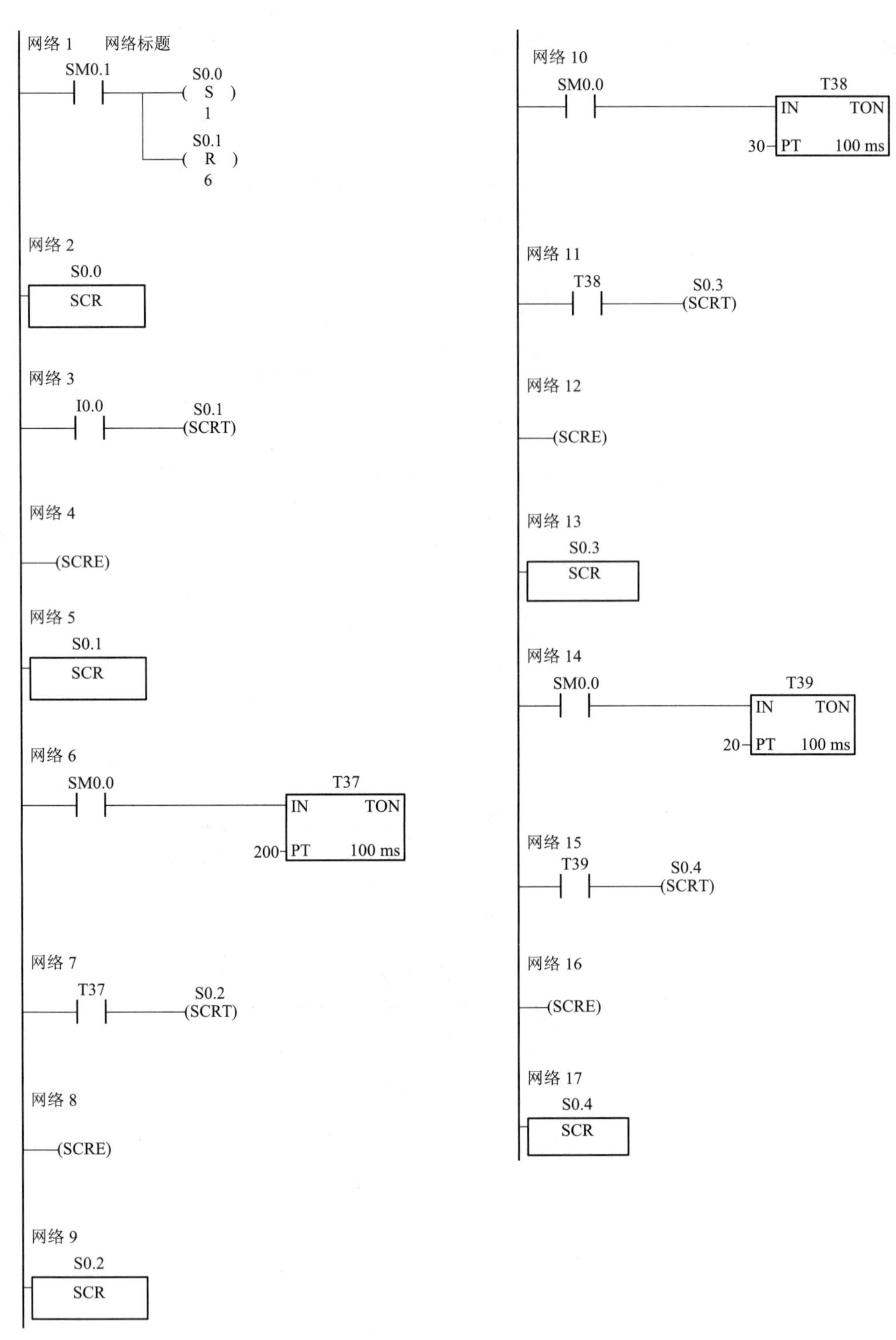
网络 1 网络标题
SM0.1
S0.0
S
1
S0.1
R
6
网络 2
S0.0
SCR
网络 3
I0.0
S0.1
SCRT
网络 4
SCRE
网络 5
S0.1
SCR
网络 6
SM0.0
T37
IN TON
200 PT 100 ms
网络 7
T37
S0.2
SCRT
网络 8
SCRE
网络 9
S0.2
SCR
网络 10
SM0.0
T38
IN TON
30 PT 100 ms
网络 11
T38
S0.3
SCRT
网络 12
SCRE
网络 13
S0.3
SCR
网络 14
SM0.0
T39
IN TON
20 PT 100 ms
网络 15
T39
S0.4
SCRT
网络 16
SCRE
网络 17
S0.4
SCR

图 2–22 梯形图

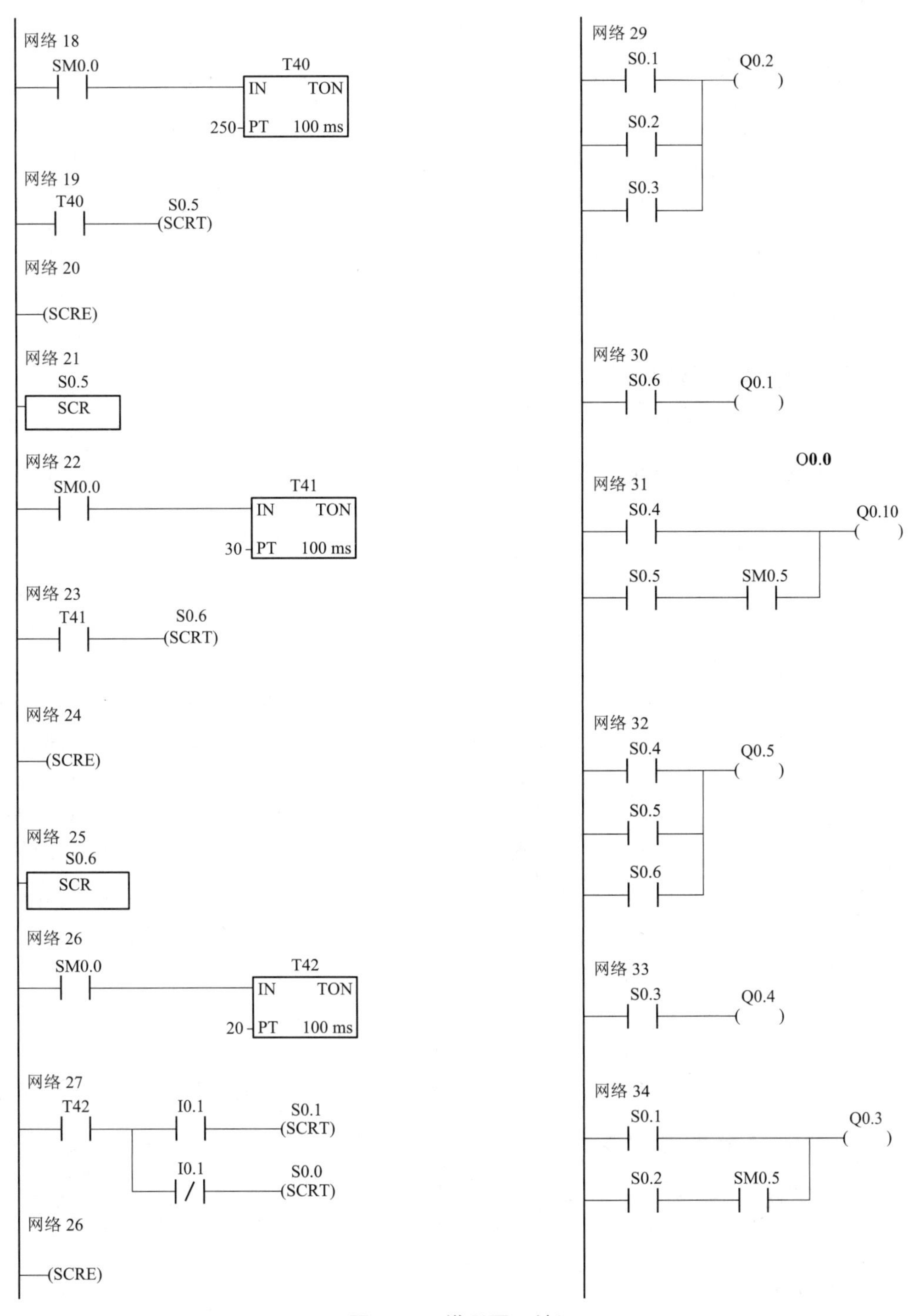
网络 18
SM0.0
T40
IN TON
250 PT 100 ms
网络 19
T40
S0.5
(SCRT)
网络 20
(SCRE)
网络 21
S0.5
SCR
网络 22
SM0.0
T41
IN TON
30 PT 100 ms
网络 23
T41
S0.6
(SCRT)
网络 24
(SCRE)
网络 25
S0.6
SCR
网络 26
SM0.0
T42
IN TON
20 PT 100 ms
网络 27
T42
I0.1
S0.1
(SCRT)
I0.1
S0.0
(SCRT)
网络 26
(SCRE)
网络 29
S0.1
Q0.2
S0.2
S0.3
网络 30
S0.6
Q0.1
O0.0
网络 31
S0.4
Q0.10
S0.5
SM0.5
网络 32
S0.4
Q0.5
S0.5
S0.6
网络 33
S0.3
Q0.4
网络 34
S0.1
Q0.3
S0.2
SM0.5

图 2–22　梯形图（续）

拓展知识

一、功能图及其基本概念

绘制功能流程图时应注意以下几点。

① 初始步对应于系统启动时的初始状态，是必不可少的，一个功能流程图至少有一个初始步。

② 状态与状态间不能直接相连，必须有一个转换分隔。

③ 转换与转换间不能直接相连，必须用一个转换分隔。

④ 状态与转换之间采用有向线段，方向向下、向右时有向线段的箭头可以省略。

二、顺序功能图的种类

1. 单序列

由一系列相继激活的步组成，每一步之后仅有一个转换，每一个转换之后只有一个步，如图 2–23 所示。

2. 选择序列

如图 2–24 所示，步 5 为活动步，转换条件 h=1，则发生步 5 →步 8 的转换；若步 5 为活动步，转换条件 k=1，则发生步 5→步 10 的转换，一般只允许同时选择一个序列。

3. 并联序列

如图 2–25 所示，步 3 为活动步，转换条件 e=1，步 4 和步 6 的转换同时变为活动步，步 3 变为不活动步，步 4 和步 6 被同时激活后，每个序列中活动步的进展是独立的。

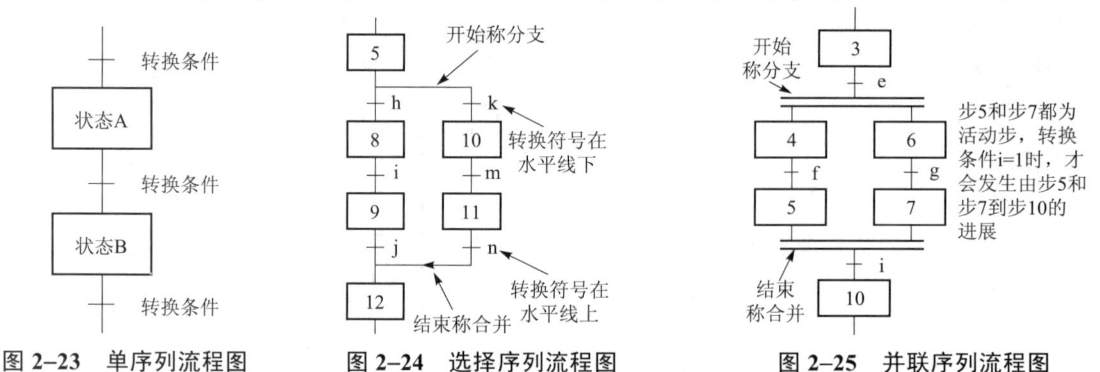

图 2–23 单序列流程图　　图 2–24 选择序列流程图　　图 2–25 并联序列流程图

注意：① 西门子 S7–200 不允许双线圈输出，如同一个输出有几个地方出现，则可用辅助继电器过渡。

② 计数器不能在活动步中，而必须在公式的程序段，否则不能计数和复位。

拓展技能

【例 2–7】某台设备具有手动/自动两种操作方式，S 是操作方式选择开关，当 S 处于断开时，选择手动方式；当 S 处于接通状态时，选择自动方式。不同操作方式的进程如下所述。

① 手动方式：按启动按钮 SB2，电动机运转；按停止按钮 SB1，电动机停止。

② 自动方式：按启动按钮 SB2，电动机运转 1 min 后自动停止，按停止按钮 SB1，电动机立即停止。

一、I/O 分配表

输入/输出端子分配如表 2–9 所列。

表 2–9　输入/输出端子分配表

输　　入	PLC 端子	输　　出	PLC 端子
选择开关 S	I0.0	控制电动机	Q0.0
启动按钮 SB2	I0.1		
停止按钮 SB1	I0.2		

二、程序

1. 流程图

流程如图 2–26 所示。

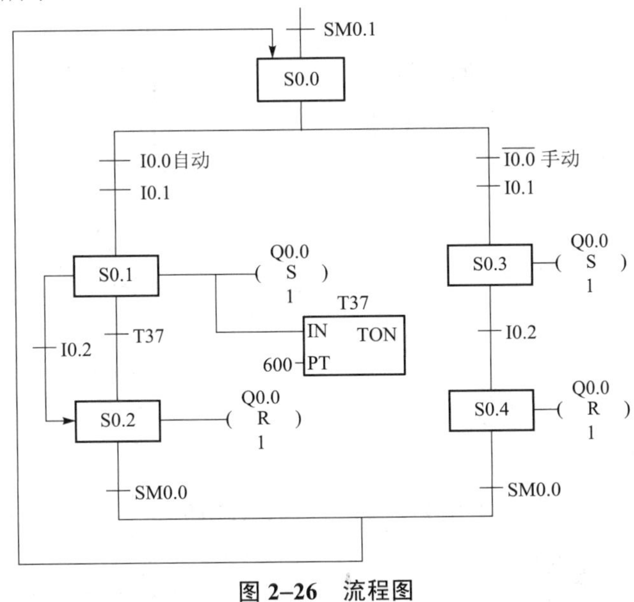

图 2–26　流程图

2. 梯形图

梯形图如图 2–27 所示。

【例 2–8】人行横道交通信号灯的 PLC 控制。

控制要求：图 2–28 为人行道和车道的交通灯控制的示意图和时序图，车道的交通灯有红灯、黄灯、绿灯，人行道交通灯只有红灯、绿灯；当行人过马路时，可按下分别安装在马路两侧的按钮 SB0（I0.0）或 SB1（I0.1），则交通灯系统按图 2–28（b）所示的形式工作。在工作期间，任何按钮按下都不起作用。

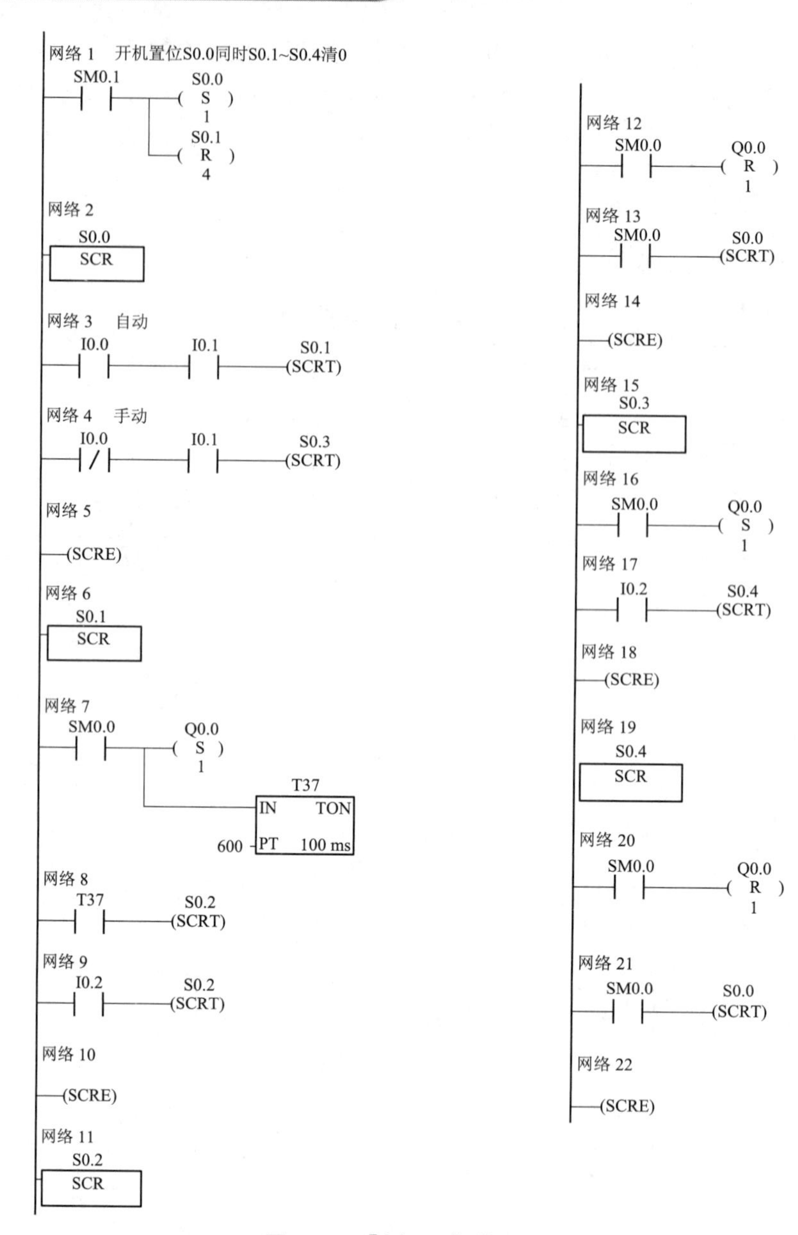

图 2–27 ［例 2–7］梯形图

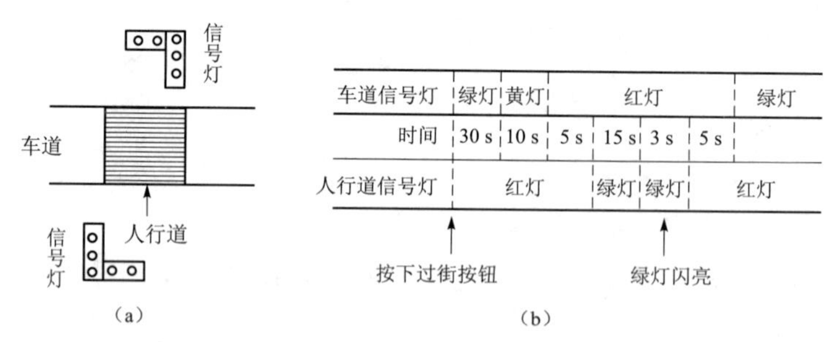

图 2–28 人行道和车道信号灯示意图和时序图

（a）信号灯示意图；（b）时序图

三、交通灯控制的 I/O 地址分配表（表 2–10）

表 2–10　I/O 地址分配表

输　入			输　出	
PLC 端子	按钮	说　明	PLC 端子	说　明
I0.0	SB0	人行道南边按钮	Q0.0	车道绿灯
I0.1	SB1	人行道北边按钮	Q0.1	车道黄灯
			Q0.2	车道红灯
			Q0.3	人行道红灯
			Q0.4	人行道绿灯

四、流程图

流程如图 2–29 所示。

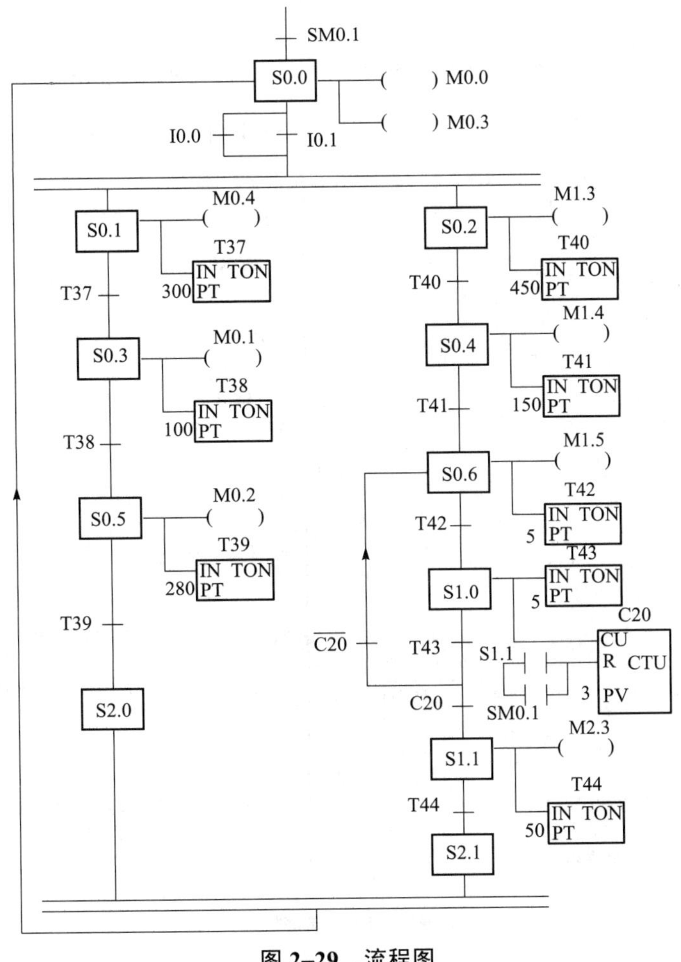

图 2–29　流程图

五、梯形图

梯形图如图 2–30 所示。

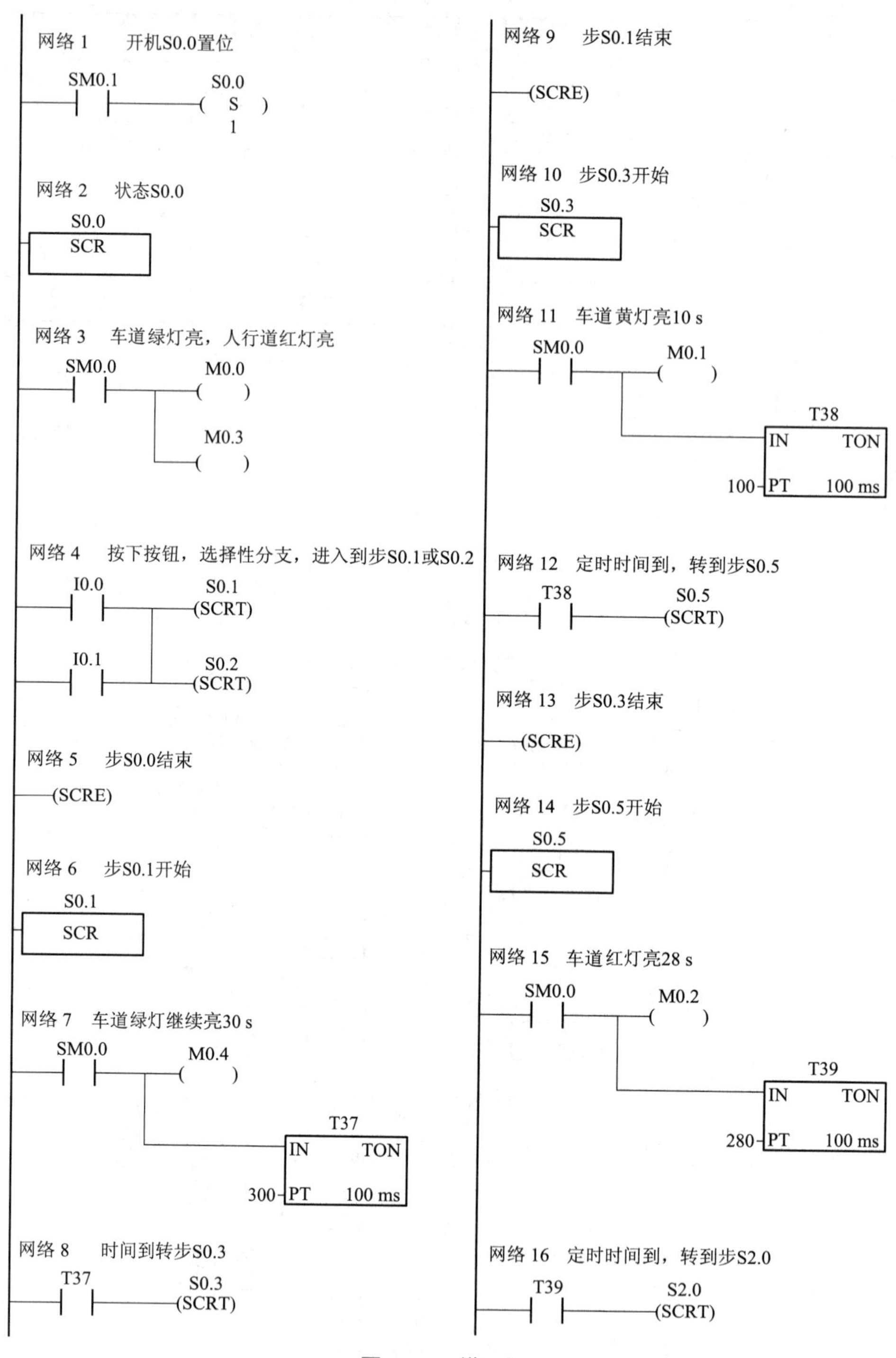

图 2–30 梯形图

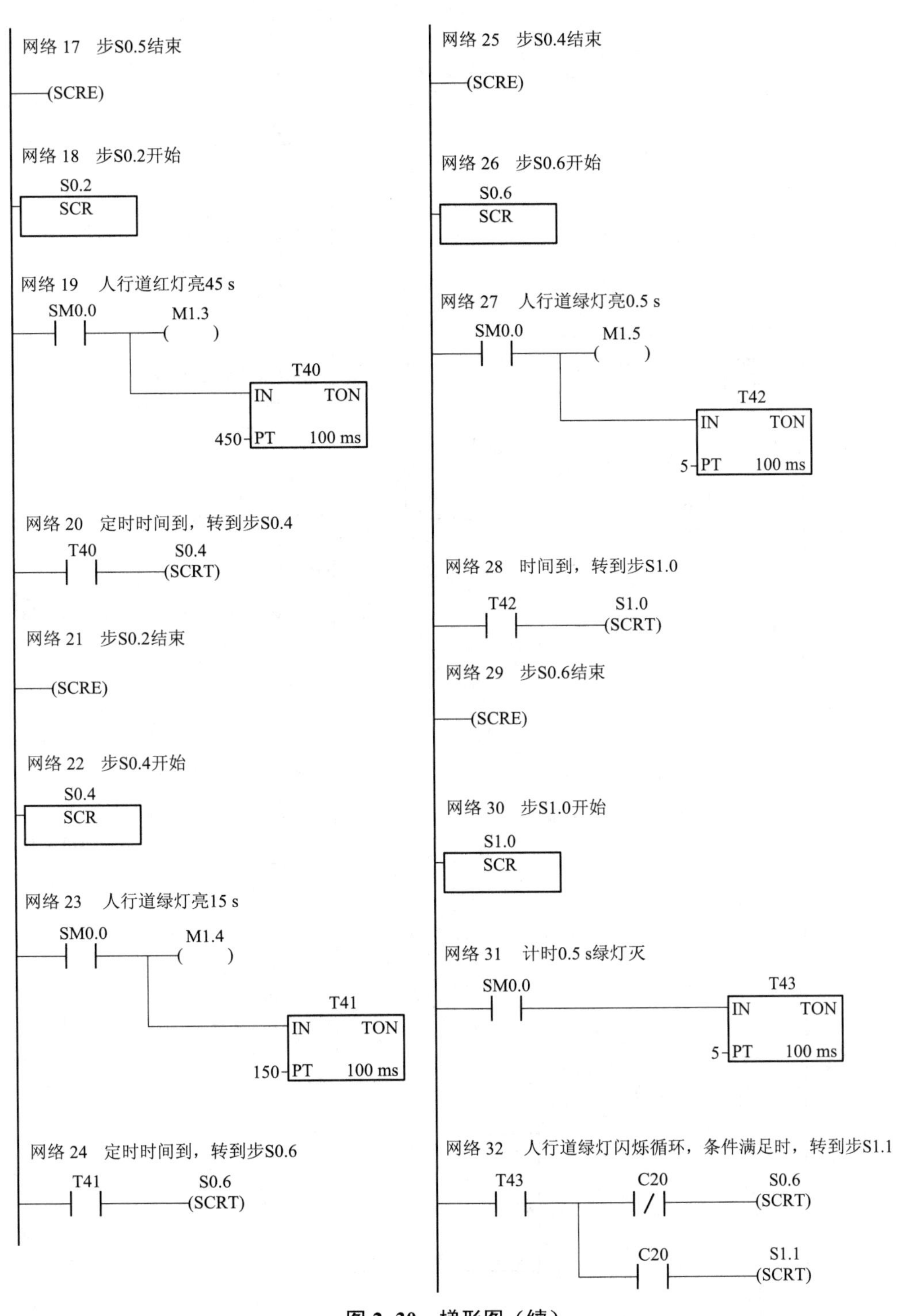

网络 17　步S0.5结束
(SCRE)
网络 18　步S0.2开始
S0.2
SCR
网络 19　人行道红灯亮45 s
SM0.0
M1.3
T40
IN
TON
450
PT
100 ms
网络 20　定时时间到，转到步S0.4
T40
S0.4
(SCRT)
网络 21　步S0.2结束
(SCRE)
网络 22　步S0.4开始
S0.4
SCR
网络 23　人行道绿灯亮15 s
SM0.0
M1.4
T41
IN
TON
150
PT
100 ms
网络 24　定时时间到，转到步S0.6
T41
S0.6
(SCRT)
网络 25　步S0.4结束
(SCRE)
网络 26　步S0.6开始
S0.6
SCR
网络 27　人行道绿灯亮0.5 s
SM0.0
M1.5
T42
IN
TON
5
PT
100 ms
网络 28　时间到，转到步S1.0
T42
S1.0
(SCRT)
网络 29　步S0.6结束
(SCRE)
网络 30　步S1.0开始
S1.0
SCR
网络 31　计时0.5 s绿灯灭
SM0.0
T43
IN
TON
5
PT
100 ms
网络 32　人行道绿灯闪烁循环，条件满足时，转到步S1.1
T43
C20
S0.6
(SCRT)
C20
S1.1
(SCRT)

图 2–30　梯形图（续）

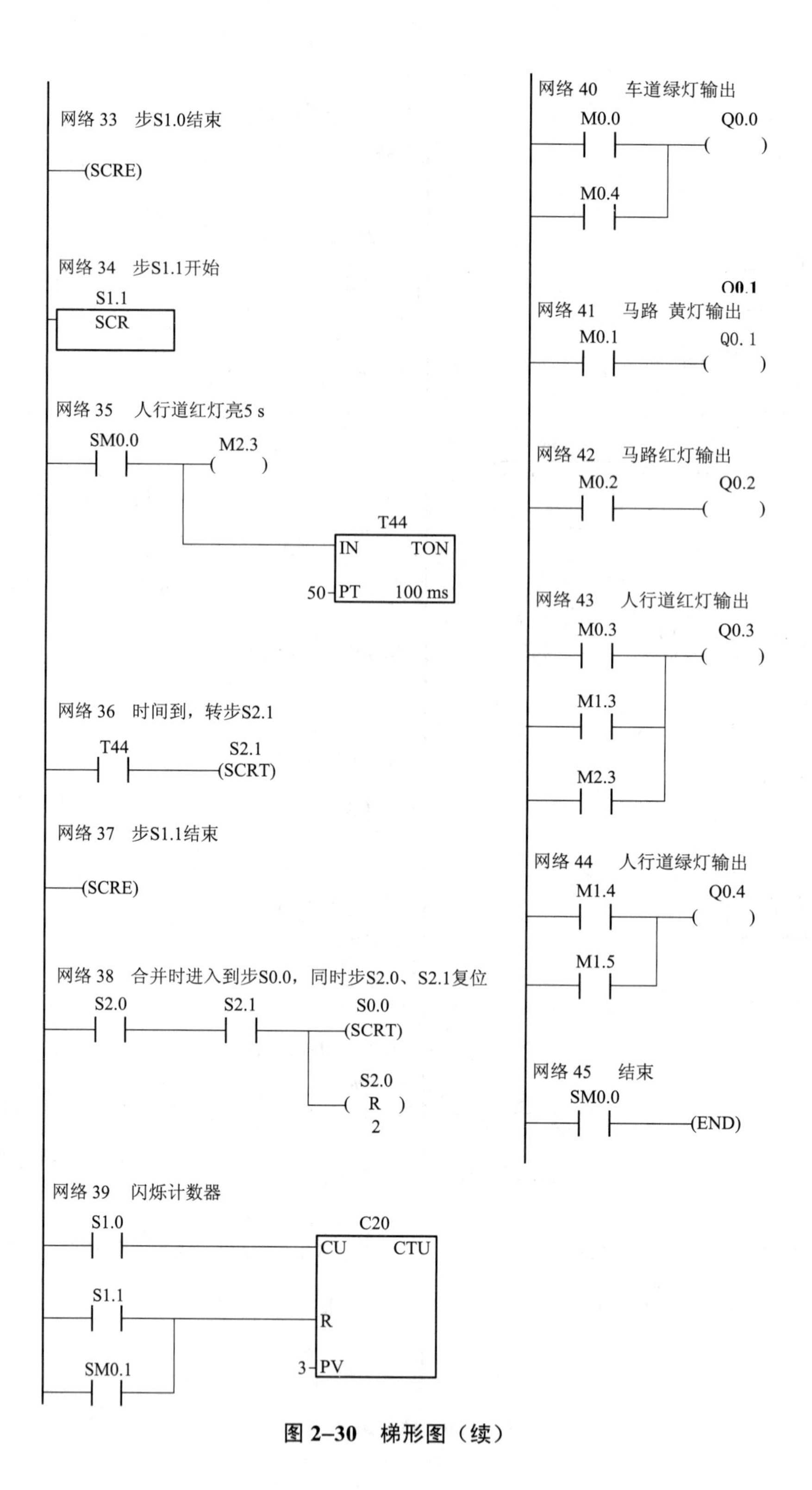
网络 33 步S1.0结束
(SCRE)
网络 34 步S1.1开始
S1.1
SCR
网络 35 人行道红灯亮5 s
SM0.0
M2.3
T44
IN TON
50 PT 100 ms
网络 36 时间到，转步S2.1
T44
S2.1
(SCRT)
网络 37 步S1.1结束
(SCRE)
网络 38 合并时进入到步S0.0，同时步S2.0、S2.1复位
S2.0
S2.1
S0.0
(SCRT)
S2.0
R
2
网络 39 闪烁计数器
S1.0
C20
CU CTU
S1.1
R
SM0.1
3 PV
网络 40 车道绿灯输出
M0.0
Q0.0
M0.4
Q0.1
网络 41 马路 黄灯输出
M0.1
Q0. 1
网络 42 马路红灯输出
M0.2
Q0.2
网络 43 人行道红灯输出
M0.3
Q0.3
M1.3
M2.3
网络 44 人行道绿灯输出
M1.4
Q0.4
M1.5
网络 45 结束
SM0.0
(END)

图 2–30 梯形图（续）

技能训练

一、技术要求

设计 PLC 梯形图，完成图 2–31 所示的十字路口交通灯按顺序操作的控制任务。

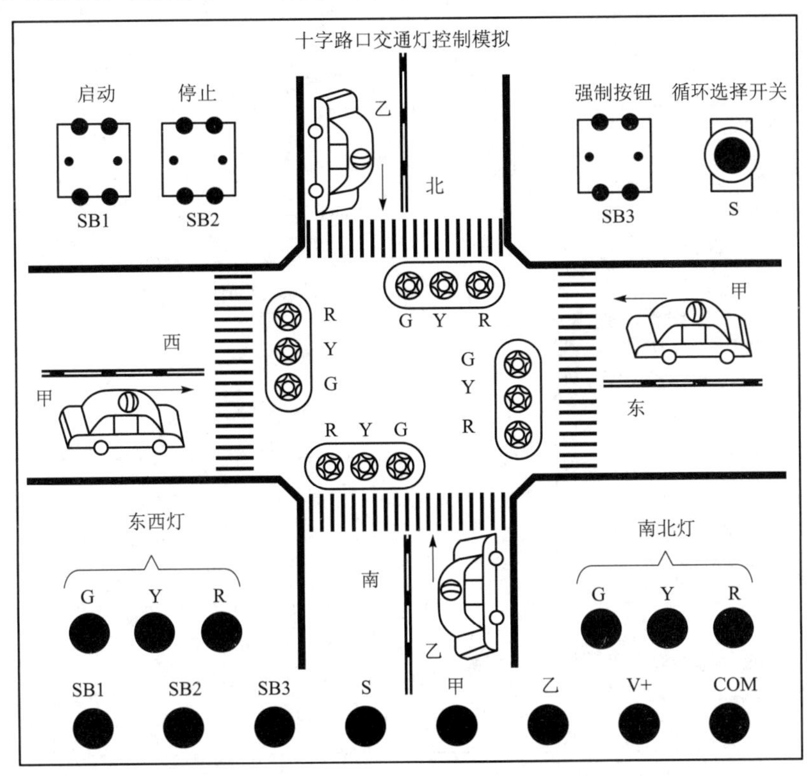

图 2–31　十字路口交通灯控制模拟示意图

要求：设置一个启动按钮 SB1、停止按钮 SB2、强制按钮 SB3、循环选择开关 S。当按下启动按钮之后，信号灯控制系统开始工作，首先南北红灯亮，东西绿灯亮。按下停止按钮后，信号控制系统停止，所有信号灯灭。按下强制按钮 SB3，东西南北黄、绿灯灭，红灯亮。循环选择开关 S 可以用来设定系统单次运行还是连续循环运行。

工艺流程如下：

南北红灯亮并保持 25 s，同时东西绿灯亮，保持 20 s，20 s 到了之后，东西绿灯闪亮 3 次（每周期 1 s）后熄灭。继而东西黄灯亮并保持 2 s，到 2 s 后，东西黄灯灭，东西红灯亮并保持 30 s，同时南北红灯灭，南北绿灯亮 25 s，25 s 到了之后，南北绿灯闪亮 3 次（每周期 1 s）后熄灭。继而南北黄灯亮并保持 2 s，到 2 s 后，南北黄灯灭，南北红灯亮，同时东西红灯灭，东西绿灯亮。到此完成一个循环。

二、训练过程

① 画 I/O 图；

② 根据控制要求，设计梯形图程序；

③ 输入、调试程序；
④ 安装、运行控制系统；
⑤ 汇总整理文档，保留工程文件。

三、技能训练考核标准

技能训练考核标准如表 2–11。

表 2–11 技能训练评价表

序号	主要内容	考核要求	评分标准	配分	扣分	得分
1	方案设计	方案要有工作任务实施流程 根据控制要求，画出 I/O 分配图及接线图，设计梯形图程序，程序要简洁、易读	1. 输入/输出地址遗漏或错误，每处扣 1 分 2. 梯形图表达不正确或画法不规范，每处扣 2 分 3. 接线图表达不正确或画法不规范，每处扣 2 分 4. 指令有错误，每个扣 2 分	35		
2	安装与接线	按 I/O 接线图在板上正确安装，符合安装工艺规范	1. 接线不紧固、接点松动，每处扣 2 分 2. 不符合安装工艺规范，每处扣 2 分 3. 不按 I/O 图接线，每处扣 2 分	20		
3	程序调试	按控制要求进行程序调试，达到设计要求	1. 第一次调试不成功扣 10 分 2. 第二次调试不成功扣 20 分 3. 第三次调试不成功扣 30 分	30		
4	安全与文明生产	遵守国家相关专业安全文明生产规程，遵守学校纪律，小组成员分工协作，积极参与，具有团队互相配合精神	1. 不遵守教学场所规章制度，扣 2 分 2. 出现重大事故或人为损坏设备扣 10 分 3. 出现短路故障扣 5 分 4. 实训后不清理、无整洁现场扣 3 分	10		
5	创新亮点	自我发挥	方案设计或程序有独创加 5 分	5		
备注			合计			
			小组成员签名			
			教师签名			
			日期			

工作任务 3　抢答器的 PLC 控制

教学导航

能力目标

① 会进行 I/O 点设置；
② 能用比较指令、BCD 码指令编写控制程序。

知识目标

① 理解比较指令（Comparison）、BCD 码指令的含义；
② 掌握基于 PLC 的抢答器控制系统的设计方法。

知识分布网络

比较指令（Comparison）
数码显示指令SEG

任务导入

在竞赛或娱乐节目中都采用抢答器，工厂、学校和电视台等单位常举办各种智力比赛，抢答器是必要设备。抢答器是一名公正的裁判员，它的任务是从若干名参赛者中确定出最先的抢答者，其准确性和灵活性均得到了广泛使用。采用 PLC 控制抢答器是常见的方法，基本控制面板如图 2–32 所示，它是根据抢答过程中的动作时间快慢，利用比较指令与 BCD 指令来实现控制的。

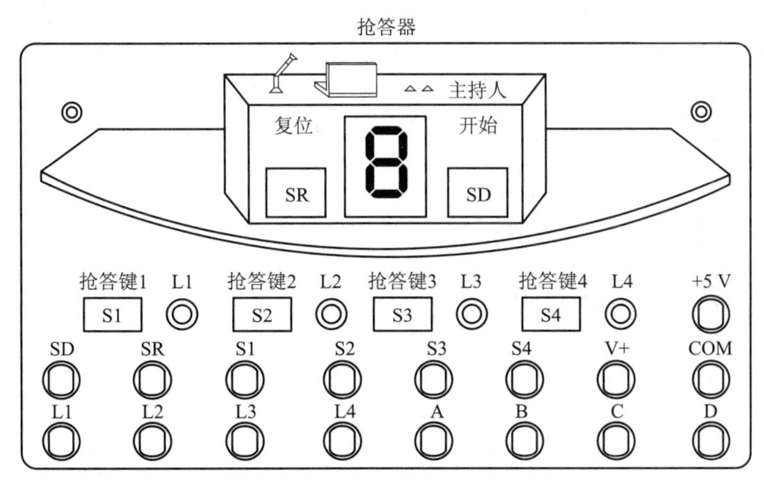

图 2–32　抢答器示意图

任务分析

控制要求：

① 系统初始上电后，主控人员在总控制台上单击“开始”按键后，允许各队人员开始抢答，即各队抢答按键有效。

② 抢答过程中，1～4 队中的任何一队抢先按下各自的抢答按键（S1、S2、S3、S4）后，该队指示灯（L1、L2、L3、L4）点亮，LED 数码显示系统显示当前的队号，并使蜂鸣器发出响声（持续 2 s 后停止），同时锁住抢答器，使其他组按键无效，直至本次答题完毕。

③ 主控人员对抢答状态确认后，单击“复位”按键，系统又继续允许各队人员开始抢答；直至又有一队抢先按下其抢答按键。

分析控制要求，4 组抢答台使用的 S1～S4 抢答按钮及主控人员操作的复位按钮 SR、开始按钮 SD 作为 PLC 的输入信号，输出信号包括七段数码管和蜂鸣器。七段数码管的每一段应分配一个输出信号，因此总共需要 8 个输出点。为保证只有最先抢到的台号被显示，各抢答台之间应设置互锁。复位按钮 SR 的作用有两个：一是复位抢答器，二是复位七段数码管，为下一次的抢答作准备。

本任务中用到比较指令，七段数码管的驱动采用七段译码指令 SEG。

知识链接

一、S7-200PLC 比较指令

比较指令是 PLC 中的重要基本指令，比较指令是一种比较判断，两数比较结果为真时，触点闭合，否则断开。

比较运算符有：=（等于）、>=（大于等于）、<=（小于等于）、>（大于）、<（小于）、<>（不等于）。

比较指令类型：字节比较（B）、整数比较（W）、双字整数比较（DW）、实数比较（R）。

比较字节指令用于比较两个值：IN1～IN2。比较包括：IN1=IN2、IN1 >= IN2、IN1 <= IN2、IN1 > IN2、IN1 < IN2 或 IN1 <> IN2。字节比较不带符号。

在 LAD 中，比较为真时，触点闭合。在 FBD 中，比较为真时，输出打开。

在 STL 中，比较为真时，1 位于堆栈顶端，指令执行载入、AND（与）或 OR（或）操作。

二、比较指令

比较指令的梯形图如图 2-33 所示。

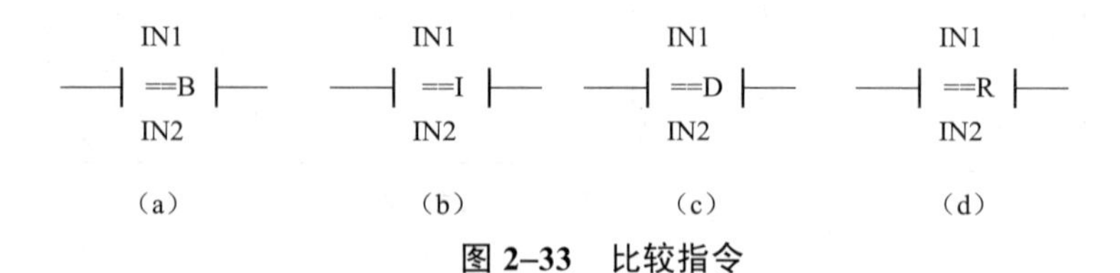

图 2-33　比较指令

字节比较指令如图 2–33（a）：用于比较两个无符号字节数的大小；

整数比较指令如图 2–33（b）：用于比较两个有符号整数的大小；

双字整数比较指令如图 2–33（c）：用于比较两个有符号双字整数的大小；

实数比较指令如图 2–33（d）：用于比较两个有符号实数的大小。

其他比较运算相比，只是运算符不同。

【例 2–9】用比较控制指令设计、安装与调试三台电机（M1、M2、M3）。控制要求：按下启动按钮，每隔 5 s 按 M1、M2、M3 顺序启动运行，按下停止按钮，M3、M2、M1 同时停止。

梯形图如图 2–34 所示。

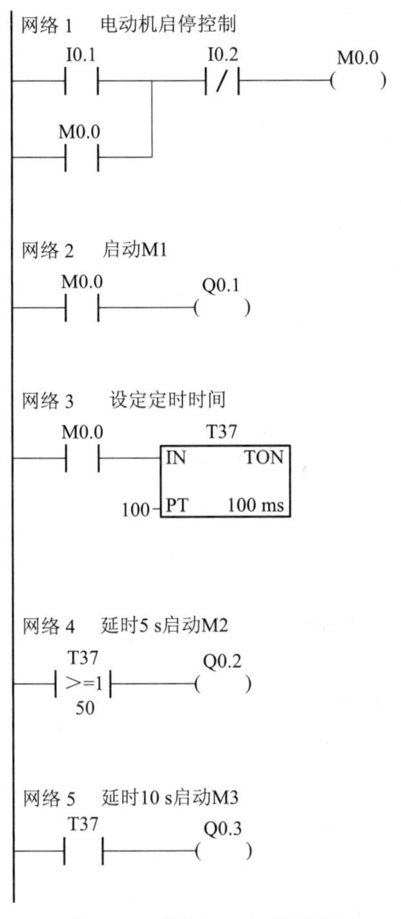

图 2–34　［例 2–9］梯形图

【例 2–10】某计数器，计到 10 次时 Q0.1 通，在 12 次和 20 次期间 Q0.2 通，计到 30 次时 Q0.3 通。

梯形图如图 2–35 所示。

【例 2–11】某压力值，上限是 10，下限是 5.1，正常压力时绿灯亮，非正常压力时红灯亮。

梯形图如图 2–36 所示。

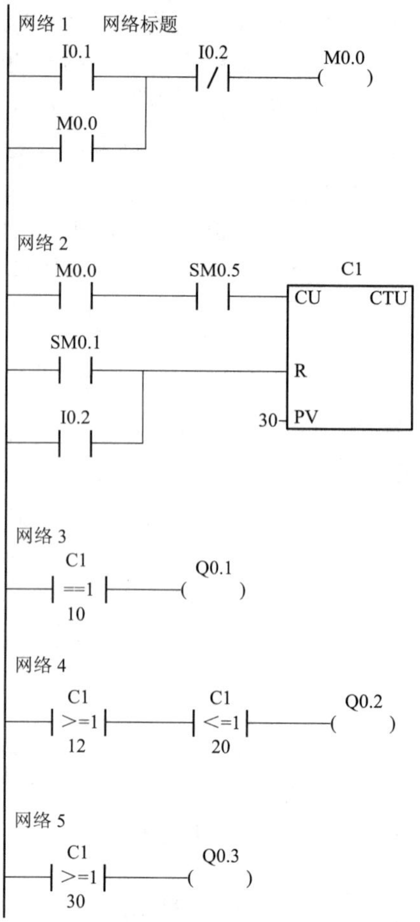

网络 1 网络标题
I0.1
I0.2
M0.0
M0.0
网络 2
M0.0
SM0.5
C1
CU CTU
SM0.1
R
I0.2
30 PV
网络 3
C1
==I
10
Q0.1
网络 4
C1
>=I
12
C1
<=I
20
Q0.2
网络 5
C1
>=I
30
Q0.3

图 2–35 ［例 2–10］梯形图

三、七段显示译码指令（SEG）

七段显示器的 abcdefg 段分别对应字节的第 0 位～第 6 位，字节的某位为 1 时，其对应的段亮，输出字节的某位为 0 时，其对应的段暗。将字节的第 7 位补 0，则构成与七段显示器相对应的 8 位编码，称为七段显示码。数字 0～9、字母 A～F 与七段显示码的对应如图 2–37 所示。

网络 1 采集压力数值并转化为双整数
SM0.0
MOV_W
EN ENO
AIW0 IN OUT VW2
I_DI
EN ENO
VW2 IN OUT VD4

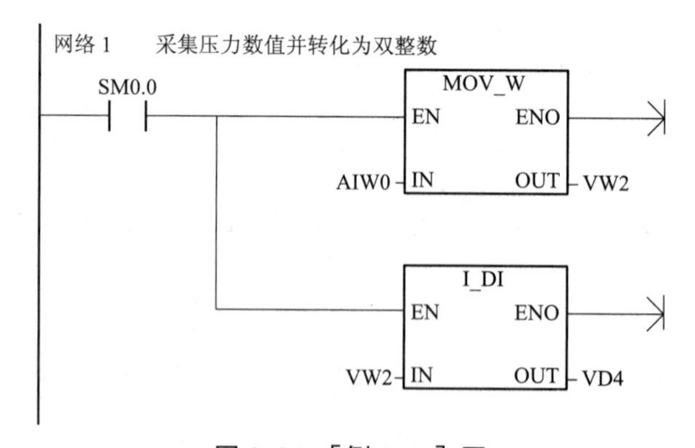

图 2–36 ［例 2–11］图

网络 2　　正常压力时，绿灯亮

VD4 >=R 5.1 —— VD4 <=R 10.0 —— Q0.1 ( )

网络 3　　大于上限小于下限红灯亮

VD4 >R 10.0 —— Q0.2 ( )

VD4 <R 5.1

图 2-36 ［例 2-11］图（续）

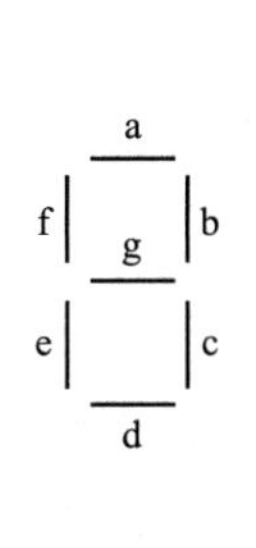

IN	段显示	(OUT) - g f e　d c b a	IN	段显示	(OUT) - g f e　d c b a
0	0	0011　1111	8	8	0111　1111
1	1	0000　0110	9	9	0110　1111
2	2	0101　1011	A	A	0111　0111
3	3	0100　1111	B	b	0111　1100
4	4	0110　0110	C	C	0011　1001
5	5	0110　1101	D	d	0101　1110
6	6	0111　1101	E	E	0111　1001
7	7	0000　0111	F	F	0111　0001

图 2-37　数字 0～9、字母 A～F 与七段显示码的对应关系

如要显示“2”，则先送“2”给 VB2，再用显示译码指令（SEG）转换。如图 2-38 所示。

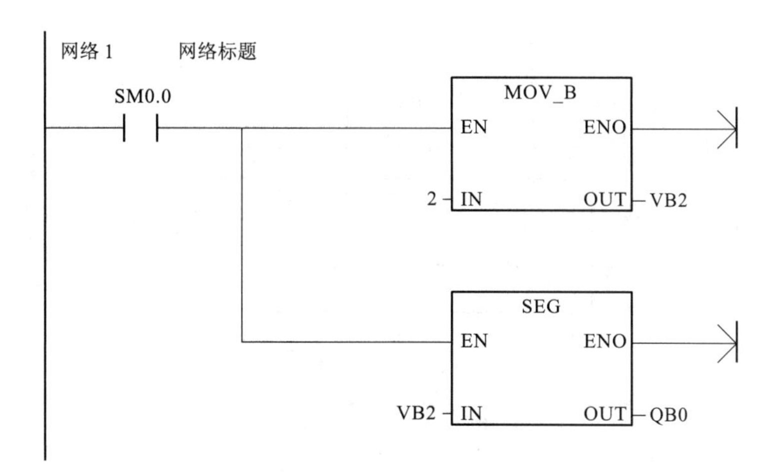

图 2-38　SEG 转换梯形图

任务实施

一、I/O 分配表

I/O 分配如表 2–12 所列。

表 2–12　I/O 分配表

<table>
<tr><th>序　号</th><th>PLC 端子</th><th>电气符号（面板端子）</th><th>功能说明</th></tr>
<tr><td>1</td><td>I0.0</td><td>SD</td><td>启动</td></tr>
<tr><td>2</td><td>I0.1</td><td>S1</td><td>第一组抢答按钮</td></tr>
<tr><td>3</td><td>I0.2</td><td>S2</td><td>第二组抢答按钮</td></tr>
<tr><td>4</td><td>I0.3</td><td>S3</td><td>第三组抢答按钮</td></tr>
<tr><td>5</td><td>I0.4</td><td>S4</td><td>第四组抢答按钮</td></tr>
<tr><td>6</td><td>I0.5</td><td>SR</td><td>复位</td></tr>
<tr><td>7</td><td>Q0.0</td><td>a</td><td rowspan="5">数码显示输出</td></tr>
<tr><td>8</td><td>Q0.1</td><td>b</td></tr>
<tr><td>9</td><td>Q0.2</td><td>c</td></tr>
<tr><td>10</td><td>Q0.3</td><td>d</td></tr>
<tr><td>11</td><td>Q0.4</td><td>e</td></tr>
<tr><td>12</td><td>Q0.5</td><td>f</td><td rowspan="2">数码显示输出</td></tr>
<tr><td>13</td><td>Q0.6</td><td>g</td></tr>
<tr><td>14</td><td>Q1.0</td><td></td><td>蜂鸣器</td></tr>
</table>

二、接线图

硬件接线如图 2–39 所示。

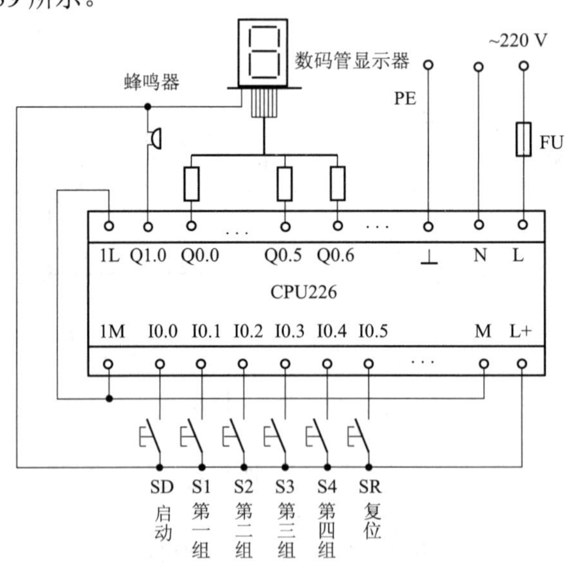

图 2–39　硬件接线图

三、设计梯形图程序

根据要求设计程序梯形图如图 2–40 所示。

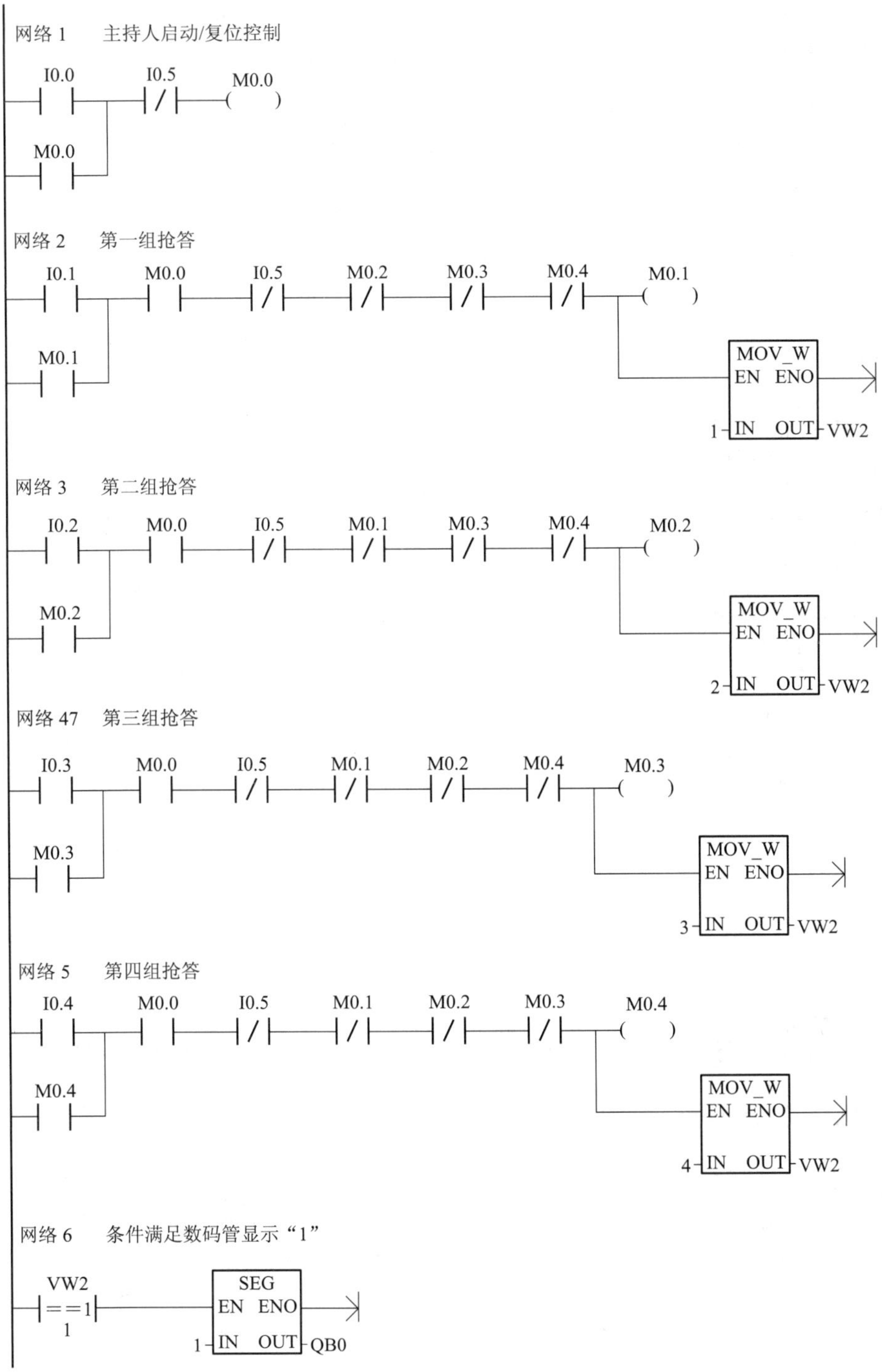

网络 1　主持人启动/复位控制

I0.0　I0.5　M0.0
M0.0

网络 2　第一组抢答

I0.1　M0.0　I0.5　M0.2　M0.3　M0.4　M0.1
M0.1
MOV_W　EN　ENO　1-IN　OUT-VW2

网络 3　第二组抢答

I0.2　M0.0　I0.5　M0.1　M0.3　M0.4　M0.2
M0.2
MOV_W　EN　ENO　2-IN　OUT-VW2

网络 47　第三组抢答

I0.3　M0.0　I0.5　M0.1　M0.2　M0.4　M0.3
M0.3
MOV_W　EN　ENO　3-IN　OUT-VW2

网络 5　第四组抢答

I0.4　M0.0　I0.5　M0.1　M0.2　M0.3　M0.4
M0.4
MOV_W　EN　ENO　4-IN　OUT-VW2

网络 6　条件满足数码管显示“1”

VW2　==I　1
SEG　EN　ENO　1-IN　OUT-QB0

图 2–40　梯形图

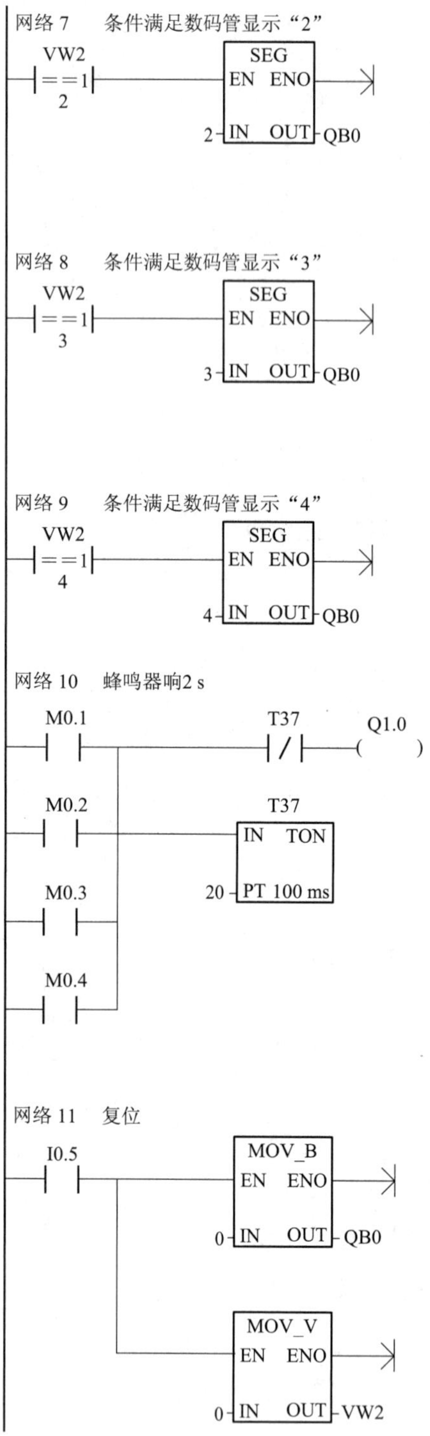

网络 7　条件满足数码管显示“2”

VW2 ==I 2 → SEG (EN ENO; 2 - IN OUT - QB0)

网络 8　条件满足数码管显示“3”

VW2 ==I 3 → SEG (EN ENO; 3 - IN OUT - QB0)

网络 9　条件满足数码管显示“4”

VW2 ==I 4 → SEG (EN ENO; 4 - IN OUT - QB0)

网络 10　蜂鸣器响2 s

M0.1, M0.2, M0.3, M0.4 → T37 /（ Q1.0 ）

T37 IN TON; 20 - PT 100 ms

网络 11　复位

I0.5 → MOV_B (EN ENO; 0 - IN OUT - QB0)

MOV_V (EN ENO; 0 - IN OUT - VW2)

图 2–40　梯形图（续）

四、运行并调试程序

① 下载程序，先监控调试。

② 将编译无误的控制程序下载至 PLC 中，并将模式选择开关拨至 RUN 状态。

分别按“开始”开关，允许 1～4 队抢答。分别按 S1～S4 按钮，模拟四个队进行抢答，观察并记录系统响应情况。

技能训练

一、技术要求

一架运料小车，可在 1#～4#工位之间自动移动，只要对应工位有呼叫信号，小车便会自动向呼叫工位移动，并在到达呼叫工位后自动停止，其示意图如图 2–41 所示。设 SB1 为启动信号，SB2 为停止信号，SQ1、SQ2、SQ3、SQ4 为小车位置检测信号，SB3、SB4、SB5、SB6 为呼叫位置检测信号。

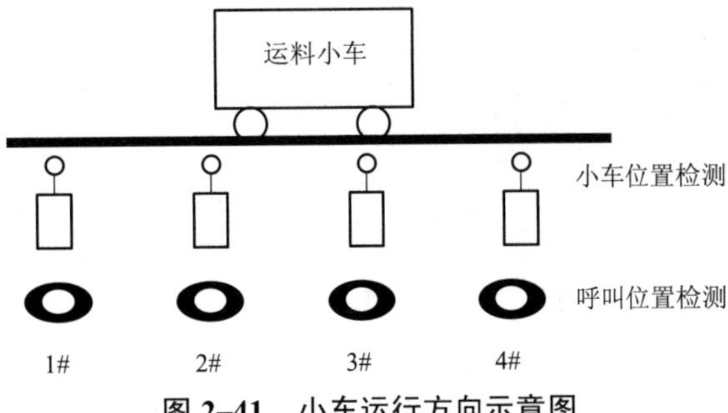

图 2–41 小车运行方向示意图

二、训练过程

① 画 I/O 图；

② 根据控制要求，设计梯形图程序；

③ 输入、调试程序；

④ 安装、运行控制系统；

⑤ 汇总整理文档，保留工程文件。

三、技能训练考核标准

技能训练考核标准如表 2–13 所列。

表 2–13 技能训练评价表

序号	主要内容	考核要求	评分标准	配分	扣分	得分
1	方案设计	方案要有工作任务实施流程 根据控制要求，画出 I/O 分配图及接线图，设计梯形图程序，程序要简洁、易读	1. 输入/输出地址遗漏或错误，每处扣 1 分 2. 梯形图表达不正确或画法不规范，每处扣 2 分 3. 接线图表达不正确或画法不规范，每处扣 2 分 4. 指令有错误，每个扣 2 分	35		
2	安装与接线	按 I/O 接线图在板上正确安装，符合安装工艺规范	1. 接线不紧固、接点松动，每处扣 2 分 2. 不符合安装工艺规范，每处扣 2 分 3. 不按 I/O 图接线，每处扣 2 分	20		

续表

序号	主要内容	考 核 要 求	评 分 标 准	配分	扣分	得分
3	程序调试	按控制要求进行程序调试，达到设计要求	1. 第一次调试不成功扣 10 分 2. 第二次调试不成功扣 20 分 3. 第三次调试不成功扣 30 分	35		
4	安全与文明生产	遵守国家相关专业安全文明生产规程，遵守学校纪律，小组成员分工协作，积极参与，具有团队互相配合精神	1. 不遵守教学场所规章制度，扣 2 分 2. 出现重大事故或人为损坏设备扣 10 分 3. 出现短路故障扣 5 分 4. 实训后不清理、无整洁现场扣 3 分	10		
5	创新亮点	自我发挥	方案设计或程序有独创加 5 分	5		
备 注			合 计			
			小组成员签名			
			教师签名			
			日期			

思考练习题

2–1　设 Q0.0、Q0.1、Q0.2 分别驱动 3 台电动机的电源接触器，I0.6 为 3 台电动机依次启动的启动按钮，I0.7 为 3 台电动机同时停车的按钮，要求 3 台电动机依次启动的时间间隔为 10 s，试采用定时器指令、比较指令配合，或计数器指令、比较指令配合编写程序。

2–2　有 4 台电动机，希望能够同时启动同时停车。试用传送指令编程实现。

2–3　若 I0.1、I0.2、I0.3、I0.4 分别对应着数字 3、4、5、6。试用数据传送指令与段码指令配合，或译码指令与段码指令配合将其通过 QB0 显示出来。

2–4　设有 8 盏指示灯，控制要求是：当 I0.0 接通时，全部灯亮；当 I0.1 接通时奇数灯亮；当 I0.2 接通时，偶数灯亮；当 I0.3 接通时，全部灯灭。试设计电路和用数据传送指令编写程序。

2–5　用图 2–42 所示的传送带输送工件，数量为 20 个。连接 I0.0 端子的光电传感器对工件进行计数。当计件数量小于 15 时，指示灯常亮；当计件数量等于或大于 15 时，指示灯闪烁；当计件数量为 20 时，10 s 后传送带停止，同时指示灯熄灭。

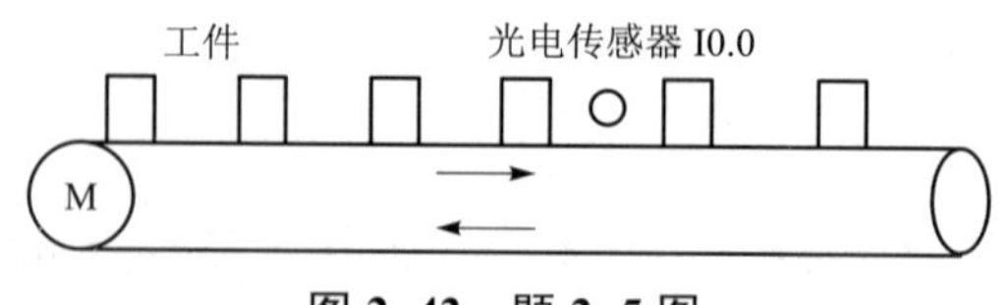

图 2–42　题 2–5 图

2–6 试设计抢答器 PLC 控制系统。控制要求：

① 抢答台 A、B、C、D，有指示灯，抢答键。

② 裁判员台有指示灯、复位按键。

③ 抢答时，有 2 s 声音报警。

2–7 试设计两台电动机顺序控制 PLC 系统。

控制要求：两台电动机相互协调运转，M1 运转 10 s，停止 5 s，M2 要求与 M1 相反：M1 停止 M2 运行，M1 运行 M2 停止，如此反复动作 3 次，M1 和 M2 均停止。

2–8 试设计 3 种速度电动机 PLC 控制系统。

控制要求：启动低速运行 3 s，KM1 和 KM2 接通；中速运行 3 s，KM3 通（KM2 断开）；高速运行 KM4，KM5 接通（KM3 断开）。

2–9 试设计交通红绿灯 PLC 控制系统，控制要求：

① 东西向：绿 5 s，绿灯闪烁 3 次，黄 2 s；红 10 s。

② 南北向：红 10 s，绿 5 s，绿灯闪烁 3 次，黄 2 s。

2–10 有一运输系统由四条运输带顺序相连而成，分别用电动机 M1、M2、M3、M4 拖动。具体要求如下：

① 按下启动按钮后，M4 先启动，经过 10 s，M3 启动，再过 10 s，M2 启动，再过 10 s，M1 启动。

② 按下停止按钮，电动机的停止顺序与启动顺序刚好相反，间隔时间仍然为 10 s。

③ 当某运输带电动机过载时，该运输带及前面运输带电动机立即停止，而后面运输带电动机待运完料后才停止。例如，M2 电动机过载，M1 和 M2 立即停止，经过 10 s，M3 停止，再经过 10 s，M4 停止。试设计出满足以上要求的梯形图程序。

2–11 在初始状态时，3 个容器都是空的，所有的阀门均关闭，搅拌器未运行（如图 2–43 所示）。按下启动按钮 I0.0，Q0.0 和 Q0.1 变为 ON，阀 1 和阀 2 打开，液体 A 和液体 B 分别流入上面的两个容器。当某个容器中的液体到达上液位开关时，对应的进料电磁阀关闭，放料电磁阀（阀 3 或阀 4）打开，液体放到下面的容器。分别经过定时器 T37 和 T38 的延时后，液体放完，阀 3 或阀 4 关闭。它们均关闭后，搅拌器开始搅拌。120 s 后搅拌器停机，Q0.5 变为 ON，开始放混合液。经过 10 s 延时后，混合液放完，Q0.5 变为 OFF，放料阀关闭。循环工作 3 次后，系统停止运行，返回初始步。画出系统的顺序功能图。

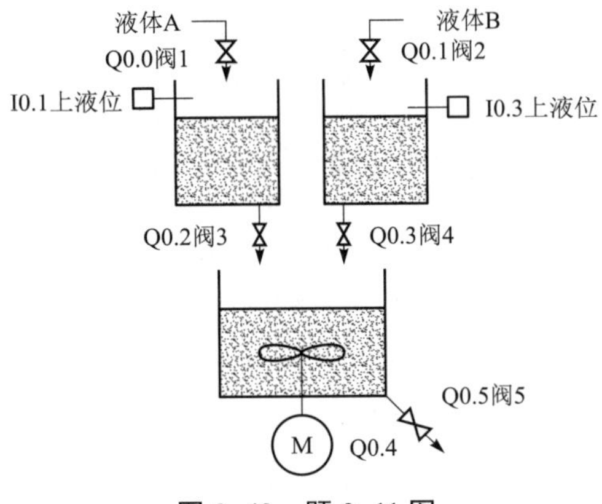

图 2–43 题 2–11 图

2–12　冲床的运动示意图如图 2–44 所示。初始状态时机械手在最左边，I0.4 为 ON；冲头在最上面，I0.3 为 ON；机械手松开（Q0.0 为 OFF）。按下启动按钮 I0.0，Q0.0 变为 ON，工件被夹紧并保持，2 s 后 Q0.1 变为 ON，机械手右行，直到碰到右限位开关 I0.1，以后将顺序完成以下动作：冲头下行，冲头上行，机械手左行，机械手松开（Q0.0 被复位），延时 2 s 后，系统返回初始状态。画出控制系统的顺序功能图，写出梯形图。

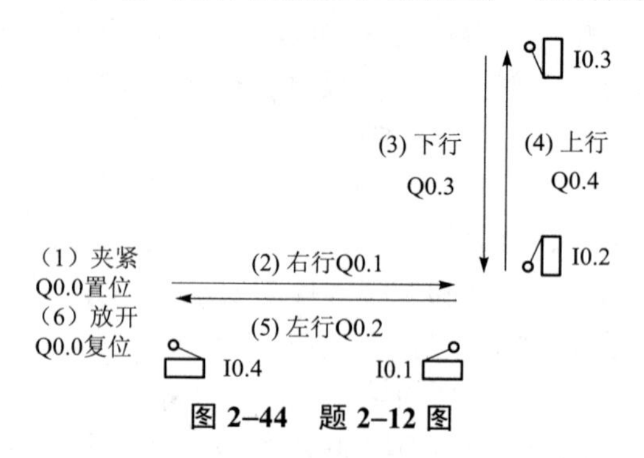

图 2–44　题 2–12 图

机电一体化设备的 PLC 控制系统设计、安装与调试

工作任务 1　机械手的 PLC 控制

教学导航

能力目标

① 会用子程序、跳转指令进行编程；
② 具有分析较复杂控制系统的能力。

知识目标

① 掌握子程序、跳转指令的应用；
② 掌握多种工作方式程序设计方法。

知识分布网络

- 跳转指令（JMP）
- 标号指令（LBL）
- 子程序指令（SBR_n）

任务引入

在机电一体化控制系统中很多工作要用到机械手，机械手动作一般采用气动方式进行，动作的顺序用 PLC 控制。如图 3–1 所示。

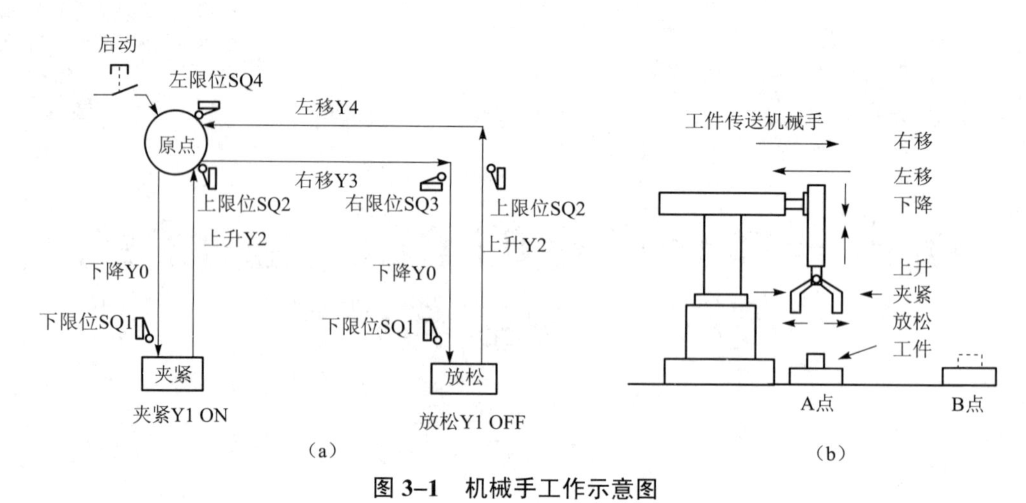

图 3–1　机械手工作示意图

（a）机械手转运工件工作过程；（b）机械手转运工件示意图

一、控制要求

① 工作方式设置为自动/手动、连续/单周期、回原点；

② 有必要的电气联锁和保护；

③ 自动循环时应按上述顺序动作。

二、工作内容

1. 初始状态

机械手在原点位置，压左限位 SQ4=1，压上限位 SQ2=1，机械手松开。

2. 启动运行

按下启动按钮，机械手按照下降→夹紧（延时 1 s）→上升→右移→下降→松开（延时 1 s）→上升→左移的顺序依次从左向右转送工件。下降/上升、左移/右移、夹紧/松开使用电磁阀控制。

3. 停止操作

按下停止按钮，机械手完成当前工作过程，停在原点位置。

任务分析

根据控制要求，按照工作方式将控制程序分为三部分：其中，第一部分为自动程序，包括连续和单周期两种控制方式，采用主程序进行控制；第二部分为手动程序，采用子程序 SBR–0 进行控制；第三部分为自动回原点程序，采用子程序 SBR–1 进行控制。

知识链接

一、跳转指令

与跳转相关的指令有下面两条。

1. 跳转指令（JMP）

JMP，跳转指令。如图 3–2 所示，“? ? ? ? ”处的参数为跳转标号。功能是：当使能输入有效时，程序跳转到同一程序指定的标号（n）处向下执行。

2. 标号指令（LBL）

标号指令如图 3–3 所示。标记程序段，作为跳转指令执行时跳转到的目的位置。操作数为 0～255 的字型数据。

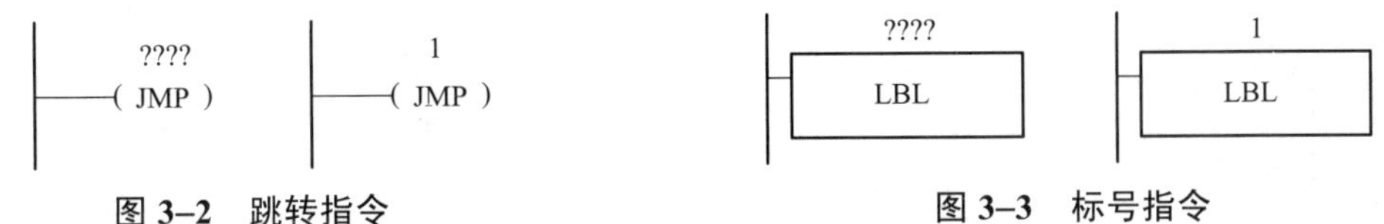

图 3–2　跳转指令　　图 3–3　标号指令

必须强调的是：跳转指令及标号必须同在主程序内或在同一子程序内，或在同一中断服务程序内，不可由主程序跳转到中断服务程序或子程序，也不可由中断服务程序或子程序跳转到主程序。

3. 跳转指令示例

【例 3–1】图 3–4 中，当 JMP 条件满足（即 I0.0 为 ON）时程序跳转执行 LBL 标号以后的指令，而在 JMP 和 LBL 之间的指令一概不执行，在这个过程中，即使 I0.1 接通也不会有 Q0.1 输出。当 JMP 条件不满足时，只有 I0.1 接通后 Q0.1 才有输出。

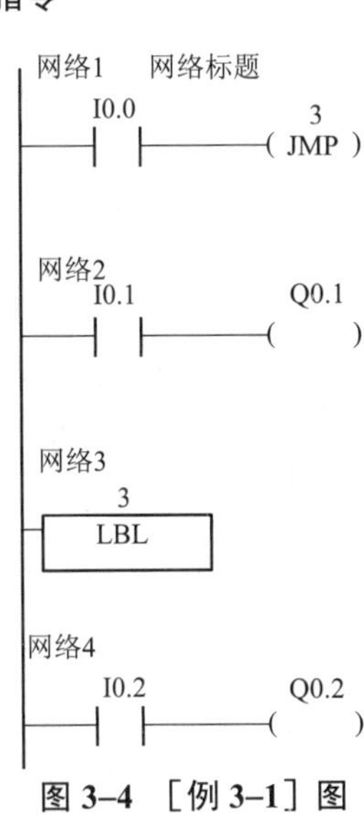

图 3–4 ［例 3–1］图

【例 3–2】如图 3–5 所示，用可逆计数器进行计数，如果当前值小于 300，则程序按原顺序执行，若当前值超过 300，则跳转到从标号 5 开始的程序执行。

【例 3–3】应用举例：JMP 和 LBL 指令在工业现场控制中常用于工作方式的选择。如有 3 台电动机 M1～M3，具有两种启/停工作方式。

① 手动操作方式：分别用每个电动机各自的启/停按钮控制 M1～M3 的启/停状态。

② 自动操作方式：按下启动按钮，M1～M3 每隔 5 s 依次启动；按下停止按钮，M1～M3 同时停止。

PLC 控制的外部接线图，程序结构图，梯形图分别如图 3–6（a）、图 3–6（b）和图 3–7 所示。

从控制要求中可以看出，需要在程序中体现两种可以任意选择的控制方式。运用跳转指令的程序结构可以满足控制要求。当操作方式选择开关闭合时，I0.0 的常开触点闭合，跳过手动程序段不执行；I0.0 常闭触点断开，选择自动方式的程序段执行。而操作方式选择开关断开时的情况与此相反，跳过自动方式程序段不执行，选择手动方式程序段执行。

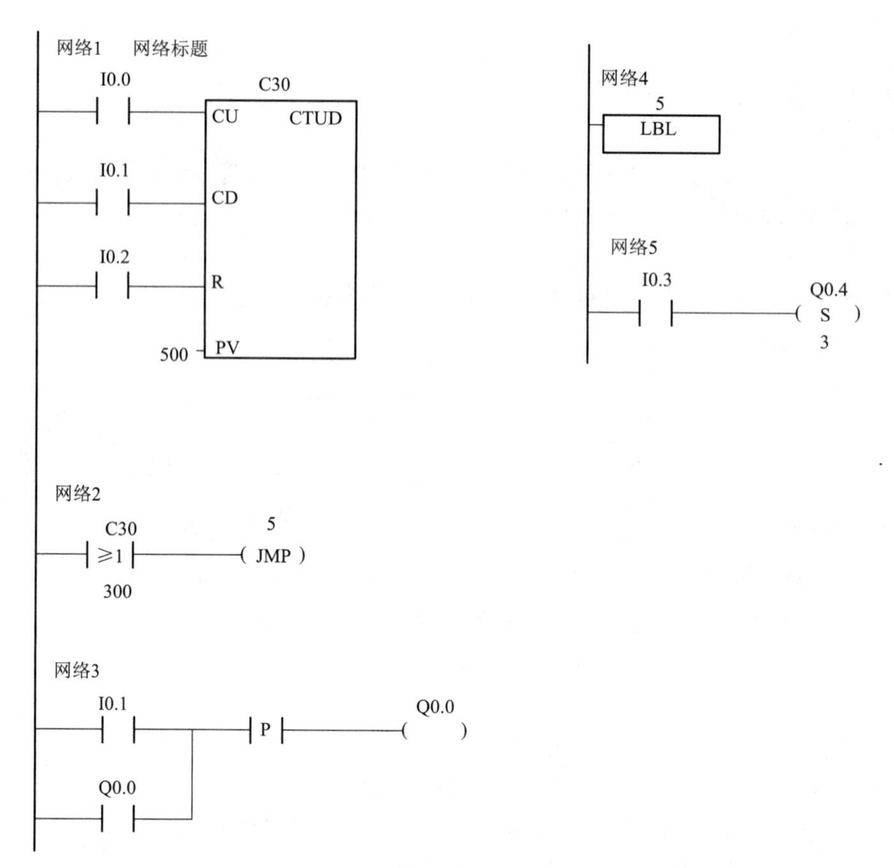

图 3–5 ［例 3–2］梯形图

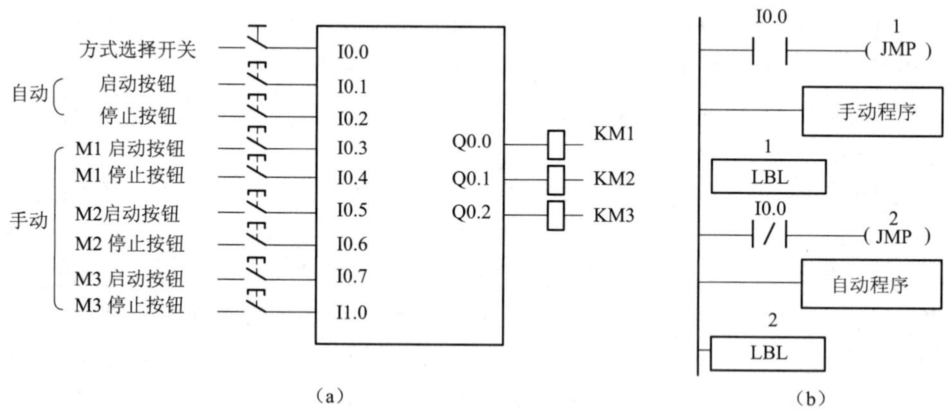

图 3–6 ［例 3–3］的外部接线图，程序结构图

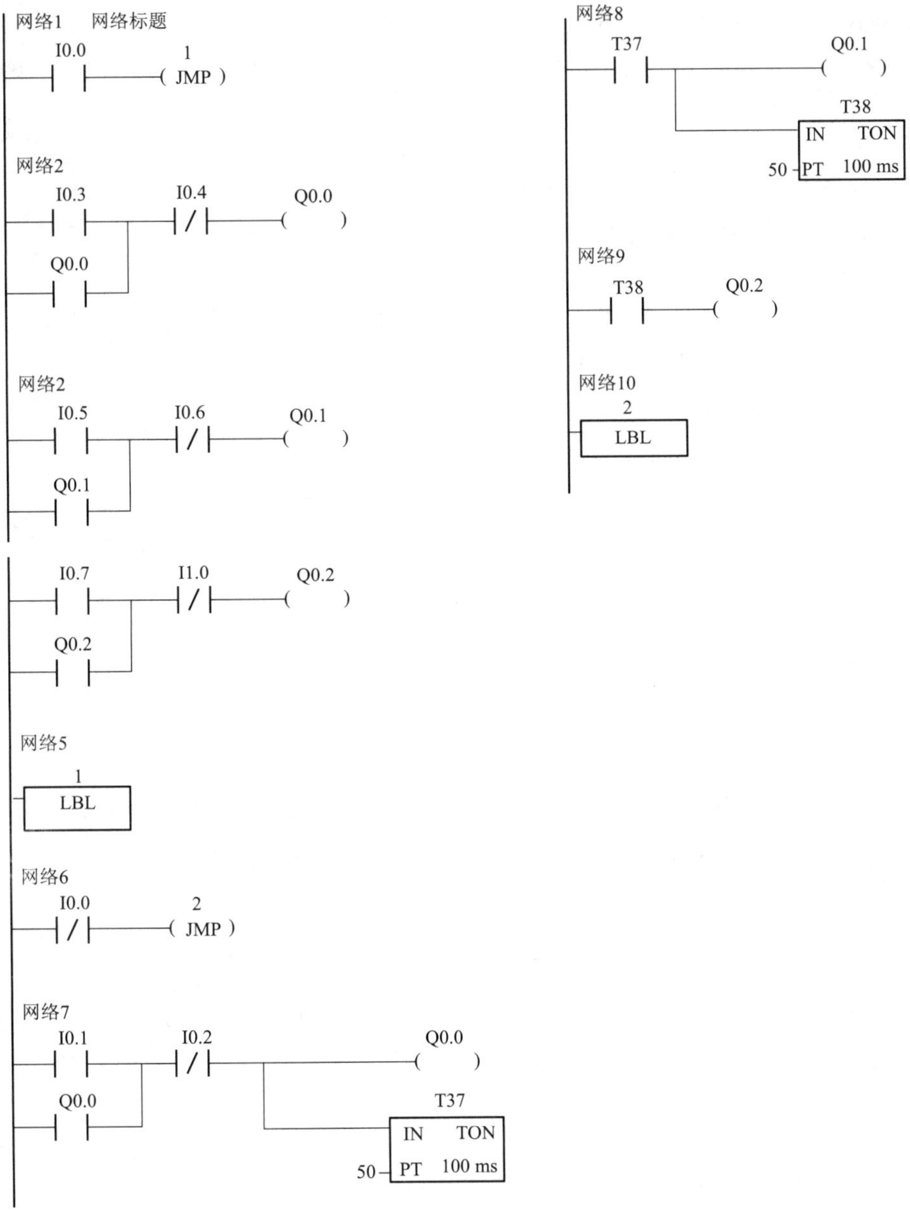

网络1　网络标题
I0.0　1 JMP
网络2
I0.3　I0.4　Q0.0
Q0.0
网络2
I0.5　I0.6　Q0.1
Q0.1
I0.7　I1.0　Q0.2
Q0.2
网络5
1 LBL
网络6
I0.0　2 JMP
网络7
I0.1　I0.2　Q0.0
Q0.0　T37 IN TON 50 PT 100 ms
网络8
T37　Q0.1
T38 IN TON 50 PT 100 ms
网络9
T38　Q0.2
网络10
2 LBL

图 3–7 ［例 3–3］的梯形图

二、子程序的编写与应用

S7–200 PLC 的控制程序由主程序、子程序和中断程序组成。软件窗口里为每 POU（程序组织单元）提供了一个独立的页。主程序总是第 1 页，后面是子程序和中断程序。

1. 子程序的作用

子程序常用于需要多次反复执行相同任务的地方，只需要写一次子程序，别的程序在需要子程序的时候就可以调用它，而无须重写该程序。子程序的调用是有条件的，未调用它时不会执行子程序的指令，因此使用子程序可以减少扫描时间。且使用子程序可以将程序分成容易管理的小块，使程序结构简单清晰，易于查错和维护。

建立子程序方法：单击“菜单”/“插入”/“子程序”命令或右击在弹出的快捷菜单中单击“插入”/“子程序”命令。

2. 子程序指令

子程序指令格式如图 3–8 所示，主程序调用为 SBR_n。

说明：子程序调用指令编在主程序中，子程序返回指令编在子程序中，子程序的标号 N 的范围是 0～63。

无条件子程序返回指令（RET）为自动默认；有条件子程序返回指令（CRET）

【例 3–4】 子程序应用举例：I0.0 闭合时，执行手动程序，I0.0 断开时，执行自动程序。

主程序：如图 3–9 所示。

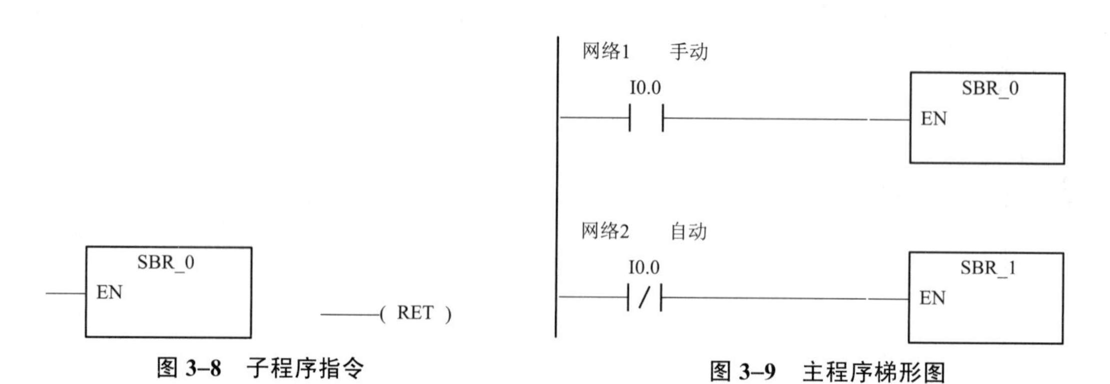

图 3–8 子程序指令　　图 3–9 主程序梯形图

子程序 SBR_{-0}：如图 3–10 所示；子程序 SBR_{-1}：如图 3–11 所示。

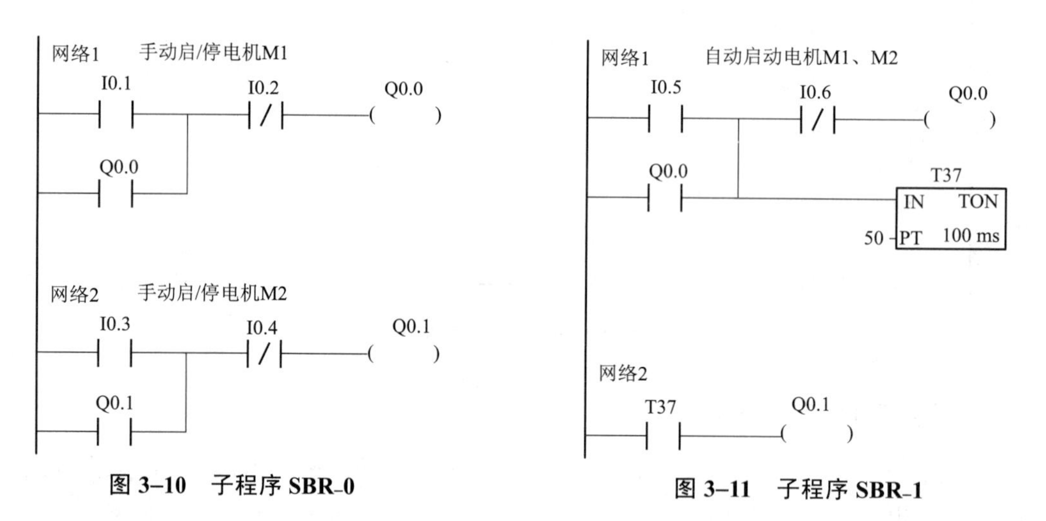

图 3–10 子程序 SBR_0　　图 3–11 子程序 SBR_1

任务实施

系统设有手动、单周期、连续和回原点四种工作方式，机械手在最上面和最左边且松开时，称系统处于原点状态（或称初始状态）。

一、I/O 分配表

I/O 分配如表 3–1 所列。

表 3–1　I/O 分配表

输入量	PLC 端子	输出量	PLC 端子
启动	I0.0	原点	Q0.0
停止	I0.1	下降	Q0.1
自动	I0.2	夹紧与松开	Q0.2
手动	I0.3	上升	Q0.3
连续/单周期	I0.4	右移	Q0.4
上限	I0.5	左移	Q0.5
下限	I0.6		
左限	I0.7		
右限	I1.0		
手动上升	I1.1		
手动夹紧	I1.2		
手动左移	I1.3		
回原点	I1.4		
手动下降	I1.5		
手动松开	I1.6		
手右移	I1.7		

二、PLC 接线图

PLC 硬件接线图如图 3–12 所示。

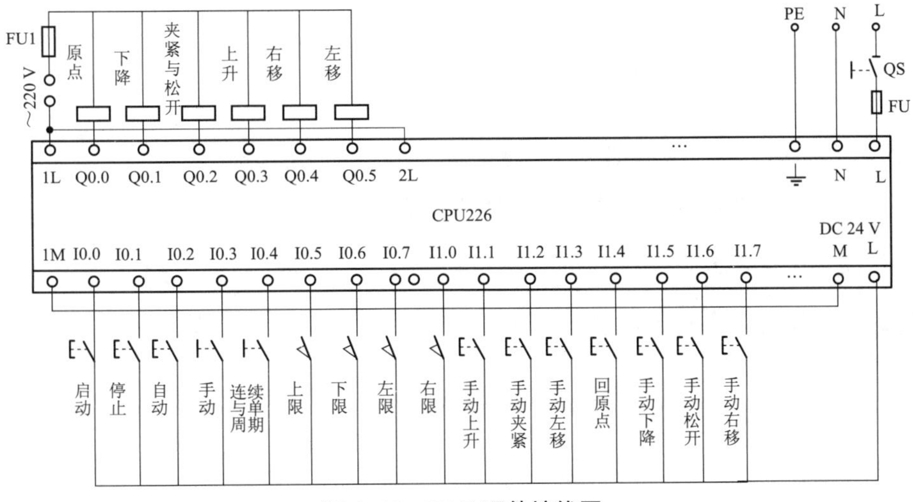

图 3–12　PLC 硬件接线图

三、设计梯形图

① 根据控制要求编写自动状态（单周期、连续）流程，如图 3–13 所示。

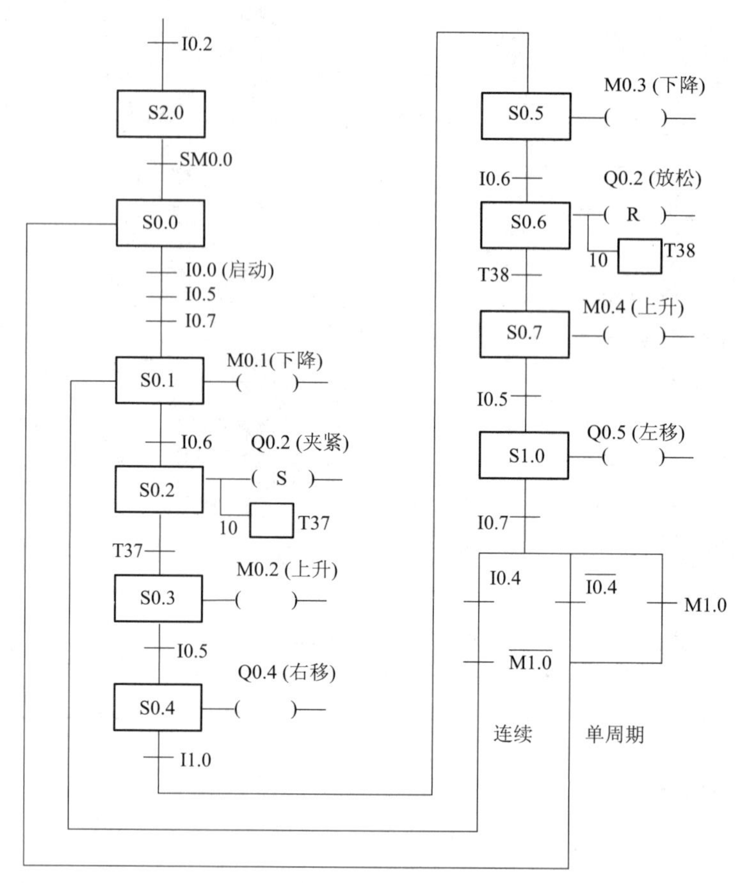

图 3–13　流程图

② 根据流程图编写程序梯形图。

- 主程序：如图 3–14 所示。
- 手动子程序（SBR_{-0}）：如图 3–15 所示。
- 回原点子程序（SBR_{-1}）：如图 3–16 所示。

四、运行调试程序

① 根据 PLC 的 I/O 硬件接线图安装。

② 下载程序，在线监控程序运行。

③ 针对程序运行情况，调试程序符合控制要求。

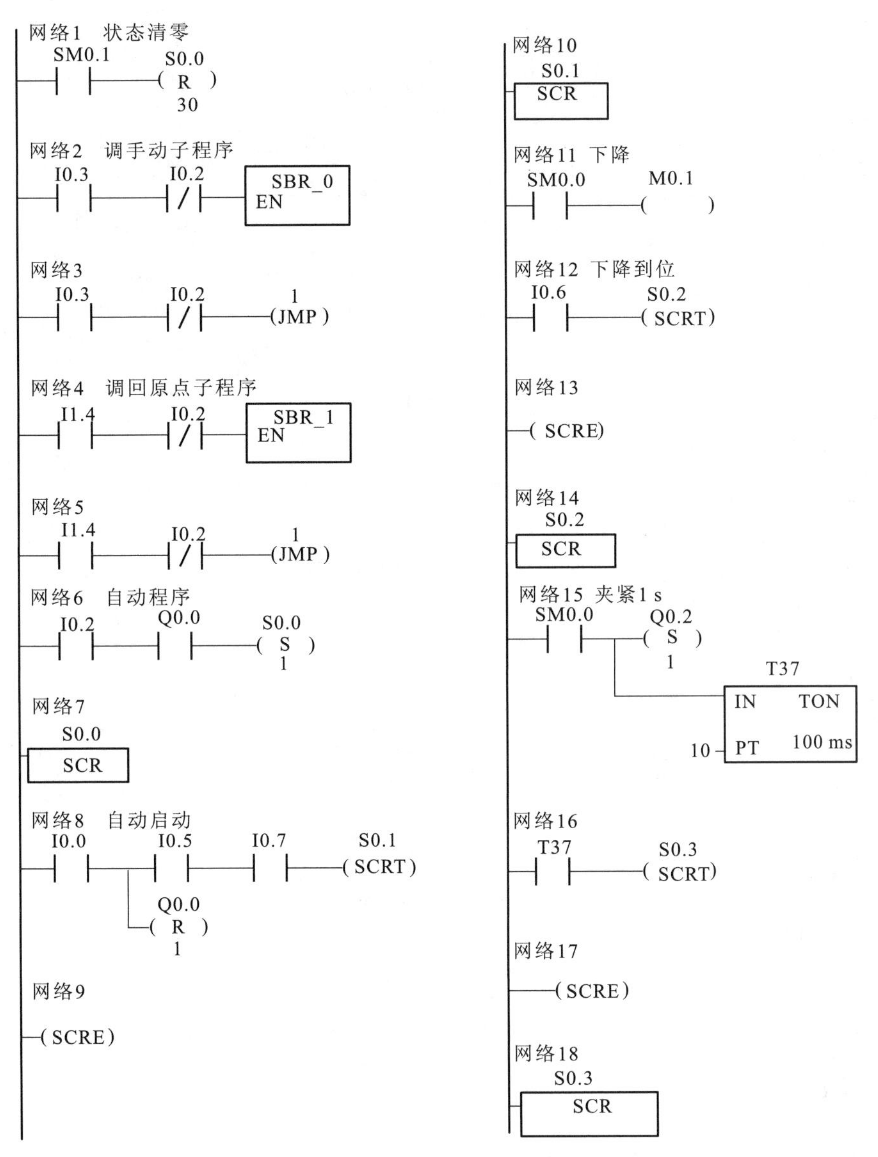
网络1　状态清零
SM0.1
S0.0
R
30
网络2　调手动子程序
I0.3
I0.2
SBR_0
EN
网络3
I0.3
I0.2
1
JMP
网络4　调回原点子程序
I1.4
I0.2
SBR_1
EN
网络5
I1.4
I0.2
1
JMP
网络6　自动程序
I0.2
Q0.0
S0.0
S
1
网络7
S0.0
SCR
网络8　自动启动
I0.0
I0.5
I0.7
S0.1
SCRT
Q0.0
R
1
网络9
SCRE
网络10
S0.1
SCR
网络11 下降
SM0.0
M0.1
网络12 下降到位
I0.6
S0.2
SCRT
网络13
SCRE
网络14
S0.2
SCR
网络15 夹紧1 s
SM0.0
Q0.2
S
1
T37
IN
TON
10
PT
100 ms
网络16
T37
S0.3
SCRT
网络17
SCRE
网络18
S0.3
SCR

图 3–14　主程序

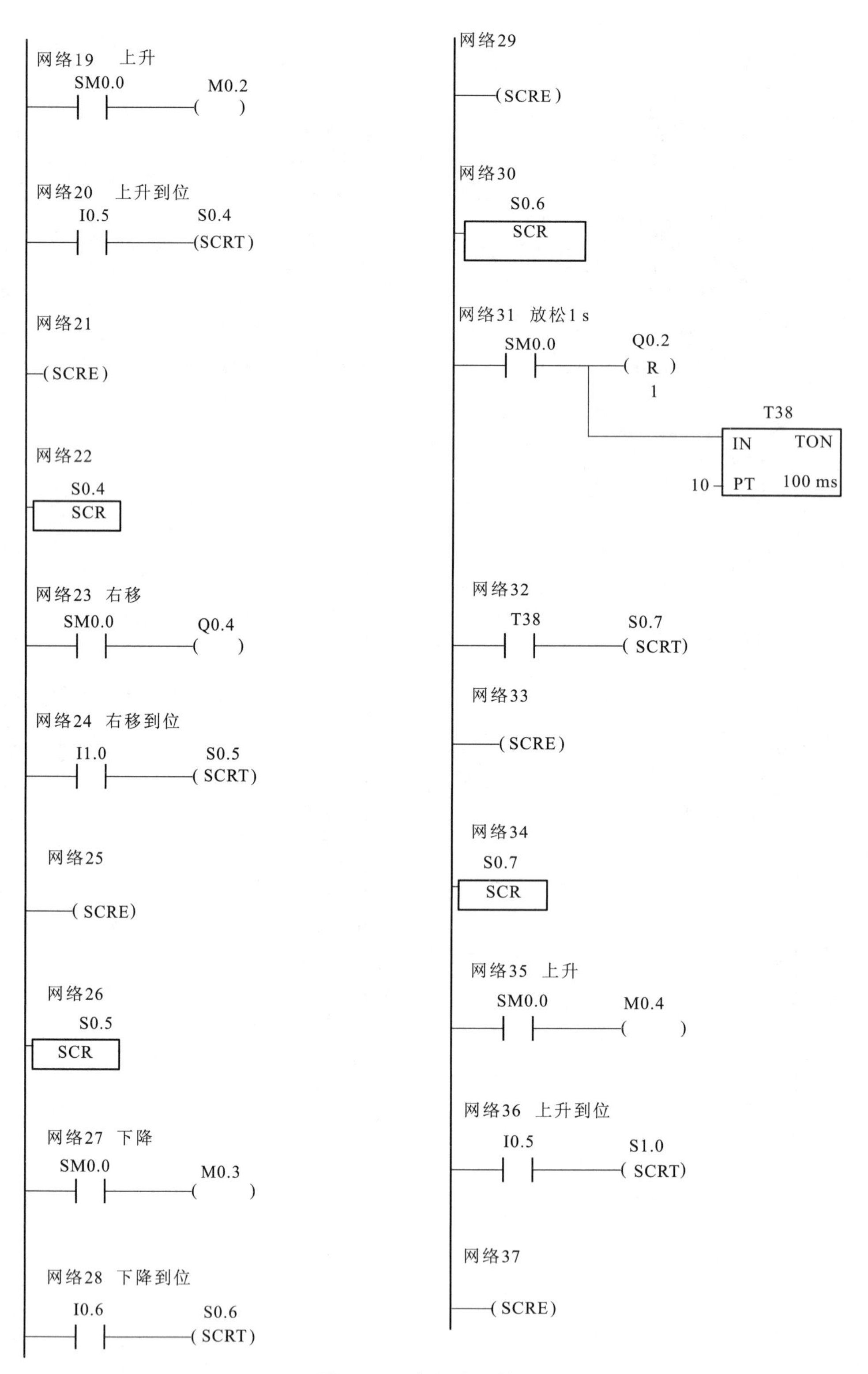
网络19 上升
SM0.0
M0.2
网络20 上升到位
I0.5
S0.4
SCRT
网络21
SCRE
网络22
S0.4
SCR
网络23 右移
SM0.0
Q0.4
网络24 右移到位
I1.0
S0.5
SCRT
网络25
SCRE
网络26
S0.5
SCR
网络27 下降
SM0.0
M0.3
网络28 下降到位
I0.6
S0.6
SCRT
网络29
SCRE
网络30
S0.6
SCR
网络31 放松1 s
SM0.0
Q0.2
R
1
T38
IN
TON
10
PT
100 ms
网络32
T38
S0.7
SCRT
网络33
SCRE
网络34
S0.7
SCR
网络35 上升
SM0.0
M0.4
网络36 上升到位
I0.5
S1.0
SCRT
网络37
SCRE

图 3–14 主程序（续）

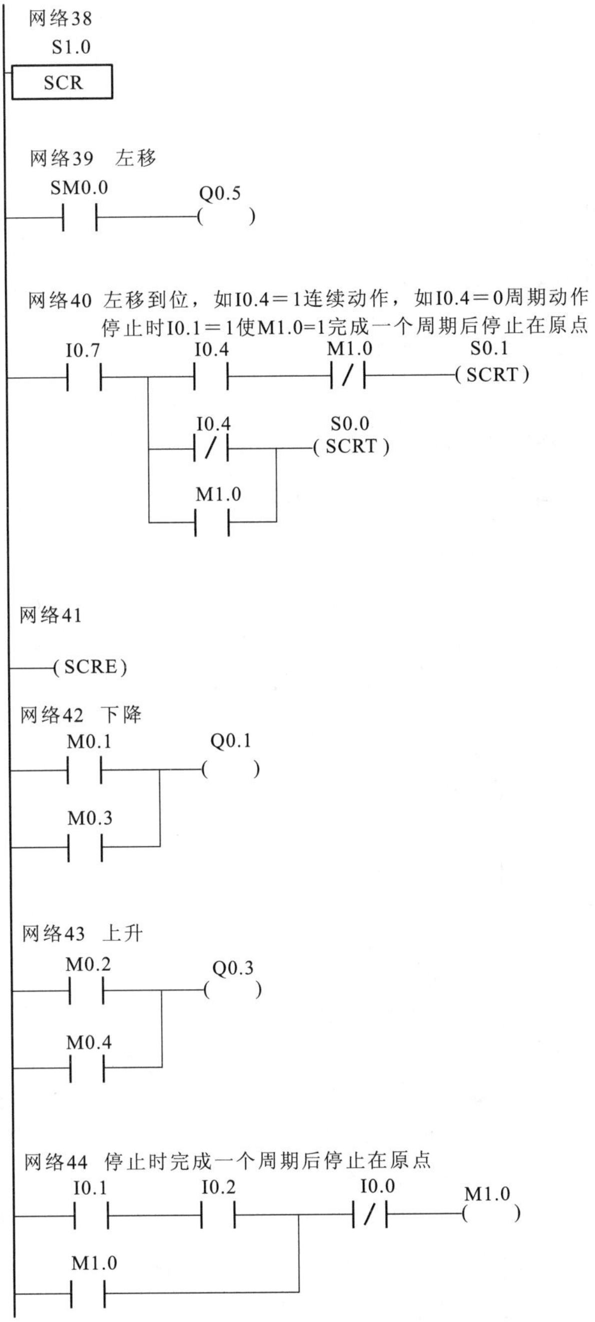

网络38

S1.0

SCR

网络39　左移

SM0.0　Q0.5

网络40 左移到位，如I0.4＝1连续动作，如I0.4＝0周期动作

停止时I0.1＝1使M1.0=1完成一个周期后停止在原点

I0.7　I0.4　M1.0　S0.1 (SCRT)

I0.4　S0.0 (SCRT)

M1.0

网络41

(SCRE)

网络42　下降

M0.1　Q0.1

M0.3

网络43　上升

M0.2　Q0.3

M0.4

网络44　停止时完成一个周期后停止在原点

I0.1　I0.2　I0.0　M1.0

M1.0

图 3–14　主程序（续）

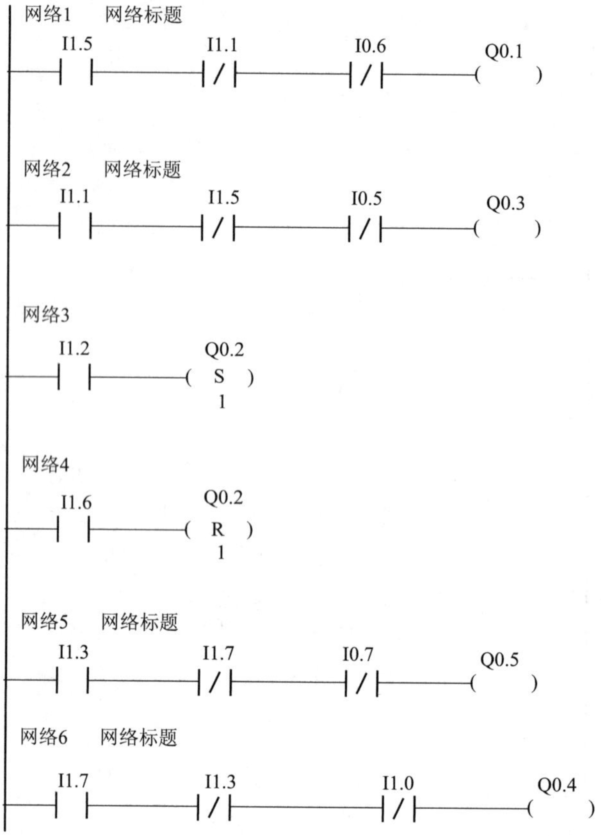

网络1 网络标题
I1.5
I1.1
I0.6
Q0.1
网络2 网络标题
I1.1
I1.5
I0.5
Q0.3
网络3
I1.2
Q0.2
S
1
网络4
I1.6
Q0.2
R
1
网络5 网络标题
I1.3
I1.7
I0.7
Q0.5
网络6 网络标题
I1.7
I1.3
I1.0
Q0.4

图 3–15　手动子程序

网络1 网络标题
I0.7
Q0.5
网络2 网络标题
I0.5
Q0.3
网络3
SM0.0
Q0.2
R
1
网络4
I0.5
I0.7
Q0.0

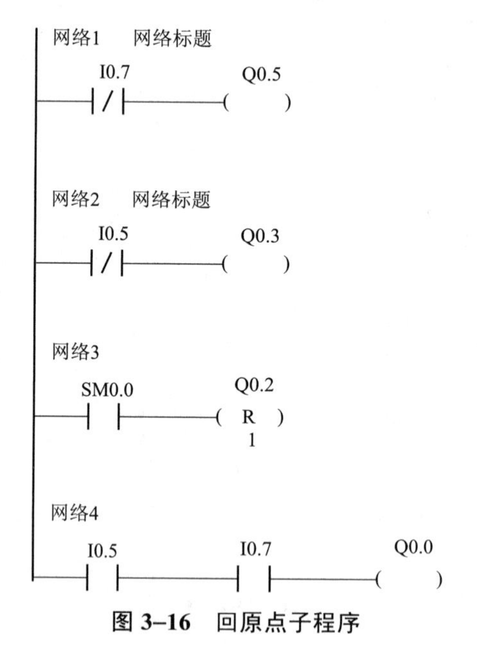

图 3–16　回原点子程序

工作任务2　机电一体化分拣系统的PLC控制

教学导航

能力目标

① 能连接PLC、编码器、变频器组成的传送带系统线路；
② 会用高速计数器指令进行定位控制编程；
③ 能用高速脉冲输出指令对步进电动机的控制进行编程。

知识目标

① 掌握高速计数指令功能及应用；
② 掌握高速脉冲输出指令的使用方法；
③ 理解中断指令应用。

知识分布网络

- 中断指令
  - 中断连接指令 ATCH
  - 中断分离指令 DTCH
  - 开中断指令 ENI
  - 关中断指令 DISI
- 高速计数器指令：定义指令HDEF，启动指令HSC
- 高速脉冲输出指令：PTO脉冲串输出指令、PWM脉宽调制输出指令

任务引入

TVT–2000G机电一体化分拣系统由物料传送小系统和平面仓储小系统构成，如图3–17所示。物料传送小系统由物料出库、传送物料、物料定位等组成；平面仓储小系统由步进电动机带动物料到达指定仓位。

1. 物料传送小系统

组成：物料传送小系统由传送带单元、机械手单元、传感器单元等组成，其示意图如图3–18所示。

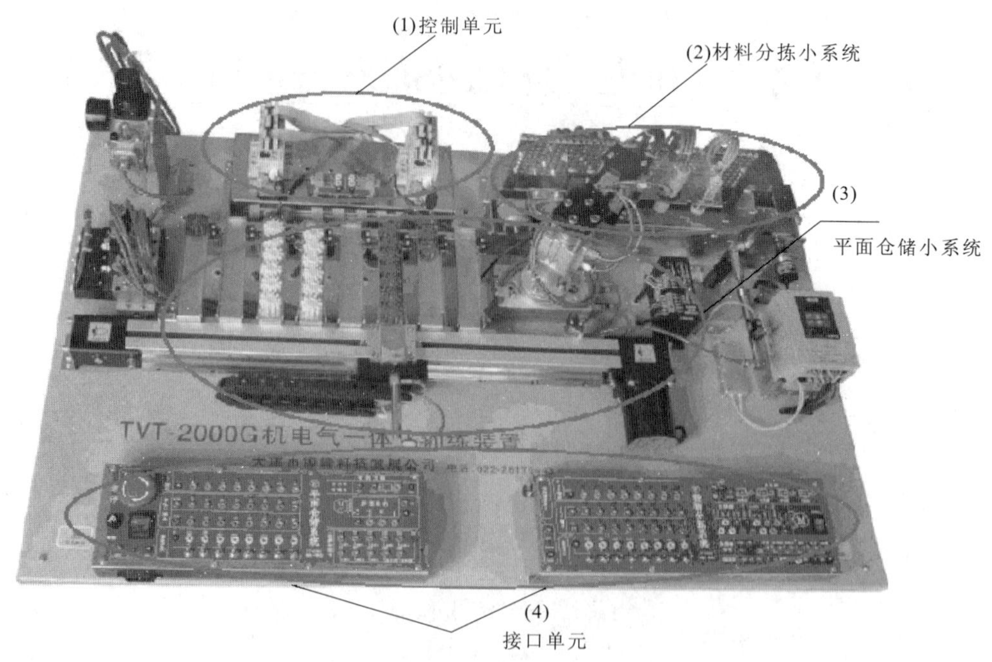

图 3–17　TVT–2000G 机电一体化分拣系统

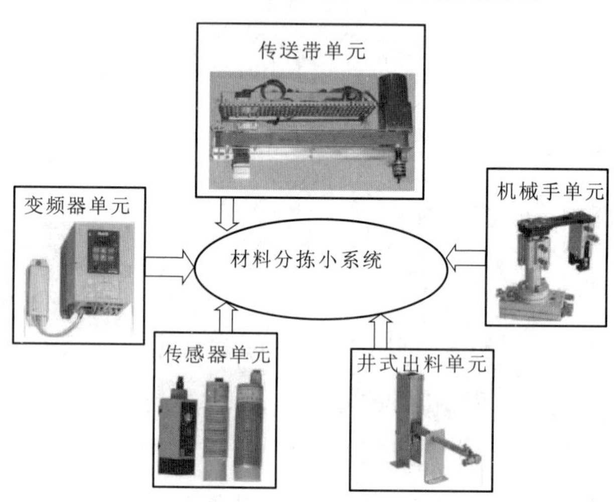

图 3–18　物料传送小系统

控制要求：PLC 控制变频器带动三相电动机传送物料，使用编码器双脉冲输出实现三相电动机正反转定位，传送物料向前（正转）20 cm 后停止，延时 2 s 向后（反转）15 cm 后停止。

2. 平面仓储小系统

组成：平面仓储小系统由平面仓库系统、直线导轨送料单元、步进电动机单元、气动单元等组成，如图 3–19 所示。送料机构的定位由电动机单元进行控制，其定位点可根据系统不同进行手动调整设定。

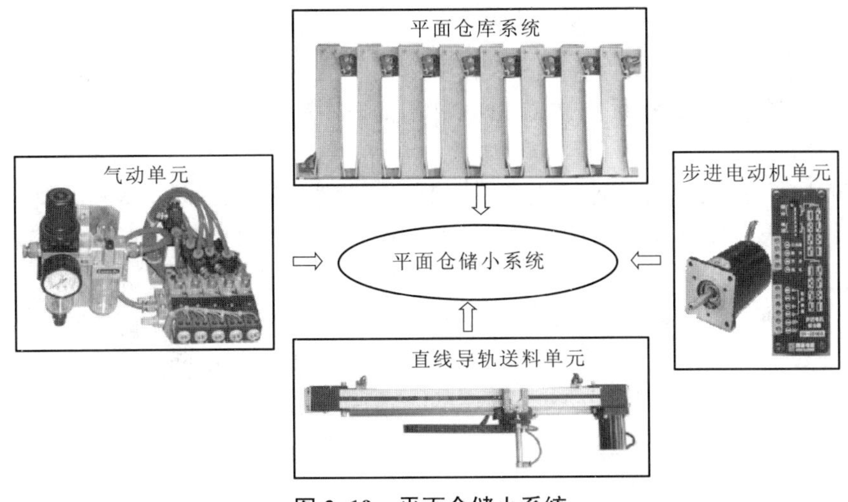

图 3–19　平面仓储小系统

控制要求：手动控制步进电动机实现正反转进行定位。

任务分析

要实现物料传送小系统子任务进行定位，一般用编码器检测物料走过的距离再转化成脉冲送入 PLC 进行控制，并且要学习中断指令和高速计数器指令。

平面仓储小系统子任务，用步进电动机进行定位控制，学习高速计数器脉冲输出指令 PTO，利用 PTO 指令输出高速脉冲串控制步进电动机。

知识链接

一、中断指令

有很多 PLC 内部或外部的事件是随机发生的，例如外部开关量的输入信号的上升沿或下降沿、高速计数器的当前值等于设定值和定时中断。事先并不知道这些事件何时发生，但是当它们出现时又需要尽快地处理，PLC 用中断的方法来解决上述问题。

所谓中断，就是当 CPU 执行正常程序时，系统中出现了某些急需处理的特殊请求，这时 CPU 暂时中断正在执行的程序，转而去对随机发生的更紧急事件进行处理（称为执行中断服务程序），当该事件处理完毕后，CPU 自动返回原来被中断的程序继续执行。执行中断服务程序前后，系统会自动保护被中断程序的运行环境，故不会造成混乱。

S7–200 CPU 支持三类中断事件：通信端口中断、I/O 中断和定时中断。不同的中断事件具有不同的级别，中断程序执行过程中发生的其他中断事件不会影响它的执行即任何时刻只能执行一个中断程序。

在激活一个中断程序前，必须使中断事件和该事件发生时希望执行的中断程序间建立一种联系。这个中断事件也称为中断源，S7–200 CPU 支持 34 种中断源，如表 3–2 所列。

1. 中断事件

中断事件向 CPU 发出中断请求。S7–200 有 34 个中断事件，每一个中断事件都分配一个编号用于识别，叫做中断事件号。中断事件大致可以分为三大类。

（1）通信中断

PLC 的自由通信模式下，通信口的状态可由程序控制。用户可以通过编程设置通信协议、波特率和奇偶校验。S7–200 系列 PLC 有 6 种通信口中断事件。

（2）I/O 中断

S7–200 对 I/O 点状态的各种变化产生中断，包括外部输入中断、高速计数器中断和脉冲串输出中断。这些事件可以对高速计数器、脉冲输出或输入的上升或下降状态作出响应。

外部输入中断是系统利用 I0.0～I0.3 的上升或下降沿产生中断，这些输入点可用于连接某些一旦发生必须引起注意的外部事件；高速计数器中断可以响应当前值等于预设值、计数方向改变、计数器外部复位等事件引起的中断，高速计数器的中断可以实时得到迅速响应，从而实现比 PLC 扫描周期还要短的控制任务；脉冲串输出中断用来响应给定数量脉冲输出完成引起的中断，脉冲串输出主要的应用是步进电动机。

（3）时基中断

时基中断包括定时中断和定时器 T32/T96 中断。

定时中断用来支持周期性的活动。周期时间以毫秒为单位，周期时间范围为 1～255 ms。对于定时中断 0，把周期时间值写入 SMB34；对定时中断 1，把周期时间值写入 SMB35。当达到设定周期时间值时，定时器溢出，执行中断处理程序。通常用定时中断以固定的时间间隔去控制模拟量输入的采样或者执行一个 PID 回路。

定时器中断是利用定时器对一个指定的时间段产生中断。这类中断只能使用 1 ms 的定时器 T32 和 T96。当 T32 或 T96 的当前值等于预置值时，CPU 响应定时器中断，执行中断服务程序。

2. 中断优先级

在 PLC 应用系统中通常有多个中断事件。当多个中断事件同时向 CPU 申请中断时，要求 CPU 能够将全部中断事件按中断性质和轻重缓急进行排队，并依优先权高低逐个处理。

S7–200 CPU 规定的中断优先权由高到低依次是通信中断、I/O 中断和定时中断。每类中断又有不同的优先级。

中断事件及优先级如表 3–2 所列。

表 3–2　中断事件及优先级见表

事件号	中断描述	优先级	优先组中的优先级
8	端口 0：接收字符	通信（最高）	0
9	端口 0：发送完成		0
23	端口 0：接收信息完成		0
24	端口 1：接收信息完成		1
25	端口 1：接收字符		1
26	端口 1：发送完成		1
19	PTO0：完成中断	I/O 中断（中等）	0
20	PTO1：完成中断		1

续表

事件号	中断描述	优先级	优先组中的优先级
0	上升沿：I0.0	I/O 中断（中等）	2
2	上升沿：I0.1		3
4	上升沿：I0.2		4
6	上升沿：I0.3		5
1	下升沿：I0.0		6
3	下升沿：I0.1		7
5	下升沿：I0.2		8
7	下升沿：I0.3		9
12	HSC0 CV=PV（当前值=预置值）		10
27	HSC0 输入方向改变		11
28	HSC0 外部复位		12
13	HSC1 CV=PV（当前值=预置值）		13
14	HSC1 输入方向改变		14
15	HSC1 外部复位		15
16	HSC2 CV=PV（当前值=预置值）		16
17	HSC2 输入方向改变		17
18	HSC2 外部复位		18
32	HSC3 CV=PV（当前值=预置值）		19
29	HSC4 CV=PV（当前值=预置值）		20
30	HSC4 输入方向改变		21
31	HSC4 外部复位		22
33	HSC5 CV=PV（当前值=预置值）		23
10	定时中断 0	定时（最低）	0
11	定时中断 1		1
21	定时器 32 CT=PT		2
22	定时器 96 CT=PT		3

二、中断指令

1. 中断连接指令 ATCH

如图 3–20 所示，INT 是中断子程序，EVNT 是中断事件。

2. 中断允许指令 ENI

如图 3–20 是全局允许中断指令。

3. 中断分离指令 DTCH

如图 3–21 是中断事件与中断子程序的分离，并禁止该中断事件。DISI 为全局禁止中断。

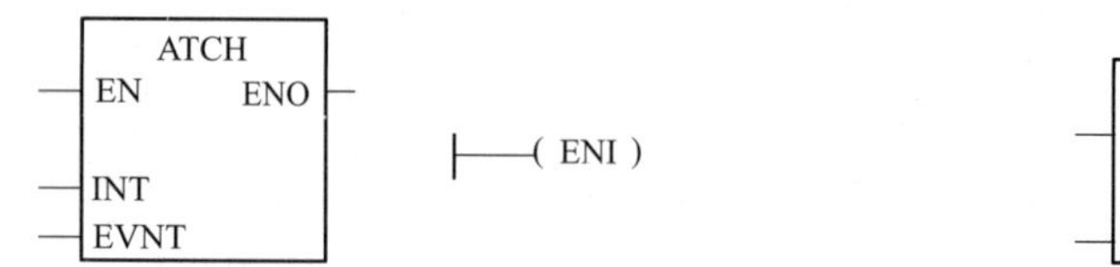

图 3–20 中断连接指令及中断允许指令

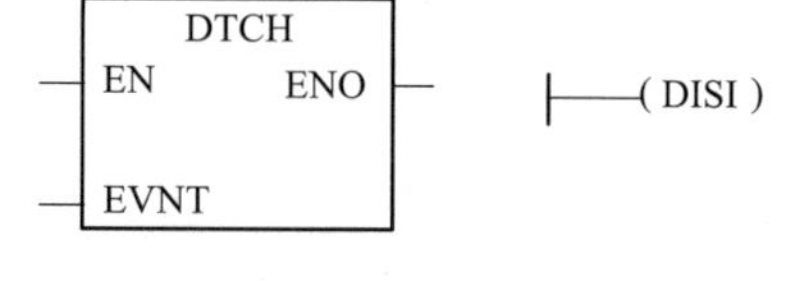

图 3–21 中断分离指令全局禁止中断指令

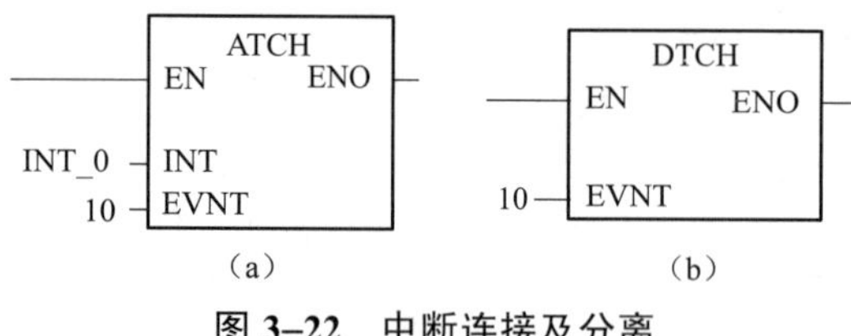

图 3–22 中断连接及分离

图 3–22（a）是使中断事件 10 与中断程序 INT_0 连接；图 3–22（b）是使中断事件 10 与中断程序分离。

【例 3–5】在 I0.0 的上升沿（中断事件 0）通过中断使 Q0.0 立即置位。在 I0.1 的下降沿（中断事件 3）通过中断使 Q0.0 立即复位。

主程序：

梯形图如图 3–23 所示。

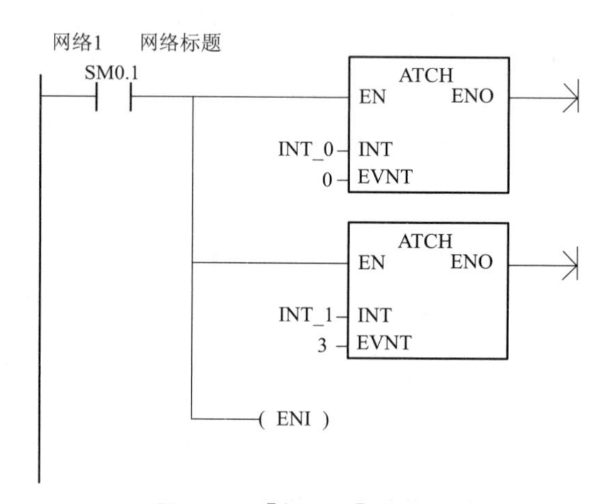

图 3–23 ［例 3–5］梯形图

子程序 INT-0：如图 3–24（a）所示；子程序 INT-1：如图 3–24（b）所示。

图 3–24 ［例 3–5］子程序

【例 3–6】编程完成模拟量采样工作，要求每 10 ms 采样一次。

分析：完成每 10 ms 采样一次，需用定时中断，查表 3–2 可知，定时中断 0 的中断事件号为 10。因此在主程序中将采样周期（10 ms）即定时中断的时间间隔写入定时中断 0 的特殊存储器 SMB34，并将中断事件 10 和 INT_0 连接，全局开中断。在中断程序 0 中，将模拟量输入信号读入，梯形图如图 3–25 和图 3–26 所示。

主程序

网络1　网络标题
I0.0
MOV_B
EN
ENO
10
INT
OUT
SMB34
ATCH
EN
ENO
INT_0
INT
10
EVNT
ENI

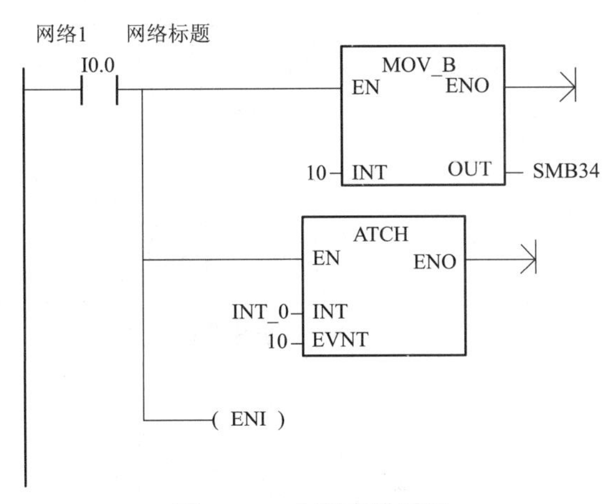

图 3–25　主程序梯形图

中断程序

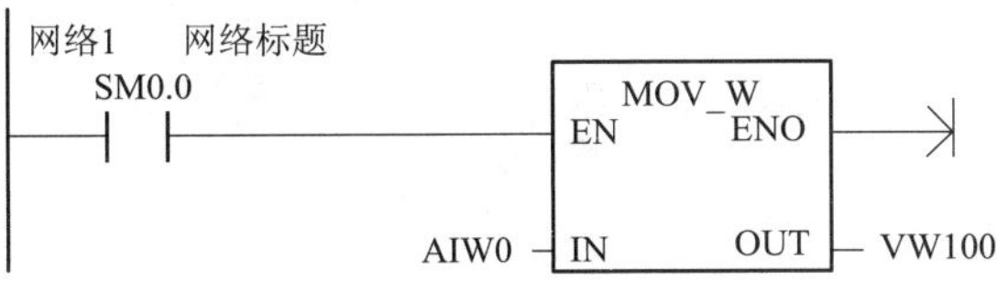

网络1　网络标题
SM0.0
MOV_W
EN
ENO
AIW0
IN
OUT
VW100

图 3–26　中断程序梯形图

【例 3–7】用定时器中断的方式实现 Q0.0～Q0.7 输出依次移位（间隔时间是　1 s），按启动按钮 I0.0 移位从 Q0.0 开始，按停止 I0.1，停止移位并清零。

主程序：梯形图如图 3–27 所示。

网络1　网络标题
I0.0
I0.1
M0.0
M0.0
网络2
M0.0
P
MOV_B
EN
ENO
1
IN
OUT
QB0
ATCH
EN
ENO
INT_0
INT
22
EVNT
ENI

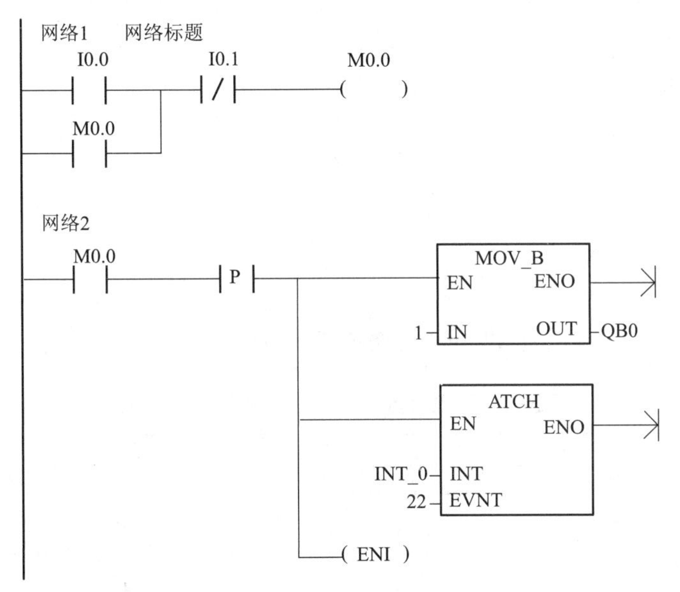

图 3–27　［例 3–7］主程序梯形图

中断子程序：梯形图如图 3–28 所示。

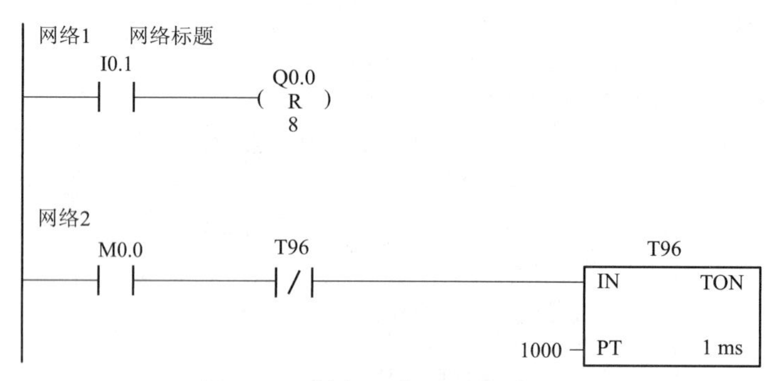

图 3–28 ［例 3–7］子程序梯形图

三、高速计数器指令

普通计数器工作频率低，只有几十赫兹，对外部高速变化脉冲如 20 kHz，只能用高速计数器，S7–200 有 6 个 HSC0～HSC5，12 种工作模式。

高速计数器与增量编码器一起使用，编码器每圈发生一定数量脉冲和一个复位脉冲，高速计数器有一个预置值，开始运行时装入一个预置值，当前计数值小于预置值时，设置输出有效。当前计数值等于预置值时，中断，装入新的预置值。

1. 高速计数器的工作模式

（1）中断方式

高速计数器的计数和动作用中断方式进行，且有 3 种中断方式。

① 当前计数值等于预置值时

② 输入方向改变

③ 外部复位

（2）高速计数器有三种计数类型

① 单相计数器：内部方向控制和外部方向控制

② 双相计数器

③ A/B 正交计数器

（3）三种工作状态

① 无复位，无启动

② 有复位，无启动

③ 有复位，有启动

表 3–3 是高速计数器工作模式和输入端定义。

表 3–3 高速计数器工作模式和输入端定义

模式	描　述	输入端子			
	HSC0	I0.0	I0.1	I0.2	×
	HSC1	I0.6	I0.7	I1.0	I1.1
	HSC2	I1.2	I1.3	I1.4	I1.5

续表

模式	描　　述	输入端子			
	HSC3	I0.1	×	×	×
	HSC4	I0.3	I0.4	I0.5	×
	HSC5	I0.4	×	×	×
0	带内部方向控制单相计数器： 控制字 SM37.3=0，减计数 控制字 SM37.3=1，加计数	计数脉冲输入	×	×	×
1			×	复位	×
2			×	复位	启动
3	带外部方向控制单相计数器： 方向控制端=0，减计数 方向控制端=1，加计数	计数脉冲输入	方向	×	×
4			方向	复位	×
5			方向	复位	启动
6	两路脉冲输入的单相加/减计数： 加计数有脉冲输入，加计数 减计数有脉冲输入，减计数	加计数脉冲输入端	减计数脉冲输入端	×	×
7				复位端	×
8				复位端	启动
9	两路脉冲输入的双相正交计数： A 相脉冲超前 B 相脉冲，加计数 A 相脉冲滞后 B 相脉冲，减计数	A 相脉冲输入端	B 相脉冲输入端	×	×
10				复位端	×
11				复位端	启动
注：表中“×”表示没有。					

2. 高速计数器指令

（1）定义指令

指定工作方式，指令格式如图 3–29（a）所示，计数器 HSC0 工作方式 1。

（2）启动指令

启动编号为 0 的高速计数器，如图 3–29（b）所示。

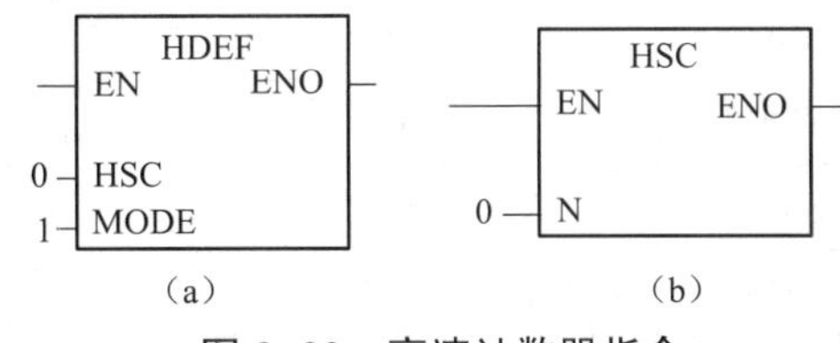

图 3–29　高速计数器指令

在特殊存储器区 SM 中，每个高速计数器有一个状态字节，设置参数用控制字节，32 位预置值寄存器，32 位当前值寄存器。如表 3–4、表 3–5、表 3–6 所列。

表 3–4　高速计数器的存储器区 SM 定义

HSC0	HSC1	HSC2	HSC3	HSC4	HSC5	计数器号
SMB36	SMB46	SMB56	SMB136	SMB146	SMB156	状态字节
SMB37	SMB47	SMB57	SMB137	SMB147	SMB157	控制字
SMD38	SMD48	SMD58	SMD138	SMD148	SMD158	当前值
SMD42	SMD52	SMD62	SMD142	SMD152	SMD162	预置值

表 3–5　状态字

HSC0	HSC1	HSC2	HSC3	HSC4	HSC5	
SM36.0	SM46.0	SM56.0	SM136.0	SM146.0	SM156.0	未用为 0
SM36.1	SM46.1	SM56.1	SM136.1	SM146.1	SM156.1	
SM36.2	SM46.2	SM56.2	SM136.2	SM146.2	SM156.2	
SM36.3	SM46.3	SM56.3	SM136.3	SM146.3	SM156.3	未用为 0
SM36.4	SM46.4	SM56.4	SM136.4	SM146.4	SM156.4	
SM36.5	SM46.5	SM56.5	SM136.5	SM146.5	SM156.5	0：减计数器 1：加计数器
SM36.6	SM46.6	SM56.6	SM136.6	SM146.6	SM156.6	当前计数值＝预置值时 0：不等 1：相等
SM36.7	SM46.7	SM56.7	SM136.7	SM146.7	SM156.7	当前计数值<预置值时为 0： 当前计数值>预置值时为 1

表 3–6　控制字节

HSC0	HSC1	HSC2	HSC3	HSC4	HSC5	描　　述
SM37.0	SM47.0	SM57.0	—	SM147.0	—	0 复位高电平有效， 1 复位低电平有效
—	SM47.1	SM57.1	—	—	—	0 启动高电平有效 1 启动低电平有效
SM37.2	SM47.2	SM57.2	—	SM147.2	—	0：4×倍率，1：1×倍率
SM37.3	SM47.3	SM57.3	SM137.3	SM147.3	SM157.3	0：减计数　1：加计数
SM37.4	SM47.4	SM57.4	SM137.4	SM147.4	SM157.4	计数方向：0 不更新，1 更新
SM37.5	SM47.5	SM57.5	SM137.5	SM147.5	SM157.5	预置值：0 不更新，1 更新
SM37.6	SM47.6	SM57.6	SM137.6	SM147.6	SM157.6	当前值：0 不更新，1 更新
SM37.7	SM47.7	SM57.7	SM137.7	SM147.7	SM157.7	HSC 允许：0 禁止，1 允许

【例 3–8】使用编码器进行定位控制，电动机通过变频器选定合适的速度使传送带带动货物运行，货物走了 2 m 后停止。

PLC 通过高速计数器来统计编码器发生的脉冲数，确定货物位置。

编码器、PLC、变频器的连接如图 3–30 所示。

选择高速计数器 HSC0 工作于模式 1。

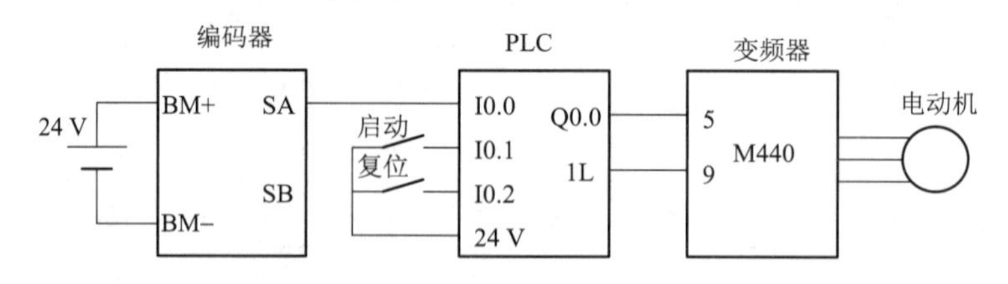

图 3–30　编码器、PLC、变频器的连接

程序

主程序：梯形图如图 3–31 所示。

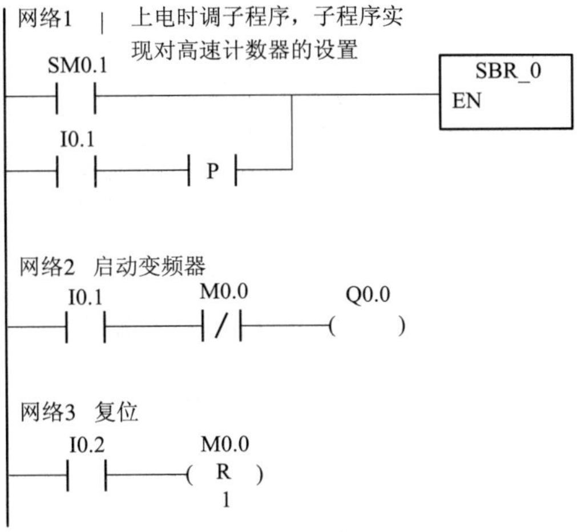

网络1　上电时调子程序，子程序实现对高速计数器的设置
SM0.1
I0.1
P
SBR_0
EN
网络2　启动变频器
I0.1
M0.0
Q0.0
网络3　复位
I0.2
M0.0
R
1

图 3–31　主程序梯形图

子程序：如图 3–32 所示。

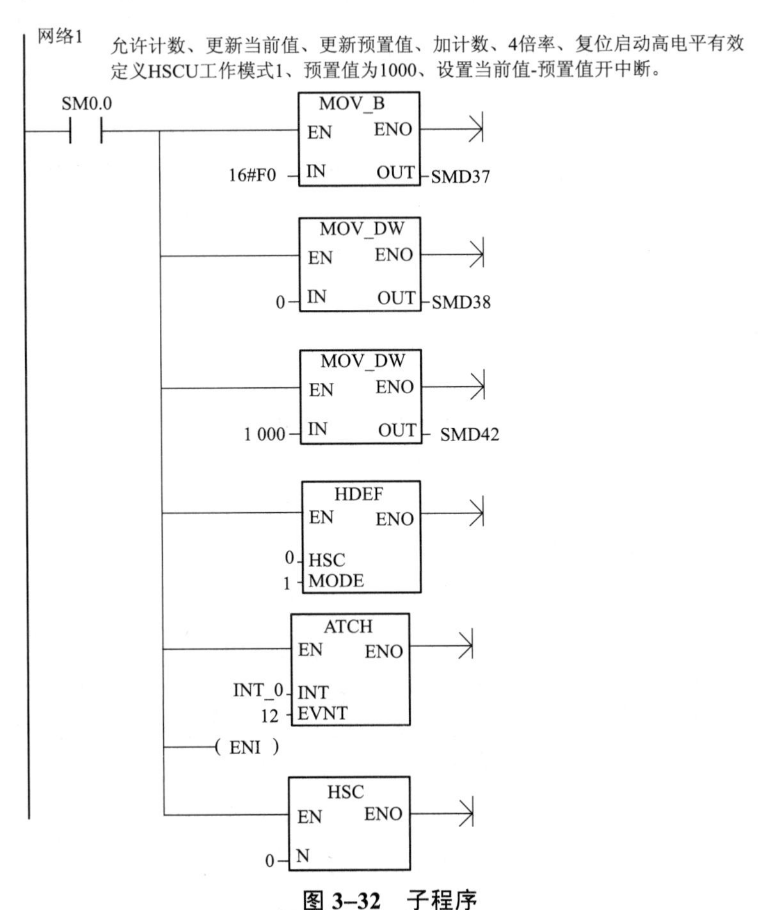

图 3–32　子程序

中断程序：如图 3–33 所示

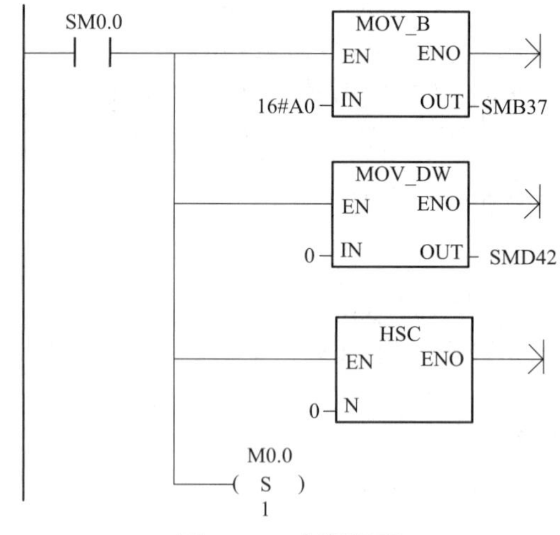

图 3–33　中断程序

四、高速计数器脉冲输出指令

S7–200CPU 提供 2 个高速脉冲输出点（Q0.0 和 Q0.1）可分别工作在 PTO（脉冲串输出）和 PWM（脉宽调制、周期不变）。

PTO 脉冲串输出：PTO 可输出一串脉冲，通过控制脉冲的周期（频率）和个数。

PTO 编程：对单段管线，可在主程序中调用初始化子程序，在子程序中：

① 设置 PTO/PWM 控制字节；

② 写入周期值；

③ 写入脉冲串计数值；

④ 连接中断事件、中断服务程序，允许中断；

⑤ 执行 PLS 指令，对 PTO 进行编程。

如要修改 PTO 周期、脉冲数，可在子程序或中断程序进行：

① 写入新控制字；

② 写入新周期、脉冲数；

③ 执行 PLS 指令，确认设置。

表 3–7 是 PTO 控制主状态寄存器。

表 3–7　PTO 控制主状态寄存器

Q0.0	Q0.1	状态字节
SM66.4	SM76.4	PTO 增量计算错误而终止：0 无错误，1 有错终止
SM66.5	SM76.5	PTO 用户命令终止：0 无错误，1 终止
SM66.6	SM76.6	PTO 管线上溢/下溢：0 无上溢，1 上溢/下溢
SM66.7	SM76.7	PTO 空闲：0 执行中，1 空闲

续表

Q0.0	Q0.1	状态字节
SM67.0	SM77.0	PTO/PMW 更新周期值：0 不更新，1 更新
SM67.1	SM77.1	PMW 更新脉冲宽度：0 不更新，1 更新脉冲宽度
SM67.2	SM77.2	PTO 更新脉冲数：0 不更新，1 更新
SM67.3	SM77.3	PTO/PMW 时间基准：0 为μs，1 为 ms
SM67.4	SM77.4	PMW 更新方法：0 异步更新，1 同步更新
SM67.5	SM77.5	PTO 操作：0 单段，1 多段操作
SM67.6	SM77.6	PTO/PMW 模式选择：0 选项 PTO，1 选 PMW
SM67.7	SM77.7	PTO/PMW 允许：0 禁止，1 允许
Q0.0	Q0.1	PTO/PMW 寄存器
SMW68	SMW78	PTO/PMW 周期（2～65 535）
SMW70	SMW80	PMW 脉冲宽度（0～65 535）
SMW72	SMW82	PTO 脉冲计数值（1～4 294 967 295）
SMW166	SMW176	运行中的段数

注意：

① S66.7=0 说明 PTO 正在输出脉冲（计数），S66.7=1 说明 PTO 停止输出脉冲（停止计数）。

② 如果要在脉冲输出执行过程中，停止脉冲输出：

设置控制字节，使 PTO/PWM 使能位为 0，执行 PLS 指令，使 CPU 确认。

③ 只有晶体管输出的类型的 PLC 才能支持脉冲输出指令。

任务实施

一、物料传送小系统

1. 画电路接线图

编码器检测距离转为双脉冲输出实现三相电动机正反转定位，脉冲输入到 PLC，进行处理后控制变频器正转或反转，其中 I0.6 为正转脉冲输入，I0.7 为反转脉冲输入。设物料正向走 20 cm 编码器检测的脉冲为 1 000 个，物料反向走 15 cm 编码器检测的脉冲为 750 个，PLC、编码器与变频器的接线如图 3–34 所示。

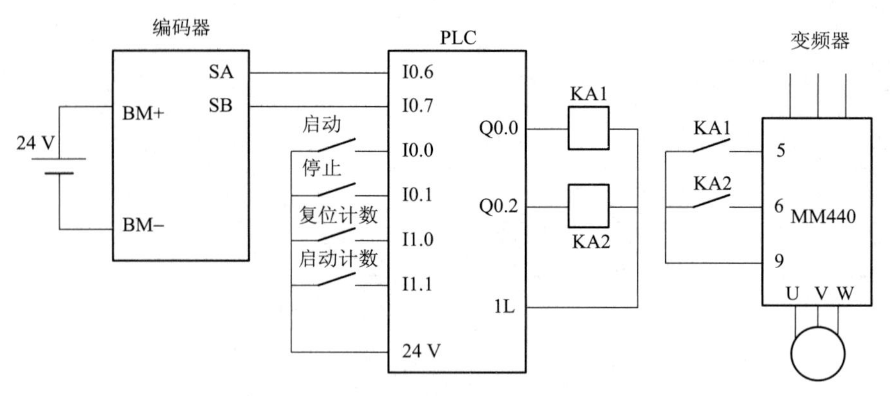

图 3–34 PLC、编码器与变频器的接线图

2. 设计程序

主程序：梯形图如图 3–35 所示。

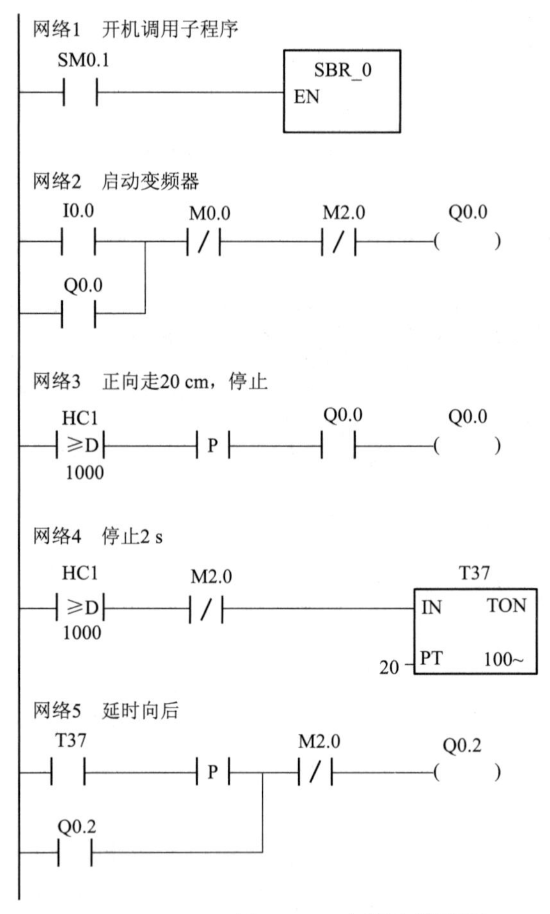

图 3–35 主程序梯形图

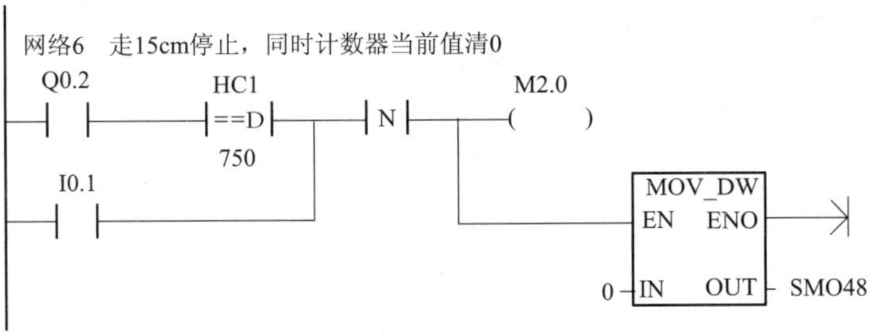

网络6　走15cm停止，同时计数器当前值清0
Q0.2
HC1
==D
750
N
M2.0
I0.1
MOV_DW
EN
ENO
0
IN
OUT
SMO48

图 3–35　主程序梯形图（续）

子程序：梯形图如图 3–36 所示。

中断程序：如图 3–37 所示。

网络1
SM0.0
MOV_B
EN ENO
16#F8
IN OUT
SMB47
定义HSC1的控制方式
MOV_DW
EN ENO
0
IN OUT
SMD48
HSC1的当前值清0
MOV_DW
EN ENO
1000
IN OUT
SMD52
设置计数预置值
HDEF
EN ENO
1
HSC
11
MODE
HSC1的工作方式为11
ATCH
EN ENO
INT_0
INT
13
EVNT
当前值=预置值时，
调用中断程序0
(ENI)
开中断
HSC
EN ENO
1
N
执行HSC1指令

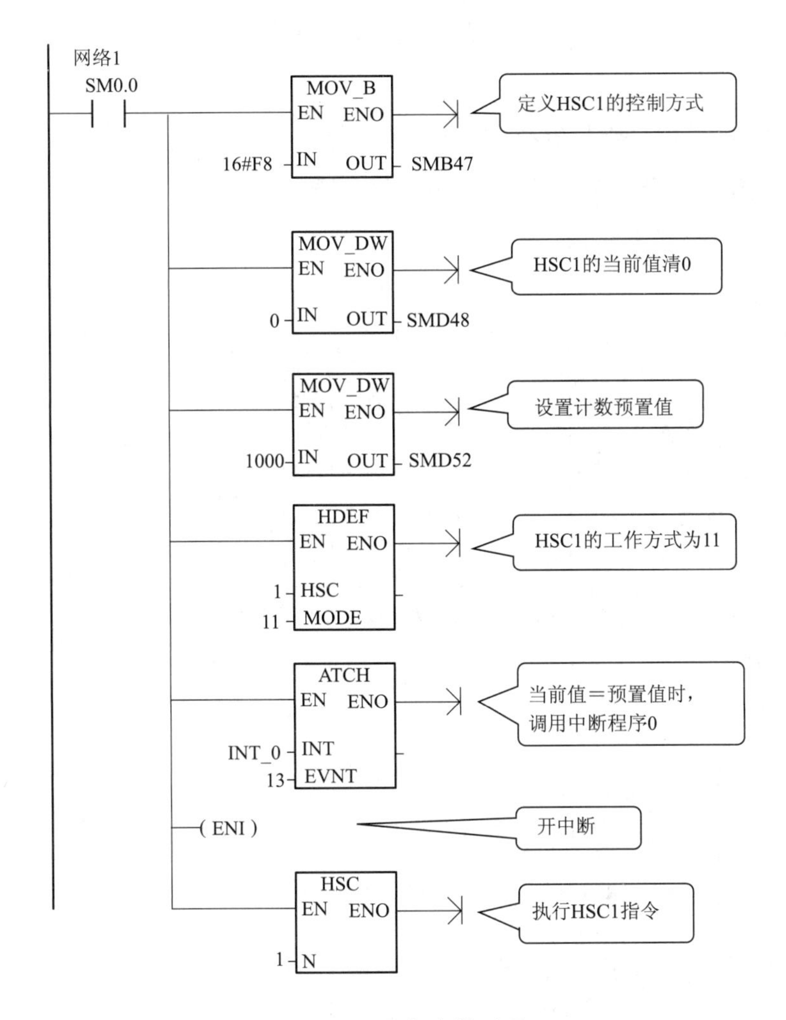

图 3–36　子程序梯形图

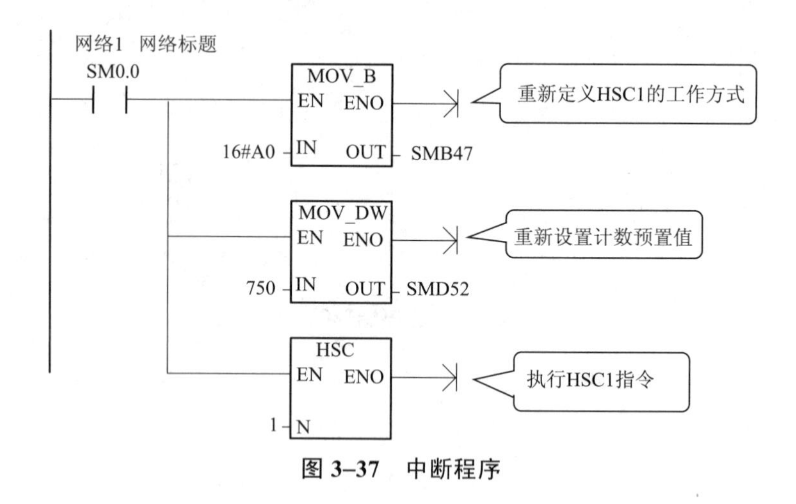

图 3–37　中断程序

3. 调试

然后根据 PLC 的 I/O 硬件接线图安装并调试梯形图使之满足要求。

二、平面仓储小系统

手动控制步进电动机实现正反转。

1. 画电路接线图

接线如图 3–38 所示。

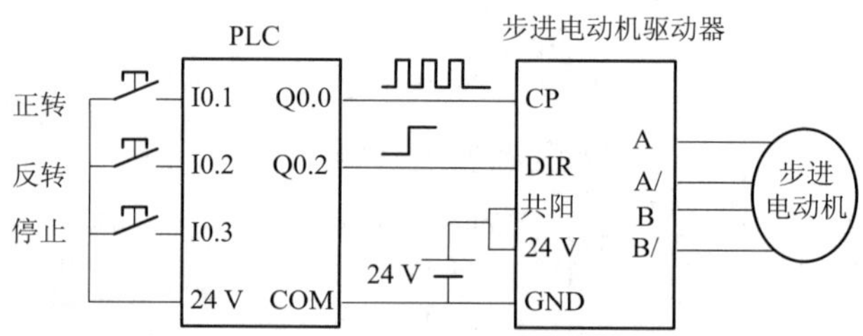

图 3–38　PLC、驱动器与步进电动机接线

2. 设计程序

如图 3–39 所示。

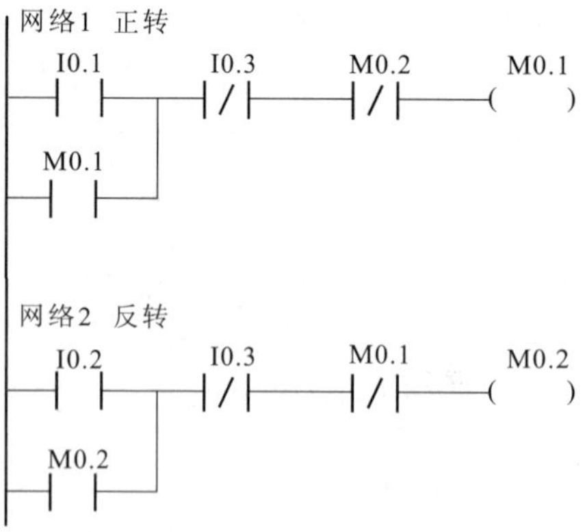

网络1 正转
I0.1　I0.3　M0.2　M0.1
M0.1

网络2 反转
I0.2　I0.3　M0.1　M0.2
M0.2

图 3–39　梯形图

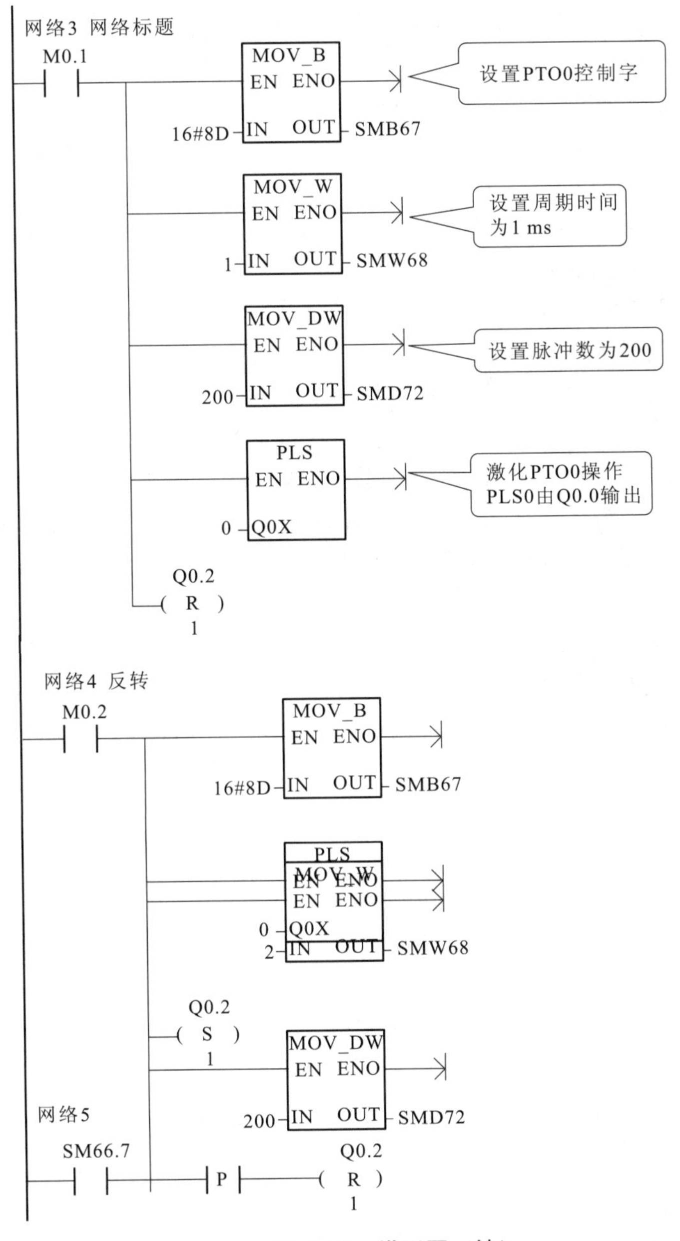

图 3–39　梯形图（续）

3. 调试

然后根据 PLC 的 I/O 硬件接线图安装并调试梯形图使之满足要求。

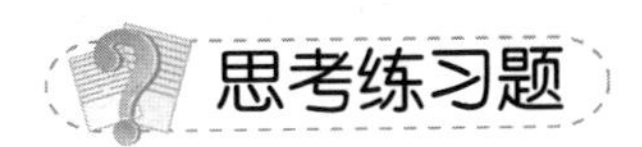

3–1　应用跳转指令，设计一个既能点动控制、又能自锁控制的电动机控制程序。设 I0.0=ON 时实现电动机点动控制，I0.0=OFF 时电动机实现自锁控制。

3–2　某台设备具有手动/自动两种操作方式，SB3 是操作方式选择开关，当 SB3 处于断开时，选择手动方式；当 SB3 处于接通状态时，选择自动方式。不同操作方式的进程如下所述。

① 手动方式：按启动按钮 SB2，电动机运转；按停止按钮 SB1，电动机停止。

② 自动方式：按启动按钮 SB2，电动机运转 1 min 后自动停止，按停止按钮 SB1，电动机立即停止。

3–3 编程实现 I/0 中断。用中断指令控制 Q0.0 和 Q0.1 的状态，输入端 I0.0 接通的上升沿时只有 Q0.0 通电，下降沿时只有 Q0.1 通电。

3–4 设计一个高精度时间中断程序，每 1 s 读取输入端口 IB0 数据 1 次，并送 QB0。

3–5 写出高速计数器 HSC0 的初始值、预置值及当前值存储单元。

3–6 写出高速计数器 HSC0 的控制字节中各位的意义。

3–7 对于带有内部方向控制的高速计数器，怎样设置其加或减计数状态？

3–8 对于带有外部方向控制的高速计数器，怎样控制其加或减计数状态？

3–9 用指令向导生成程序。使用单相高速计数器 HSC0（工作模式 1）和中断指令对输入端 I0.0 脉冲信号计数，当计数值大于等于 100 时输出端 Q0.1 通电，当外部复位时 Q0.1 断电。

3–10 第一次扫描时将 VB0 清 0，用定时中断 0，每 100 ms 将 VB0 加 1，当 VB0=100 时关闭定时中断，并将 Q0.0 置位。

3–11 试编写 PTO 程序，要求 PLC 运行后，在 Q0.0 或 Q0.1 上产生周期为 6 s、占空比为 50%的信号。

项目四

恒压供水系统的设计、安装与调试

工作任务 1　PLC 的数值运算

教学导航

能力目标

① 理解加、减、乘、除指令、转换指令、SEG 指令；
② 能用功能指令编写控制程序。

知识目标

① 理解数据类型的表示含义；
② 掌握数值运算指令及使用方法。

知识分布网络

算术运算指令
- 加法指令ADD
- 减法指令SUB
- 乘法指令MUL
- 除法指令DIV

- 转换指令
  - 字节与整数转换
    - 字节转换成整数指令B-I
    - 整数转换成字节指令I-B
  - 整数与双整数转换
    - 整数转换成双整数指令I-DI
    - 双整数转换成整数指令DI-I
  - 双整数与实数转换
    - 实数转换成双整数指令ROUND和TRUNC
    - 双整数转换成实数指令DI-R
  - 整数与BCD码转换
    - BCD码转换成整数指令BCD-I
    - 整数转换成BCD码指令I-BCD

任务导入

在 PLC 控制的恒压供水系统中，要用到模拟量采集和数据处理，为了使控制系统稳定工作，要运用 PID 运算（比例、积分、微分）；为了满足这些需求，实现过程控制、数据处理等，需要算术运算指令、逻辑运算指令和转换指令等特殊功能的指令，这些功能指令的出现，极大地拓宽了 PLC 的应用范围，增强了 PLC 编程的灵活性。

任务分析

将拨码器 X 和 Y 输入的数值按下面公式进行运算，然后显示结果中个位上的数值。

$$[(X+Y)\times X-Y]/Y$$

知识链接

一、算术运行指令

1. 加法指令

加法指令（Add）是对有符号数进行相加操作。它包括整数加法、双整数加法和实数加法。

指令格式：LAD 及 STL，格式如图 4–1 所示。

功能描述：在 LAD 中，IN1+IN2=OUT；在 STL 中 IN1+OUT=OUT。

数据类型：整数加法时，输入/输出均为 INT；双整数加法时，输入/输出均为 DINT；实数加法时，输入输出均为 REAL。

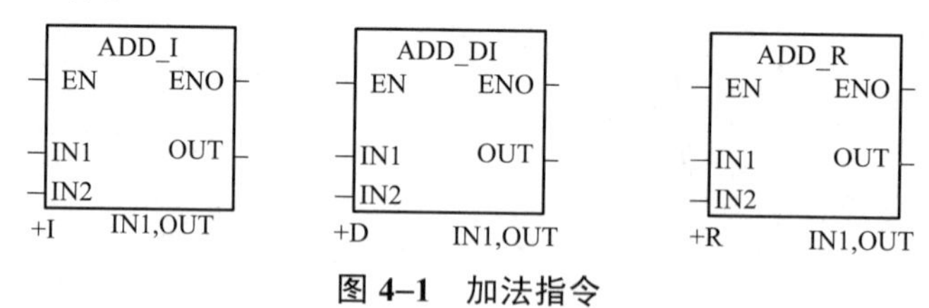

图 4–1　加法指令

【例 4–1】加法指令 ADD 的应用举例，如图 4–2 所示。在网络 1 中，当 I0.1 接通时，常数–100 传送到变量存储器 VW10；在网络 2 中，当 I0.2 接通时，常数 500 传送到 VW20；在

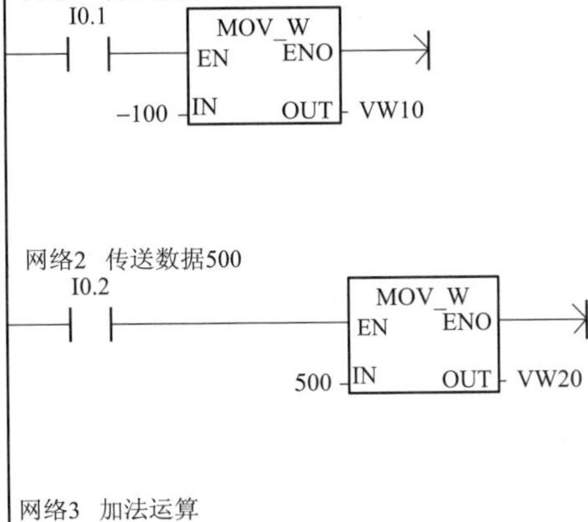

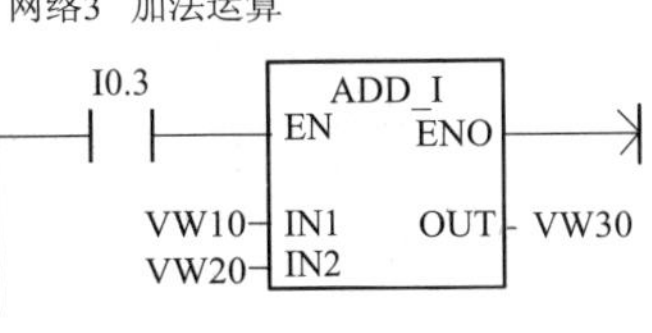

图 4–2　［例 4–1］图

网络 3 中，当 I0.3 接通时，执行加法指令，VW10 中的数据–100 与 VW20 中的数据 500 相加，运算结果 400 存储到 VW30 中。

2. 减法指令

减法指令（Subtract）是对有符号数进行相减操作。它包括整数减法、双整数减法和实数减法。

功能描述：在 LAD 中，IN1–IN2=OUT；在 STL 中 OUT–IN2=OUT。

指令格式：LAD 及 STL 格式如图 4–3 所示。

数据类型：整数减法时，输入/输出均为 INT；双整数减法时，输入/输出均为 DINT；实数减法时，输入/输出均为 REAL。

【例 4–2】减法指令 SUB 的应用举例，如图 4–4 所示，在网络 1 中，当 I0.1 接通，常数 300 传送到变量存储器 VW10，常数 1 200 传送到 VW20；在网络 2 中，当 I0.2 接通时，执行减法指令，VW10 中的数据 300 与 VW20 中的数据 1 200 相减，运算结果–900 存储到变量存储器 VW30。由于运算结果为负，影响负数标志位 SM1.2 置 1，输出继电器 Q0.0 通电。

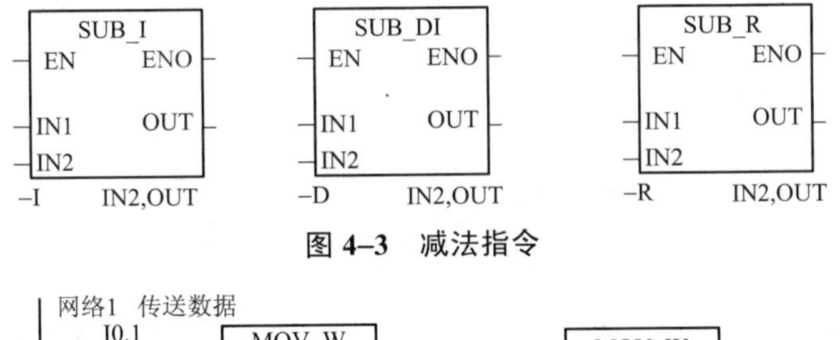

图 4–3　减法指令

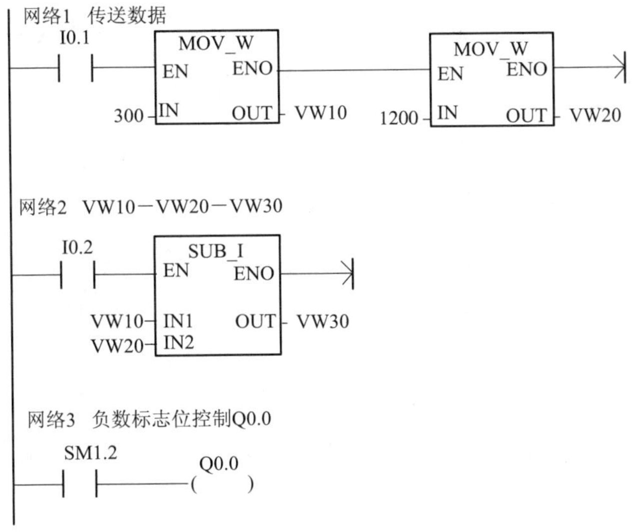

图 4–4　［例 4–2］图

3. 乘法指令

（1）一般乘法指令

一般乘法指令（Multiply）是对有符号数进行相乘运算。它包括整数乘法、双整数乘法和实数乘法。

指令格式：LAD 及 STL，格式如图 4–5 所示。

功能描述：在 LAD 中，IN1*IN2=OUT；在 STL 中，IN2*OUT=OUT。

数据类型：整数乘法时，输入/输出均为 INT；双整数乘法时，输入/输出均为 DINT；实数乘法时，输入/输出均为 REAL。

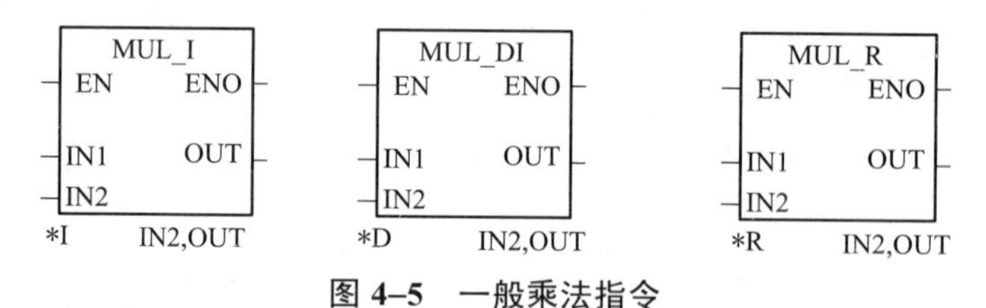

图 4–5　一般乘法指令

（2）完全整数乘法

完全整数乘法（Multiply Integer to Double Integer）将两个单字长（16 位）的符号整数 IN1 和 IN2 相乘，产生一个 32 位双整数结果 OUT。

指令格式：LAD 及 STL，格式如图 4–6 所示。

功能描述：在 LAD 中，IN1*IN2=OUT；在 STL 中 IN2*OUT= OUT，32 位运算结果存储单元的低 16 位运算前用于存放被乘数。

数据类型：输入为 INT，输出为 DINT。

> **注意**：整数数据做乘 2 运算，相当于其二进制形式左移 1 位；做乘 4 运算，相当于其二进制形式左移 2 位；做乘 8 运算，相当于其二进制形式左移 3 位。

【例 4–3】 乘法指令 MUL 的举例，如图 4–7 所示，当 I0.0 触点接通时，执行乘法指令，乘法运算的结果（10 923×12=131 076）存储在 VD30 目标操作数中，其二进制格式为 0000 0000 0000 0010 0000 0000 0000 0100。

VD30 中各字节存储的数据分别是 VB30=0、VB31=2、VB32=0、VB33=4；VD30 中各字存储的数据分别是 VW30=+2、VW32=+4。

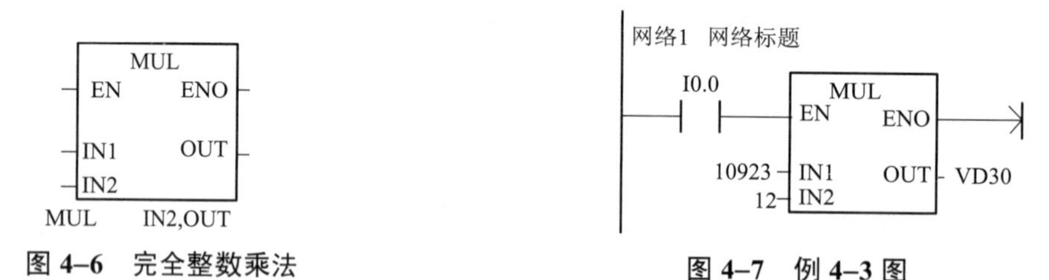

图 4–6　完全整数乘法

图 4–7　例 4–3 图

4. 除法指令

（1）一般除法指令

一般除法指令（Divide）是对有符号数进行相除操作。它包括整数除法、双整数除法和实数除法。

指令格式：LAD 及 STL，格式如图 4–8 所示。

功能描述：在 LAD 中，IN1/IN2=OUT；在 STL 中 OUT/IN2=OUT。不保留余数。

数据类型：整数除法时，输入/输出均为 INT；双整数除法时，输入/输出均为 DINT；实数除法时，输入/输出均为 REAL。

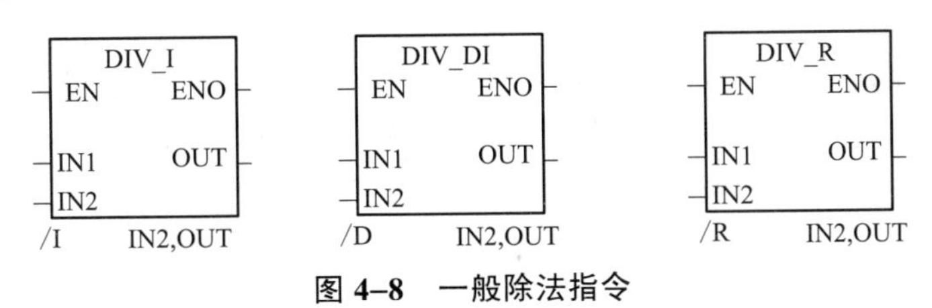

图 4–8　一般除法指令

两个 16 位、32 位数除运算，除法余数不保留。

（2）完全整数除法

完全整数除法（Divide Integer to Double Integer）将两个单字长（16 位）的符号整数 IN1 和 IN2 相除，产生一个 32 位结果，其中，低 16 位为商，高 16 位为余数。

指令格式：LAD 及 STL，格式如图 4–9 所示。

功能描述：在 LAD 中，IN1/IN2=OUT；在 STL 中 OUT/IN2=OUT，32 位运算结果存储单元的低 16 位运算前被兼用存放被除数。除法运算结果：商放在 OUT 的低 16 位字中，余数放在 OUT 的高 16 位字中。

DIV
EN　ENO
IN1　OUT
IN2
DIV　IN2,OUT

图 4–9　完全整数除法

数据类型：输入为 INT，输出为 DINT。

注意：整数数据做除 2 运算，相当于其二进制形式右移 1 位；做除 4 运算，相当于其二进制形式右移 2 位；做除 8 运算，相当于其二进制形式右移 3 位。

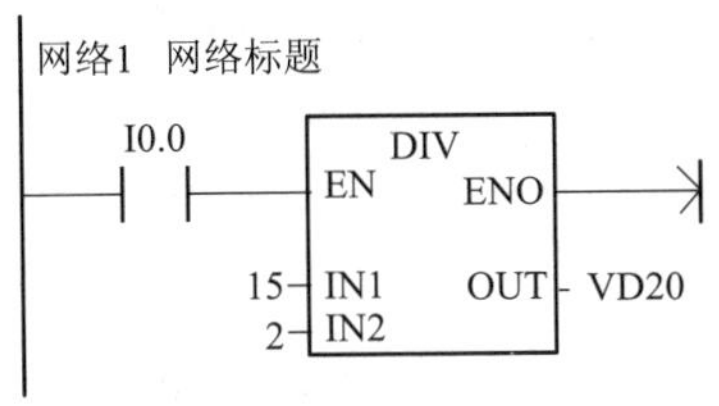

图 4–10 ［例 4–4］图

【例 4–4】除法指令 DIV 的举例，如图 4–10 所示。如果 I0.0 触点接通，执行除法指令。除法运算的结果（15/2=商 7 余 1）存储在 VD20 的目标操作数中，其中商 7 存储在 VW22，余数 1 存储在 VW20。其二进制格式为 0000 0000 0000 0001 0000 0000 0000 0111。

VD20 中各字节存储的数据分别是 VB20=0、VB21=1、VB22=0、VB23=7；各字存储的数据分别是 VW20=+1、VW22=+7。

利用除 2 取余法，可以判断数据的奇偶性，如果余数为 1 是奇数，为 0 则是偶数。

二、逻辑运算指令

“与、或、异或”逻辑是开关量控制的基本逻辑关系，逻辑运算指令是对无符号数进行处理，主要包括逻辑“与”、“或”、“取反”、“异或”等指令。按操作数长度可分为字节、字、双字逻辑运算。

1. 逻辑“与”指令 WAND

图 4–11 所示是与指令。

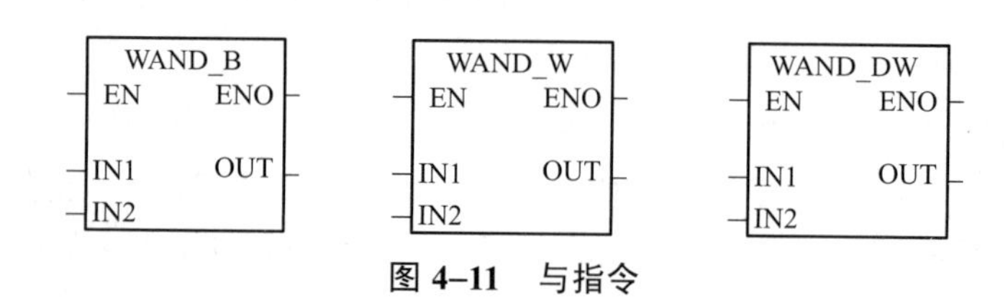

图 4–11　与指令

说明：

① INl、IN2 为两个相“与”的源操作数，OUT 为存储“与”逻辑结果的目标操作数。

② 逻辑“与”指令的功能是将两个源操作数的数据进行二进制按位相“与”，并将运算结果存入目标操作数中。

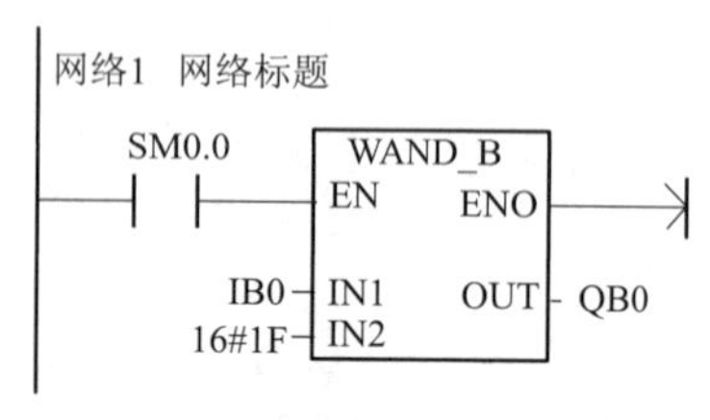

图 4–12 ［例 4–5］图

【例 4–5】逻辑“与”指令 WAND 的举例，要求用输入继电器 I0.0～10.4 的位状态去控制输出继电器 Q0.0～Q0.4，可用输入字节 IB0 去控制输出字节 QB0。对字节多余的控制位 I0.5、I0.6 和 I0.7，可与 0 相“与”进行屏蔽。程序如图 4–12 所示。

2. 逻辑“或”指令 WOR

逻辑或指令 WOR 如图 4–13 所示。

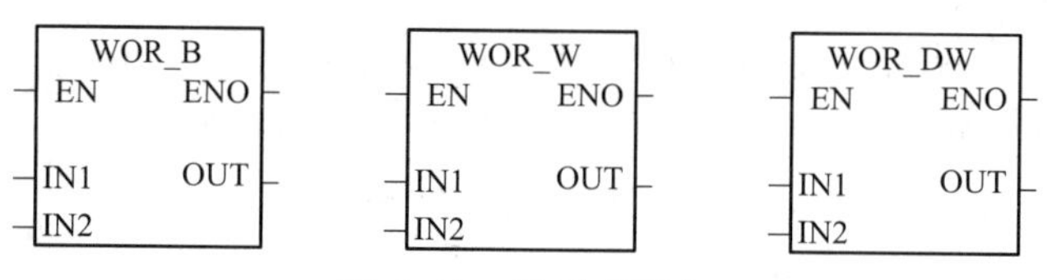

图 4–13　逻辑或指令

说明：

① IN1 和 IN2 为两个相“或”的源操作数，OUT 为存储“或”运算结果的目标操作数。

② 逻辑“或”指令的功能是将两个源操作数的数据进行二进制按位相“或”，并将运算结果存入目标操作数中。

【例 4–6】逻辑“或”指令 WOR 的举例，要求用输入继电器字节 IB0 去控制输出继电器字节 QB0，但 Q0.3、Q0.4 两位不受字节 IB0 的控制，始终处于 ON 状态。可用逻辑“或”指令屏蔽 I0.3、I0.4 位，程序如图 4–14 所示。

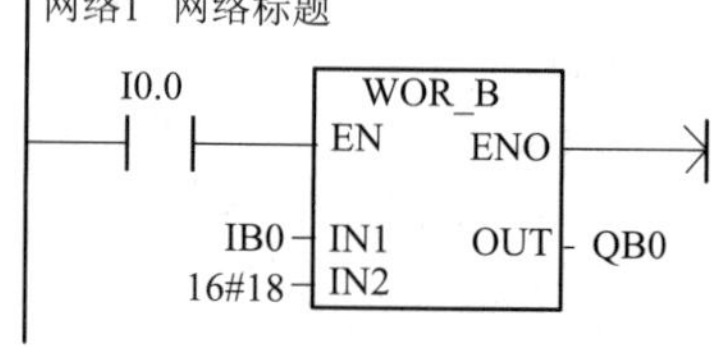

图 4–14 ［例 4–6］图

由此可得出结论：某位数据与 0 相“或”状态保持，与 1 相“或”状态置 1

3. 逻辑“异或”指令 WXOR

图 4–15 所示是异或指令。

图 4–15　异或指令

说明：

① IN1 和 IN2 为两个相“异或”的源操作数，OUT 为存储“异或”运算结果的目标操作数。

② 逻辑“异或”指令的功能是将两个源操作数的数据进行二进制按位相“异或”，输入相同时，“异或”运算结果为 0；输入相异时，运算结果为 1。

【例 4–7】逻辑“异或”指令 WXOR 的举例，如图 4–16 所示，如果想知道 IB0 在 10 s 后有哪些位发生了变化，可用下面的程序实现。VB0 和 VB1 存放的是两次采集的 8 位数字量状态，将它们进行“异或”的结果存入 VB0，如果 VB0 不是全 0，那就说明其中某些位发生了变化。

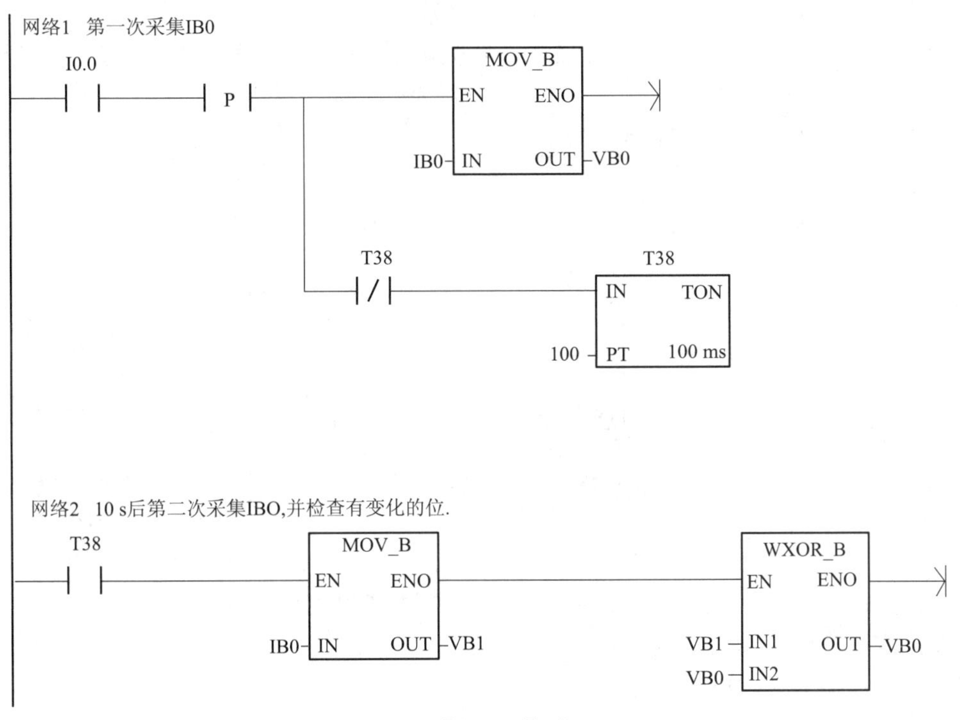

图 4–16 ［例 4–7］梯形图

三、数据类型转换指令

转换指令是指对操作数的类型进行转换，包括数据的类型转换、码的类型转换以及数据和码之间的类型转换。

PLC 中的主要数据类型包括字节、整数、双整数和实数。主要的码制有 BCD 码、ASKII 码、十进制数和十六进制数等。不同性质的指令对操作数的类型要求不同，因此在指令使用之前需要将操作数转化成相应的类型，转换指令可以完成这样的任务。

1. 字节与整数

（1）字节到整数

指令格式：LAD 及 STL，格式如图 4–17 所示。

功能描述：将字节型输入数据 IN 转换成整数类型，并将结果送到 OUT 输出。字节型是无符号的，所以没有符号扩展位。

数据类型：输入为字节，输出为 INT。

（2）整数到字节

指令格式：LAD 及 STL，格式如图 4–18 所示。

功能描述：将整数输入数据 IN 转换成字节类型，并将结果送到 OUT 输出。输入数据超出字节范围（0～255）时产生溢出。

数据类型：输入为 INT，输出为字节。

2. 整数与双整数

（1）整数到双整数

指令格式：LAD 及 STL，格式如图 4–19（a）所示。

功能描述：将整数输入数据 IN 转换成双整数类型（符号进行扩展），并将结果送到 OUT 输出。

数据类型：输入为 INT，输出为 DIND。

（2）双整数到整数

指令格式：LAD 及 STL，格式如图 4–19（b）所示。

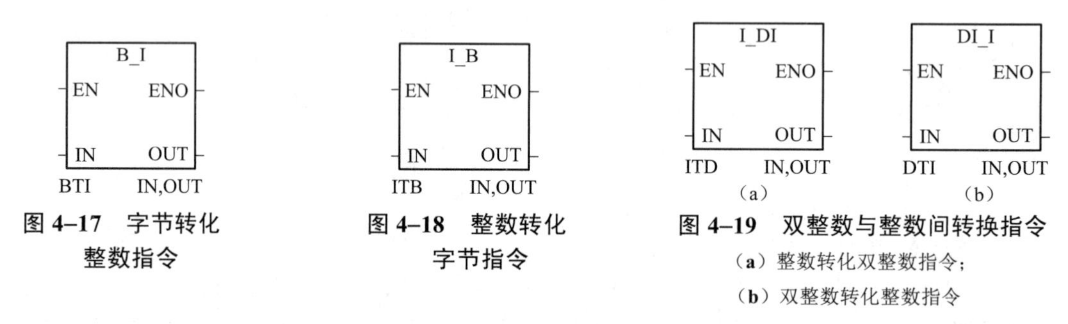

图 4–17　字节转化整数指令

图 4–18　整数转化字节指令

图 4–19　双整数与整数间转换指令

（**a**）整数转化双整数指令；（**b**）双整数转化整数指令

功能描述：将双整数输入数据 IN 转换成整数类型，并将结果送到 OUT 输出。输出数据超出整数范围时产生溢出。

数据类型：输入为 DINT，输出为 IND。

3. 双整数与实数

（1）实数到双整数

实数转换到双整数，有两条指令：ROUND 和 TRUNC。

指令格式：LAD 及 STL，格式如图 4–20（a）、（b）所示。

功能描述：将实数输入数据 IN 转换成双整数类型，并将结果送到 OUT 输出。输出数据超出整数范围时产生溢出。两条指令的区别是：前者小数部分 4 舍 5 入，而后者小数部分直接舍去。

数据类型：输入为 REAL，输出为 DIND。

（2）双整数到实数

指令格式：LAD 及 STL 格式如图 4–20（b）所示。

功能描述：将双整数输入数据 IN 转换成实数，并将结果送到 OUT 输出。

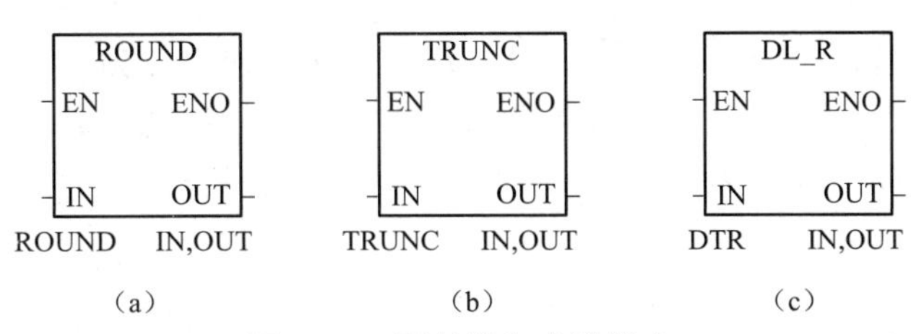

图 4–20　双整数与实数指令

数据类型：输入为 DINT，输出为 REAL。

（3）整数到实数

没有直接的整数到实数转换指令。转换时，先使用 I–DI（整数到双整数）指令，然后再使用 DTR（双整数到实数）指令即可，如图 4–20（c）所示。

4. 整数与 BCD 码

BCD 码：用二进制代表十进制数。

8421BCD 码是用二进制代表一位十进制数。

在 PLC 中，存储的数据无论是以十进制格式输入还是以十六进制的格式输入，都是以二进制的格式存在的。如果直接使用 SEG 指令对两位以上的十进制数据进行编码，则会出现差错。

如十进制数 21 的二进制存储格式是 0001 0101，对高 4 位应用 SEG 指令编码，则得到“1”的七段显示码；对低 4 位应用 SEG 指令编码，则得到“5”的七段显示码，显示的数码“15”，是十六进制，而不是十进制数码“21”。显然，要想显示“21”，就要先将二进制数 0001 0101 转换成反映十进制进位关系（即逢十进一）的代码 0010 0001，然后对高 4 位“2”和低 4 位“1”分别用 SEG 指令编出七段显示码。

这种用二进制形式反映十进制数码的代码称为 BCD 码，其中最常用的是 8421BCD 码，其指令以字方式出现。

要想正确地显示十进制数码，必须先用 BCD 码转换指令 I–BCD 将二进制的数据转换成 8421BCD 码，再利用 SEG 指令编成七段显示码，最后输出控制数码管发光。

（1）BCD 码到整数

指令格式：LAD 及 STL，格式如图 4–21 所示。

功能描述：将 BCD 码输入数据 IN 转换成整数类型，并将结果送到 OUT 输出。输入数据 IN 的范围为 0～9 999。在 STL 中，IN 和 OUT 使用相同的存储单元。

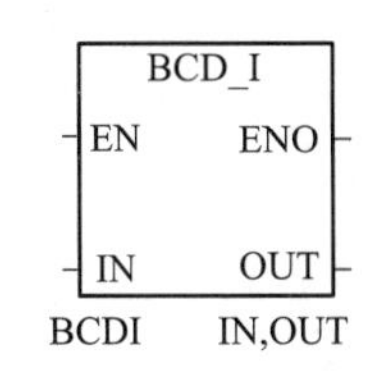

图 4–21　BCD 化整数指令

数据类型：输入/输出均为字。

拨码开关的按键可以向 PLC 输入十进制数码（0～9）。如图 4–22 中两位拨码开关显示十进制数据 53。拨码开关产生的是 BCD 码，而在 PLC 程序中数据的存储和操作都是二进制形式。因此，要使用 BCDI 指令将拨码开关产生的 BCD 码变换为二进制数。

【例 4–8】① 将图 4–22 所示的拨码开关数据经 BCD–I 变换后存储到变量寄存器 VW10 中；② 将图 4–22 所示的拨码开关数据不经 BCD–I 变换直接传送到变量寄存器 VW20 中。

解　程序如图 4–23 所示。在网络 1 中，将输入状态传送 VB1；在网络 2 中，经过 BCD–I

指令变换后，数据传送 VW10；在网络 3 中，数据直接传送 VW20。

经 BCDI 变换后变量寄存器 VW10 中的数据“53”是正确的。而不经 BCDI 变换，直接传送到变量寄存器 VW20 中的数据“83”则是错误的。

（2）整数到 BCD 码

指令格式：LAD 及 STL，格式如图 4–24 所示。

功能描述：将整数输入数据 IN 转换成 BCD 码类型，并将结果送到 OUT 输出。输入数据 IN 的范围为 0～9 999。在 STL 中，IN 和 OUT 使用相同的存储单元。

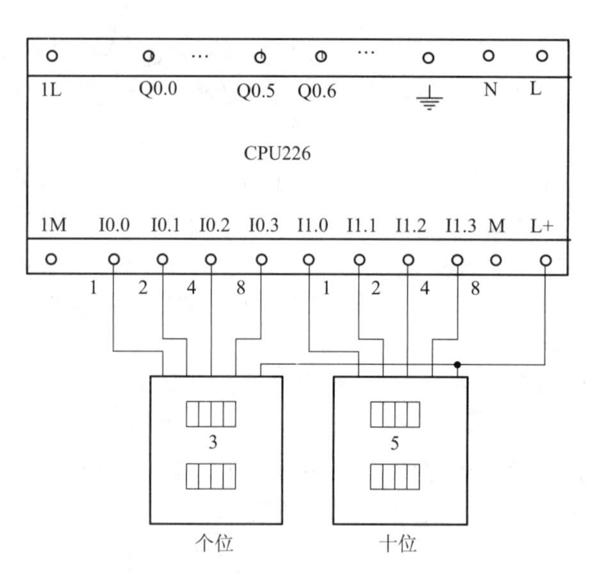

图 4–22　拨码开关与 PLC 连接

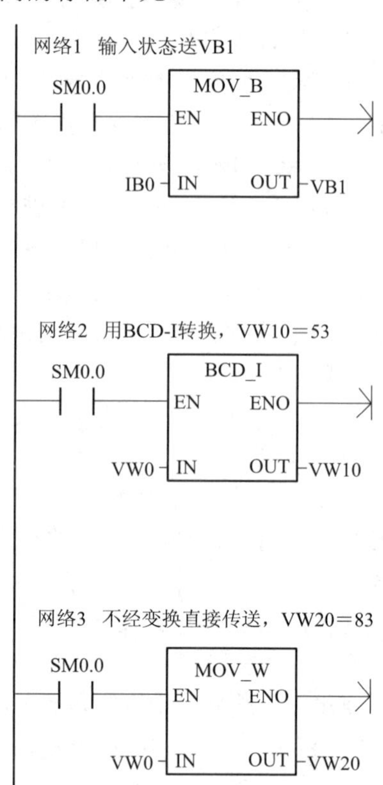

图 4–23　［例 4–8］梯形图

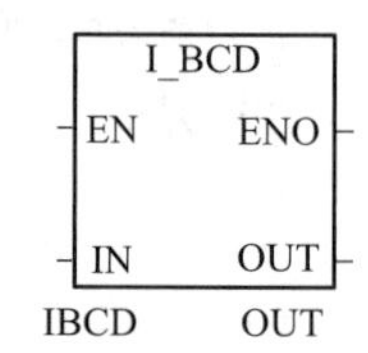

图 4–24　整数化 BCD 码指令

数据类型：输入/输出均为字。

【例 4–9】I–BCD 指令的应用举例如图 4–25 所示。当 I0.1 接通时，先将 21 存入 VW0，然后（VW0）=21 编为 BCD 码输出到 QB0。

从图所示的工作过程看出，VW0 中存储的二进制数据与 QB0 中存储的 BCD 码完全不同。QB0 以 4 位 BCD 码为 1 组，从高至低分别是十进数 2、1 的 BCD 码。

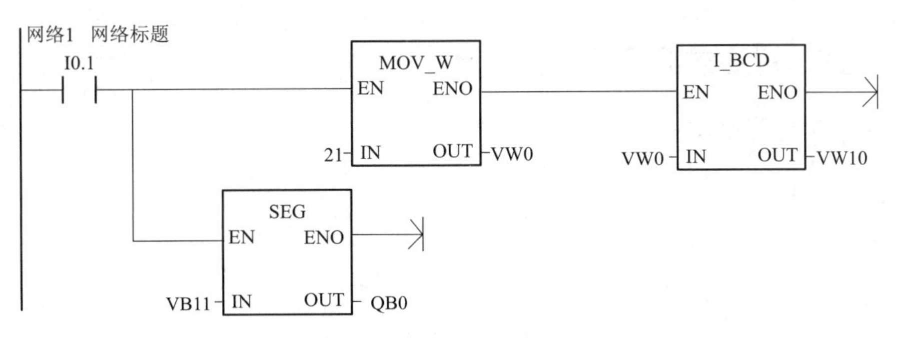

图 4–25 ［例 4–9］梯形图

VW0=21

0	0	0	1	0	1	0	1

QB0

0	0	1	0	0	0	0	1

任务实施

一、画 I/O 接线

数值运算 X 和 Y 通过拨码器输入、运算结果通过数码管显示的 I/O 接线如图 4–26 所示。

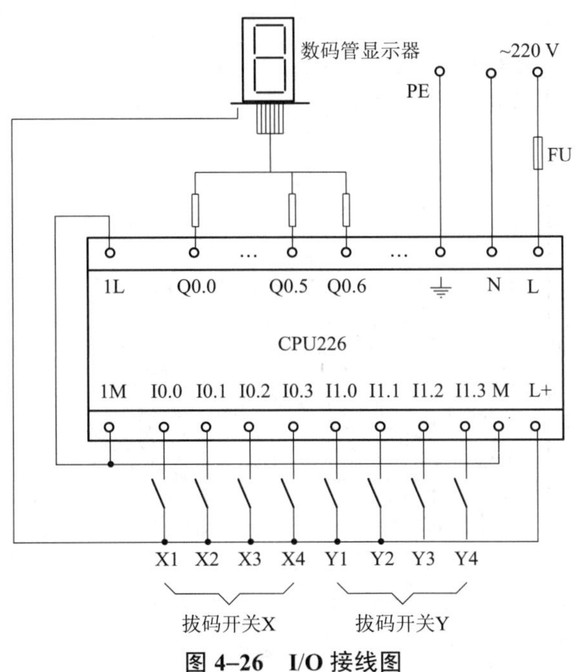

图 4–26　I/O 接线图

二、根据运算要求编写控制梯形图

梯形图如图 4–27 所示。

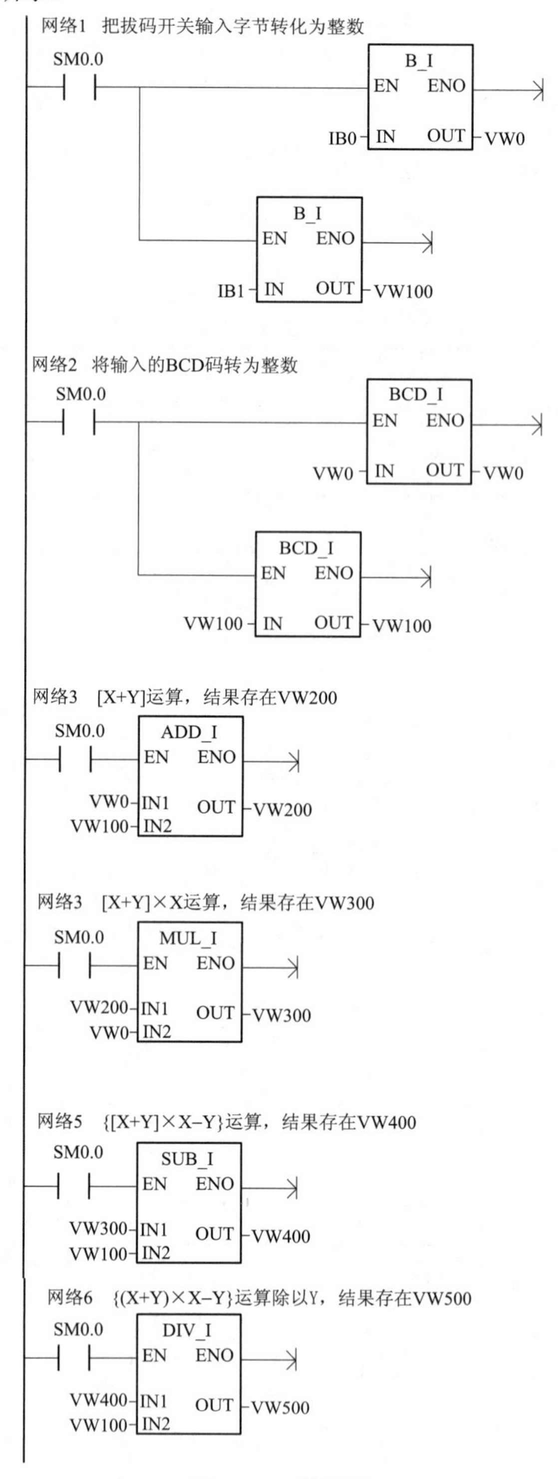

图 4–27 梯形图

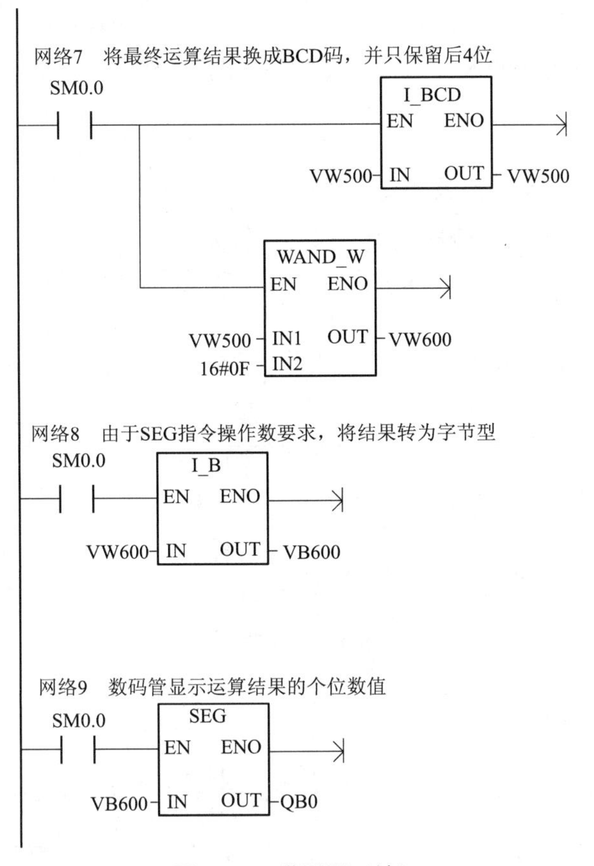

图 4–27　梯形图（续）

拓展知识

一、增/减指令

增/减指令又称自增和自减指令。它是对无符号或有符号整数进行自动加 1 或自动减 1 的操作，数据长度可以是字节、字或双字。其中，字节增减是对无符号数操作，而字或双字的增减是对有符号数的操作。

（1）增指令

增指令包括字节增、字增和双字增指令。

指令格式：LAD 及 STL，格式如图 4–28 所示。

图 4–28　增指令

功能描述：在 LAD 中，IN1+1=OUT；在 STL 中 OUT+1=OUT，即 IN 和 OUT 使用同一

个存储单元。

数据类型：字节增指令输入输出均为字节，字增指令输入输出均为 INT，双字增指令输入/输出均为 DINT。

（2）减指令

减指令包括字节减、字减和双字减指令。

指令格式：LAD 及 STL，格式如图 4–29 所示。

功能描述：在 LAD 中，IN1–1=OUT；在 STL 中 OUT–1=OUT，即 IN 和 OUT 使用同一个存储单元。

数据类型：字节减指令输入/输出均为字节，字减指令输入/输出均为 INT，双字减指令输入输出均为 DINT。

图 4–29　减指令

二、取反指令 INV

逻辑“取反”指令如图 4–30 所示，有字节、字、双字取反指令

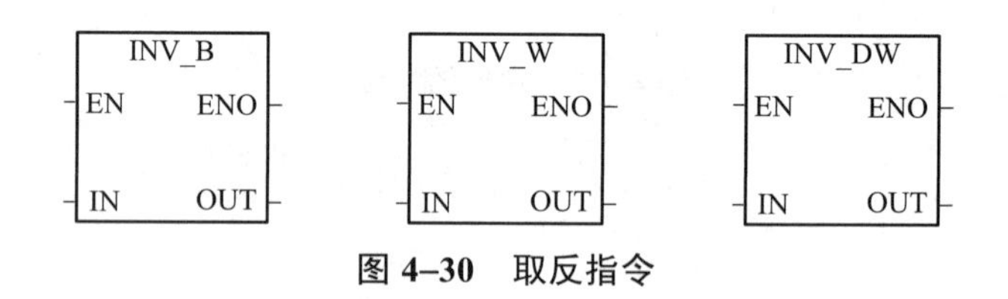

图 4–30　取反指令

说明：

① IN 为“取反”的源操作数，OUT 为存储“取反”运算结果的目标操作数。

② 逻辑“取反”指令的功能是将源操作数数据进行二进制按位“取反”，并将逻辑运算结果存入目标操作数 OUT 中。

【例 4–10】加热器的单按钮功率控制的控制要求是：有 7 个功率调节挡位，大小分别是 0.5 kW、1 kW、1.5 kW、2 kW、2.5 kW、3 kW 和 3.5 kW，由一个功率调节按钮 SB1 和一个停止按钮 SB2 控制。第 1 次按下 SB1 时功率为 0.5 kW，第 2 次按下 SB1 时功率为 1 kW，第 3 次按下 SB1 时功率为 1.5 kW，…，第 8 次按下 SB1 或随时按下 SB2 时，停止加热。

解　输入为 SB1、SB2，输出为 Q0.0、Q0.1、Q0.2，根据控制要求列出工序表，如表 4–1 所列。

表 4–1 按钮功率控制的工序

输出功率（kW）	位存储器				按 SB1 次数
	M10.3	M10.2	M10.1	M10.0	
0	0	0	0	0	0
0.5	0	0	0	1	1
1	0	0	1	0	2
1.5	0	0	1	1	3
2	0	1	0	0	4
2.5	0	1	0	1	5
3	0	1	1	0	6
3.5	0	1	1	1	7
0	1	0	0	0	8

程序如图 4–31 所示。

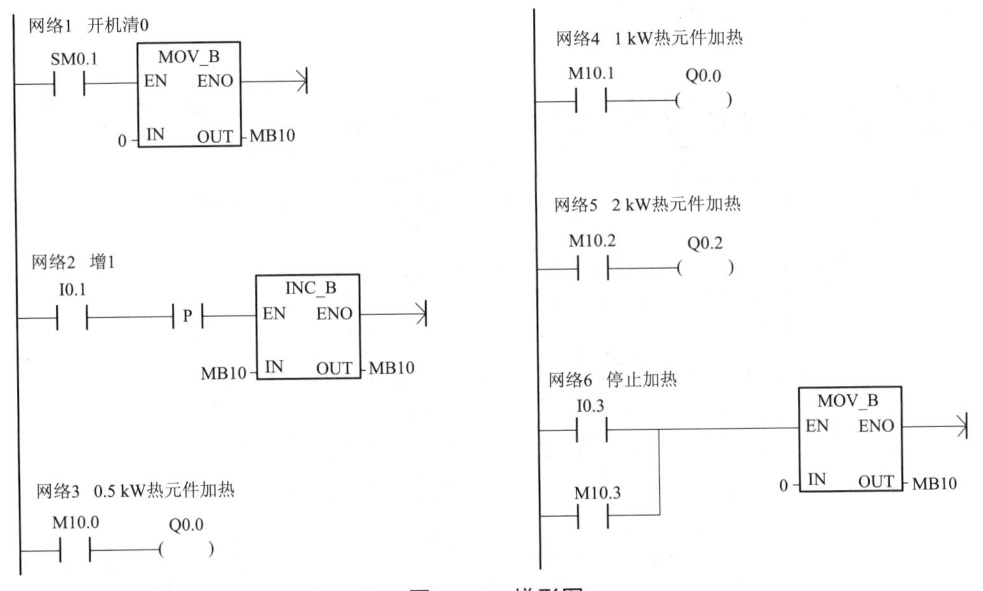

图 4–31 梯形图

技能训练

一、技术要求

设计 PLC 梯形图，对自动售货机进行控制，工作要求如下所述。

① 此售货机可投入 1 元、5 元或 10 元硬币；

② 当投入的硬币总值超过 12 元时，汽水按钮指示灯亮；当投入的硬币总值超过 15 元时，汽水及咖啡按钮指示灯都亮；

③ 当汽水按钮指示灯亮时，按汽水按钮，则汽水排出 7 s 后自动停止，这段时间内，汽水指示灯闪亮。

④ 当咖啡按钮指示灯亮时，按咖啡按钮，则咖啡排出 7 s 后自动停止，这段时间内，咖啡指示灯闪亮。

⑤ 当投入的硬币总值超过按钮所需的钱数（汽水 12 元，咖啡 15 元）时，找钱指示灯亮，表示找钱动作，并退出多余的钱。

二、训练过程

① 画 I/O 图；

② 根据控制要求，设计梯形图程序；

③ 输入、调试程序；

④ 安装、运行控制系统；

⑤ 汇总整理文档，保留工程文件。

三、技能训练考核标准

技能训练考核标准如表 4–2 所列。

表 4–2　技能训练评价表

序号	主要内容	考核要求	评分标准	配分	扣分	得分
1	方案设计	方案要有工作任务实施流程 根据控制要求，画出 I/O 分配图及接线图，设计梯形图程序，程序要简洁、易读	1. 输入/输出地址遗漏或错误，每处扣 1 分 2. 梯形图表达不正确或画法不规范，每处扣 2 分 3. 接线图表达不正确或画法不规范，每处扣 2 分 4. 指令有错误，每个扣 2 分	35		
2	安装与接线	按 I/O 接线图在板上正确安装，符合安装工艺规范	1. 接线不紧固、接点松动，每处扣 2 分 2. 不符合安装工艺规范，每处扣 2 分 3. 不按 I/O 图接线，每处扣 2 分	20		
3	程序调试	按控制要求进行程序调试，达到设计要求	1. 第一次调试不成功扣 10 分 2. 第二次调试不成功扣 20 分 3. 第三次调试不成功扣 30 分	35		
4	安全与文明生产	遵守国家相关专业安全文明生产规程，遵守学校纪律，小组成员分工协作，积极参与，具有团队互相配合精神	1. 不遵守教学场所规章制度，扣 2 分 2. 出现重大事故或人为损坏设备扣 10 分 3. 出现短路故障扣 5 分 4. 实训后不清理、整洁现场扣 3 分	10		
5	创新亮点	自我发挥	方案设计或程序有独创加 5 分	5		
备　注			合　计			
			小组成员签名			
			教师签名			
			日期			

工作任务 2　基于 PLC 和变频器的恒压供水系统

教学导航

能力目标

① 理解中断指令、子程序指令、PID 指令；
② 能用功能指令编写控制程序。

知识目标

① 理解恒压供水的意义和实现过程；
② 掌握 EM235 模块的使用。

知识分布网络

任务导入

图 4–32 是 PLC、变频器控制两台水泵供水的恒压供水系统图，在储水池中，只要水位低于高水位，则通过电磁阀 YV 自动往水池注水，水池水满时电磁阀 YV 关闭；同时水池的高/低水位信号可通过继电器触点 J 直接送给 PLC，水池水满时 J 闭合，缺水时 J 断开。

控制要求：

① 水池水满，水泵才能启动抽水，水池缺水，则不允许水泵电动机启动。

② 系统有自动/手动控制功能，手动只在应急或检修时临时使用。

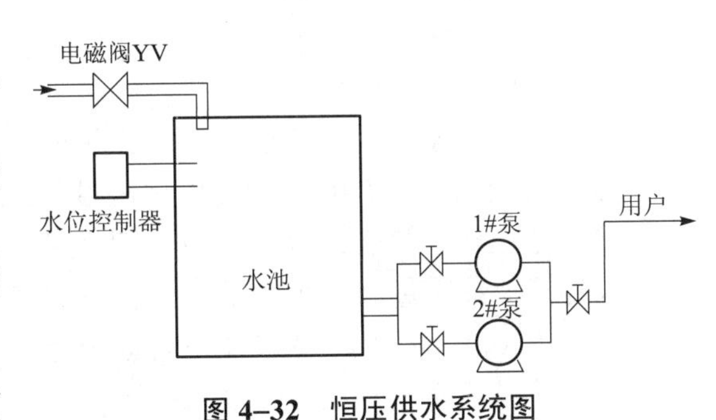

图 4–32　恒压供水系统图

③ 自动时，按启动按钮，先由变频器启动 1 号泵运行，如工作频率已经达到 50 Hz，而压力仍不足时，经延时将 1 号泵切换成工频运行，再由变频器去启动 2 号泵，供水系统处于“1 工 2 变”的运行状态；如变频器的工作频率已经降至下限频率，而压力仍偏高时，经延时使 1 号泵停机，供水系统处于 1 台泵变频运行的状态；如工作频率已经达到 50 Hz，而压力仍不足时，延时后将 2 号泵切换成工频运行，再由变频器去启动 1 号泵，如此循环。

任务分析

分析知，要实现恒压供水，必须采集管网的水压力，经 PLC 的 PID 运算后输出控制变频器带动水泵电动机运行，故要用到模拟量输入模块（EM231）、模拟量输出模块（EM232），通过 PLC 程序实现两台泵的切换，为了使系统稳定，在梯形图中要采用 PID 指令。

知识链接

在工业控制中，某些输入量（如压力、温度、流量、转速等）是模拟量，某些执行机构（如电动调节阀、变频器等）要求 PLC 输出模拟信号。

模拟量首先被传感器和变送器转换为标准量程的电流或电压，例如直流 4～20 mA，1～5 V 或 0～10 V 等。PLC 用 A/D 转换器将它们转换成数字量。带正负号的电流或电压在 A/D 转换后用二进制补码表示。D/A 转换器将 PLC 的数字输出量转换为模拟电压或电流，再去控制执行机构。模拟量 I/O 模块的主要任务就是实现 A/D 转换（模拟量输入）和 D/A 转换（模拟量输出），如图 4–33 所示。

S7–200 CPU 单元可以扩展 A/D、D/A 模块，从而可实现模拟量的输入和输出。

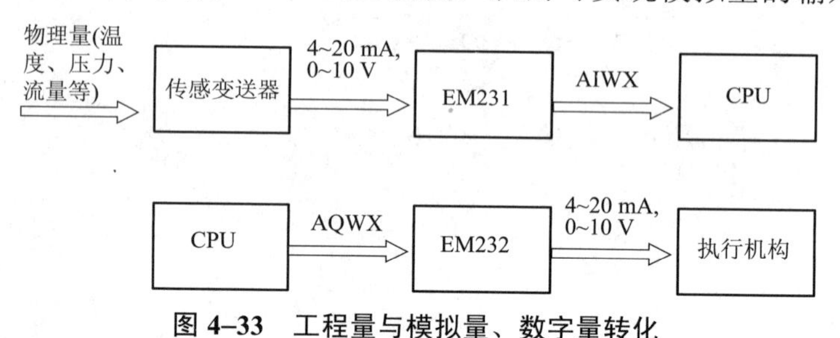

图 4–33　工程量与模拟量、数字量转化

一、PLC 模拟量控制 I/O 模块

与 S7–22X CPU 配套的 A/D、D/A 模块有 EM231（4 路 12 位模拟量输入）、EM232（2 路 12 位模拟量输出）、EM 235（4 路 12 位模拟量输入/1 路 12 位模拟量输出）。

1. 模拟量输入模块 EM231

（1）模拟量输入寻址

通过 A/D 模块，S7–200 CPU 可以将外部的模拟量（电流或电压）转换成一个字长（16 位）的数字量（0～32 000）。可以用区域标识符（AI）、数据长度（W）和模拟通道的起始地址读取这些量，其格式为：AIW [起始字节地址]。

因为模拟输入量为一个字长，且从偶数字节开始存放，所以必须从偶数字节地址读取这些值，如 AIW0、AIW2、AIW4 等。模拟量输入值为只读数据。

（2）模拟量输入模块的配置和校准

如图 4–34 所示是 EM231 的端子及 DIP 开关示意图。

使用 EM 231 和 EM 235 输入模拟量时，首先要进行模块的配置和校准。通过调整模块中的 DIP 开关，可以设定输入模拟量的种类（电流、电压）以及模拟量的输入范围、极性，如表 4–3 所列。

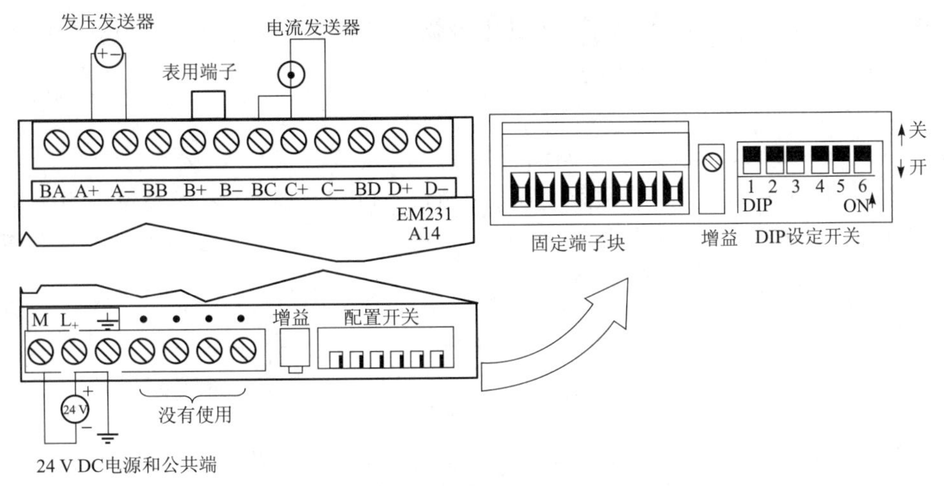

图 4–34　EM231 的端子及 DIP 开关示意图

表 4–3　EM231 选择模拟量输入范围的开关表

单极性 SW1	单极性 SW2	单极性 SW3	满量程输入	分辨率
ON	OFF	ON	0～10 V	2.5 mV
ON	ON	OFF	0～5 V	1.25 mV
ON	ON	OFF	0～20 mA	5 μA

双极性 SW1	双极性 SW2	双极性 SW3	满量程输入	分辨率
OFF	OFF	ON	±5 V	2.5 mV
OFF	ON	OFF	±2.5 V	1.25 mV

设定模拟量输入类型后，需要进行模块的校准，此操作需通过调整模块中的“增益调整”电位器实现。

校准调节影响所有的输入通道。即使在校准以后，如果模拟量多路转换器之前的输入电路元件值发生变化，从不同通道读入同一个输入信号，其信号值也会有微小的不同。校准输入的步骤如下所述。

① 切断模块电源，用 DIP 开关选择需要的输入范围；

② 接通 CPU 和模块电源，使模块稳定 15 min；

③ 用一个变送器、一个电压源或电流源，将零值信号加到模块的一个输入端；

④ 读取该输入通道在 CPU 中的测量值；

⑤ 调节模块上的 OFFSET（偏置）电位器，直到读数为零或需要的数字值；

⑥ 将一个工程量的最大值（或满刻度模拟量信号）接到某一个输入端子，调节模块上的 GAIN（增益）电位器，直到读数为 32 000 或需要的数字值。

⑦ 必要时重复上述校准偏置和增益的过程；

如输入电压范围是 0～10 V 的模拟量信号，则对应的数字量结果应为 0～32 000；电压为 0 V 时，数字量不一定是 0，可能有一个偏置值，如图 4–35 所示。

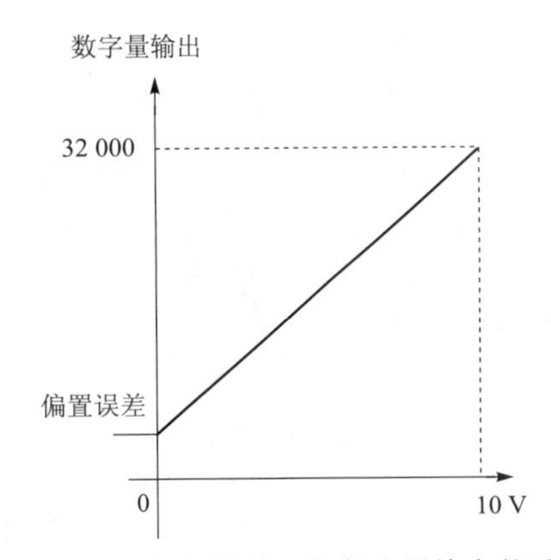

图 4–35　模拟量输入与数字量输出关系

（3）输入模拟量的读取

每个模拟量占用一个字长（16 位），其中数据占 12 位。依据输入模拟量的极性，数据格式有所不同。其格式如图 4–36 所示。

单极性：$2^{15}-2^{3}=32\ 760$。

差值：32 760–32 000=760，通过调偏差/增益系统完成。

模拟量转换为数字量的 12 位读数是左对齐的。对单极性格式，最高位为符号位，最低 3 位是测量精度位，即 A/D 转换是以 8 为单位进行的；对双极性格式，最低 4 位为转换精度位，即 A/D 转换是以 16 为单位进行的。

MSB											LSB				
15	14	13	12	11	10	9	8	7	6	5	4	3	2	1	0
0	12位数据												0	0	0

（a）

MSB											LSB				
15	14	13	12	11	10	9	8	7	6	5	4	3	2	1	0
12 位数据												0	0	0	0

（b）

图 4–36　模拟量输入数据格式

（a）单极性；（b）双极性

在读取模拟量时，利用数据传送指令 MOV–W，可以从指定的模拟量输入通道将其读取到内存中，然后根据极性，利用移位指令或整数除法指令将其规格化，以便于处理数据值部分。

注意：用 EM231 采集数据时，数据可能有跳动，原因是系统有两个“地”，一个是 CPU 电源的“地”，另一个是传感器信号的“地”，如两个“地”无连接，则会产生高的共模电压，故要把信号的“地”与电源的“地”相连接；未用模拟量输入通道应短接，以抗干扰，另外主机 CPU 24 V 电源带负载能力差，最好用单独电源给 EM231、EM232 供电。

2. 模拟量输出模块 EM232

（1）模拟量输出寻址

图 4–37 是模拟量输出 EM232 端子及内部结构，通过 D/A 模块，S7–200 CPU

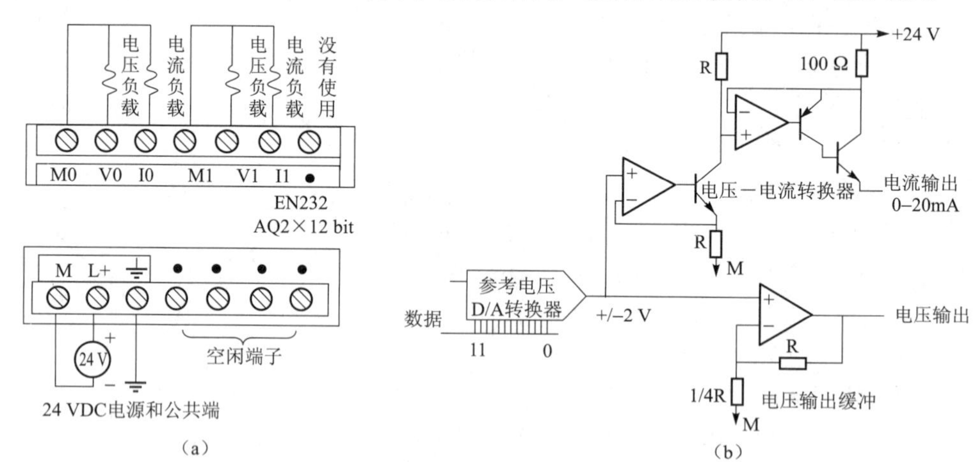

图 4–37　模拟量输出 EM232 端子及内部结构

（a）EM232 模块接线端子；（b）EM232 输出回路

把一个字长（16 位）的数字量（0～32 000）按比例转换成电流或电压。用区域标识符（AQ）、数据长度（W）和模拟通道的起始地址存储这些量。其格式为：AQW［起始字节地址］。

因为模拟输出量为一个字长，且从偶数字节开始，所以必须从偶数字节地址存储这些值，如 AQW0、AQW2、AQW4 等。模拟量输出值是只写数据，故用户不能读取。

（2）模拟量的输出

模拟量的输出范围为−10～+10 V 和 0～20 mA（由接线方式决定），对应的数字量分别为−32 000～＋32 000 和 0～32 000。

图 4–38 所示模拟量数据输出值是左对齐的，最高有效位是符号位，0 表示正值。最低 4 位是 4 个连续的 0，在转换为模拟量输出值时将自动屏蔽，而不会影响输出信号值。

MSB　　　　　　　　　　　　　　　　　　　　　　　　LSB

15	14	13	12	11	10	9	8	7	6	5	4	3	2	1	0
0	12位数据												0	0	0

（a）

MSB　　　　　　　　　　　　　　　　　　　　　　　　LSB

15	14	13	12	11	10	9	8	7	6	5	4	3	2	1	0
12位数据												0	0	0	0

（b）

图 4–38　模拟量数据输出

（**a**）电流输出；（**b**）电压输出

在输出模拟量时，首先根据电流输出方式或电压输出方式，利用移位指令或整数乘法指令对数据值部分进行处理，然后利用数据传送指令 MOV–W，将其从指定的模拟量输出通道输出。

二、模拟量数据的处理

1. 模拟量输入信号的整定

通过模拟量输入模块转换后的数字信号直接存储在 S7–200 系列 PLC 的模拟量数据输出值存储器 AIW 中。这种数字量与被转换的结果之间有一定的函数对应关系，但在数值上并不相等，必须经过某种转换才能使用。这种将模拟量输入模块转换后的数字信号在 PLC 内部按一定函数关系进行转换的过程称为模拟量输入信号的整定。

模拟量输入信号的整定通常需要考虑以下几个问题。

（1）模拟量输入值的数字量表示方法

模拟量输入值的数字量表示方法即模拟量输入模块数据的位数是多少？是否从数据字的第 0 位开始？若不是，应进行移位操作使数据的最低位排列在数据字的第 0 位上，以保证数据的准确性。如 EM231 模拟量输入模块，在单极性信号输入时，模拟量的数据值是从第 3 位开始的，因此数据整定的任务是把该数据字右移 3 位。

（2）模拟量输入值的数字量表示范围

该范围是由模拟量输入模块的转换精度决定的。如果输入量的范围大于模块可能表示的范围，则可以使输入量的范围限定在模块表示的范围内。

（3）系统偏移量的消除

系统偏移量是指在无模拟量信号输入情况下由测量元件的测量误差及模拟量输入模块

的转换死区所引起的，具有一定数值的转换结果。消除这一偏移量的方法是在硬件方面进行调整（如调整EM231中偏置电位器）或使用PLC的运算指令消除。

（4）过程量的最大变化范围

过程量的最大变化范围与转换后的数字量最大变化范围应有一一对应的关系，这样就可以使转换后的数字量精确地反映过程量的变化。如用0～0 FH反映0～10 V的电压与用0～FFH反映0～10 V的电压相比较，后者的灵敏度或精确度显然要比前者高得多。

（5）标准化问题

从模拟量输入模块采集到的过程量都是实际的工程量，其幅度、范围和测量单位都不同，在PLC内部进行数据运算之前，必须将这些值转换为无量纲的标准格式。

（6）数字量滤波问题

电压、电流等模拟量常常会因为现场干扰而产生较大波动。这种波动经A/D转换后亦反映在PLC的数字量输入端。若仅用瞬时采样值进行控制计算，将会产生较大误差，因此有必要进行滤波。

工程上的数字滤波方法有平均值滤波、去极值平均滤波以及惯性滤波法等。算术平均值滤波的效果与采样次数有关，采样次数越多则效果越好。但这种滤波方法对于强干扰的抑制作用不大，而去极值平均滤波方法则可有效地消除明显的干扰信号。消除的方法是对多次采样值进行累加后，然后从累加和中减去最大值和最小值，再进行平均值滤波。惯性滤波的方法就是逐次修正，它类似于较大惯性的低通滤波功能。这些方法可同时使用，这样效果会更好。

2. 模拟量输出信号的整定

在PLC内部进行模拟量输入信号处理时，通常把模拟量输入模块转换后的数字量转换为标准工程量，经过工程实际需要的运算处理后，可得出上下限报警信号及控制信息。报警信息经过逻辑控制程序可直接通过PLC的数字量输出点输出，而控制信息需要暂存到模拟量存储器AQWx中，经模拟量输出模块转换为连续的电压或电流信号输出到控制系统的执行部件，以便进行调节。模拟量输出信号的整定就是要将PLC的运算结果按照一定的函数关系转换为模拟量输出寄存器中的数字值，以备模拟量输出模块转换为现场需要的输出电压或电流。

已知在某温度控制系统中由PLC控制温度的升降。当PLC的模拟量输出模块输出10 V电压时，要求系统温度达到500℃，现PLC的运算结果为200℃，则应向模拟量输出存储器AQWx写入的数字量为多少？这就是一个模拟量输出信号的整定问题。

显然，解决这一问题的关键是要了解模拟量输出模块中的数字量与模拟量之间的对应关系，这一关系通常为线性关系。如EM232模拟量输出模块输出的0～10 V电压信号对应的内部数字量为0～32 000。上述运算结果200℃所对应的数字量可用简单的算术运算程序得出。

【例4–11】如某管道水的压力是（0～1 MPa），通过变送器转化成（4～20 mA）输出，经过EM231的A/D转化，0～20 mA对应数字量范围是（0～32 000），当压力大于0.8 MPa时指示灯亮。

解　工程量与模拟量、模拟量与数字量的对应关系如图4–39所示。

0.8 MPa时的电流值为

$$X=\{(20-4)\times(0.8-0)/(1-0)\}+4$$

0.8 MPa时的信号量是：X=16.8 mA；

对应的数字量是

$$N=\{(32\,000-0)\times(16.8-0)/(20-0)\}+0$$

0.8 MPa 时的数字量是：N=26 880；

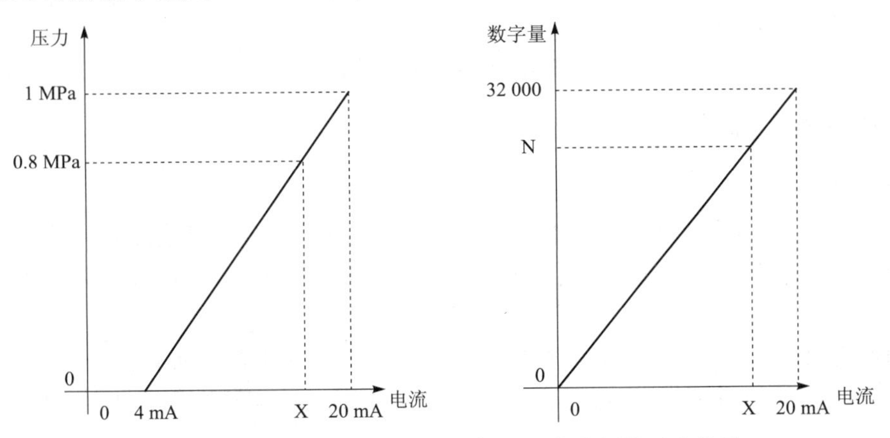

图 4–39　工程量与模拟量、模拟量与数字量的对应关系

程序如图 4–40 所示。

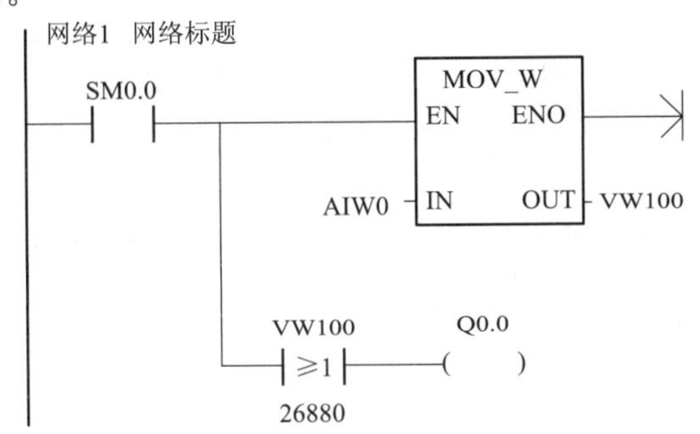

图 4–40　PLC 程序

【例 4–12】如图 4–41 所示，某 D/A 转换通过 EM232 进行，输出驱动变频器工作，信号是（4～20 mA）时对应的频率范围是（10 Hz～50 Hz），求数字量为 20 000 时的频率。

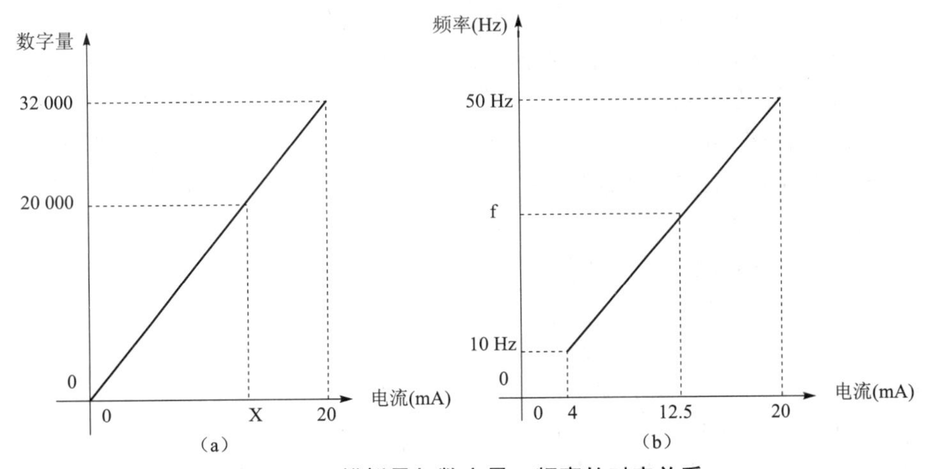

图 4–41　模拟量与数字量、频率的对应关系

解 D/A 转换器 EM232 数字量为（0～32 000）时对应的模拟电流是（0～20 mA），如图 4–41（a）所示，设数字量为 20 000 时对应的电流为 X，则有

32 000/20=20 000/X　　　　X＝12.5 mA

由图 4–41（b）可得：

(20–4)/(12.5–4)=(50–10)/(f–10) =31.25 Hz

三、PID 控制指令

1. PID 控制

在工业生产中，常需要用闭环控制方式实现温度、压力、流量等连续变化的模拟量控制。无论使用模拟控制器的模拟控制系统，还是使用计算机（包括 PLC）的数字控制系统，PID 控制都得到了广泛的应用。

过程控制系统在对模拟量进行采样的基础上，一般还对采样值进行 PID（比例+积分+微分）运算，并根据运算结果，形成对模拟量的控制作用。控制结构如图 4–42 所示。

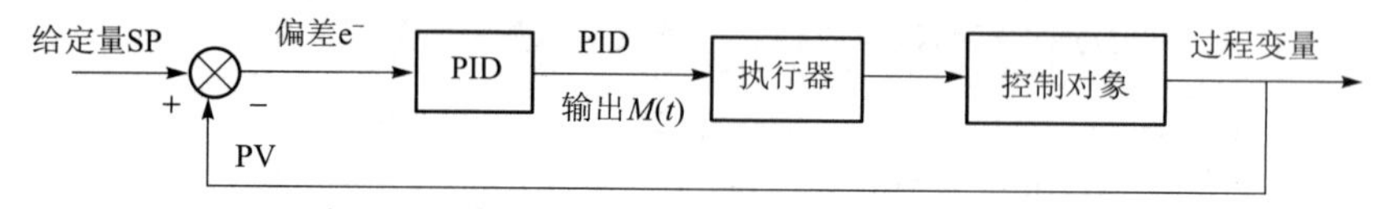

图 4–42　PID 控制系统结构图

PID 回路的输出变量 $M(t)$ 是时间 t 的函数，如式（4–1）所示。

$$M(t)=K_c e+K_c\int_0^t e\mathrm{d}t+M_{\mathrm{initial}}+K_c\mathrm{d}e/\mathrm{d}t \tag{4–1}$$

式中：$M(t)$——PID 回路的输出，是时间函数；

K_c——PID 回路的增益；

e——PID 回路的偏差；

$M_{initial}$——PID 回路输出的初始值。

数字计算机处理这个函数关系式，将式子离散化，对偏差周期采样后，计算输出值，式（4–2）是式（4–1）的离散形式。

$$M_n=K_c e_n+K_I e_n+MX+K_D(e_n-e_{n-1})=MP_n+MI_n+MD_n \tag{4–2}$$

式中：M_n——在第 n 次采样时刻 PID 回路输出的计算值

K_c——PID 回路的增益；

e——在第 n 次采样的偏差值；

e_{n-1}——在第 n–1 次采样的偏差值；

K_I——积分项系数；

$M_{initial}$——PID 回路输出的初始值；

K_D——微分项系数。

MX——积分项前值（在第 n 次采样的积分值）；

MP_n——第 n 次采样时刻的比例项；

MI_n——第 n 次采样时刻的积分项；

MD_n——第 n 次采样时刻的微分项。

PID 运算中的比例作用：可对偏差作出及时响应。

积分作用：可以消除系统的静态误差，提高精度，加强系统对参数变化的适应能力。

微分作用：可以克服惯性滞后，加快动作时间，克服振荡，提高抗干扰能力和系统的稳定性，可改善系统动态响应速度。

因此，对于速度、位置等快过程及温度、化工合成等慢过程，PID 控制都具有良好的实际效果。若能将三种作用的强度适当配合，则可以使 PID 回路快速、平稳、准确地运行，从而获得满意的控制效果。

PID 的三种作用是相互独立、互不影响的。改变一个参数，仅影响一种调节作用，而不影响其他调节作用。

S7–200 CPU 提供了 8 个回路的 PID 功能，用于实现需要按照 PID 控制规律进行自动调节的控制任务，如温度、压力和流量控制等。PID 功能一般需要模拟量输入，以反映被控制物理量的实际数值，称为反馈；而用户设定的调节目标值，即为给定。PID 运算的任务就是根据反馈与给定的差值，按照 PID 运算规律计算出结果，输出到固态开关元件（控制加热棒）或者变频器（驱动水泵）等执行机构进行调节，以达到自动维持被控制的量跟随给定变化的目的。

S7–200 中 PID 功能的核心是 PID 指令，PID 指令需要指定一个以 V 为变量存储区地址开始的 PID 回路表以及 PID 回路号。PID 回路表提供了给定和反馈以及 PID 参数等数据入口，PID 运算的结果也在回路表中输出。

2. PID 调节指令格式及功能

PID 调节指令格式如图 4–43（a）所示，图 4–43（b）是表示参数起始地址为 VB2，PID 调节回路号为 0。

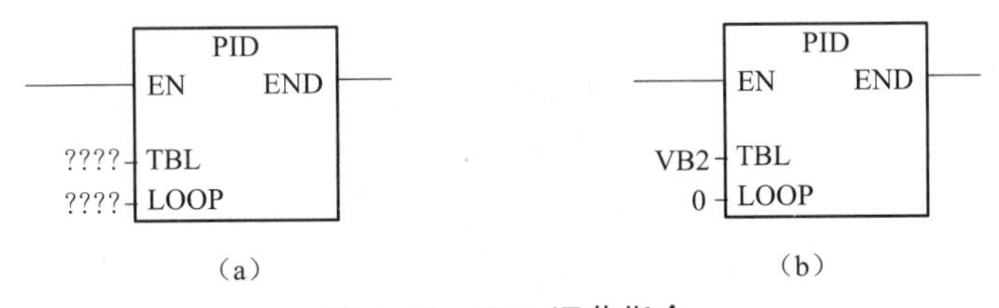

图 4–43　PID 调节指令

说明：

① LOOP 为 PID 调节回路号，可在 0～7 范围选取。为保证控制系统的每一条控制回路都能得到正常调节，必须为调节回路号 LOOP 赋不同的值，否则系统将不能正常工作。

② TBL 为与 LOOP 相对应的 PID 参数表的起始地址。它由 36 个字节组成，存储着 9 个参数。其格式及含义如表 4–4 所列。

③ CPU 212 和 CPU 214 无此指令。

3. PID 回路表的格式

PLC 在执行 PID 调节指令时，须对算法中的 9 个参数进行运算，为此，S7–200 的 PID 指令使用一个存储回路参数的回路表，PID 回路表的格式及含义如表 4–4 所示。

表 4–4　PID 回路表

偏移地址（VB）	变量名	数据类型	变量类型	描述
T+0	过程变量当前值（PV_n）	实数	输入	过程变量，0.0～1.0
T+4	给定值（SP_n）	实数	输入	给定值，0.0～1.0
T+8	输出值（M_n）	实数	输入/输出	输出值，0.0～1.0
T+12	增益（K_c）	实数	输入	比例常数，正、负
T+16	采样时间（T_S）	实数	输入	单位为 s，正数
T+20	积分时间（T_I）	实数	输入	单位为分钟，正数
T+24	微分时间（T_D）	实数	输入	单位为分钟，正数
T+28	积分项前值（MX）	实数	输入/输出	积分项前值，0.0～1.0
T+32	过程变量前值（PV_{n-1}）	实数	输入/输出	最近一次 PID 变量值

说明：

① PLC 可同时对多个生产过程（回路）实行闭环控制。由于每个生产过程的具体情况不同，PID 算法的参数亦不同。因此，需建立每个控制过程的参数表，用于存放控制算法的参数和过程中的其他数据。当需要执行 PID 运算时，从参数表中把过程数据送至 PID 工作台，待运算完毕后，将有关数据结果再送至参数表。

② 表中反馈量 PV_n 和给定值 SP_n 为 PID 算法的输入，只可由 PID 指令读取并不可更改。通常反馈量来自模拟量输入模块，给定量来自人机对话设备，如 TD200、触摸屏、组态软件监控系统等。

③ 表中回路输出值 M_n 由 PID 指令计算得出，仅当 PID 指令完全执行完毕才予以更新。该值还需用户按工程量标定通过编程转换为 16 位数字值，送往 PLC 的模拟量输出寄存器 AQWx。

④ 表中增益（K_c）、采样时间（T_S）、积分时间（T_I）和微分时间（T_D）是由用户事先写入的值，通常也可通过人机对话设备（如 TD200、触摸屏、组态软件监控系统）输入。

⑤ 表中积分项前值（MX）由 PID 运算结果更新，且此更新值用作下一次 PID 运算的输入值。积分和的调整值必须是 0.0～1.0 之间的实数。

4. 输入/输出量的处理

（1）输入回路归一化处理

AIWx→16 位整数→32 位整数→32 位实数→标准化（0.0～1.0）

将实数转换成 0.0～1.0 间的标准化数值，送回路表地址偏移量为 0 的存储区，用下式计算：

实际数值的标准化数值＝实际数值的非标准化实数/取值范围＋偏移量

式中取值范围：单极性为 32 000，双极性为 64 000。

偏移量：单极性为 0　双极性为 0.5。

（2）输出回路处理

标准化（0.0～1.0）→32 位整数→16 位整数→AQWx

PID 的运算结果是一个在（0.0～1.0）范围内标准化实数格式的数据，必须转换为 16 位的按工程标定的值才能用于驱动实际机械如变频器等，用下式计算：

输出实数数值=(PID 回路输出标准化实数值–偏移量)×取值范围

式中取值范围：单极性为 32 000，双极性为 64 000。

偏移量：单极性为 0　双极性为 0.5。

（3）PID 的运算框图

由上述可知，PID 运算前要对输入回路进行归一化处理，运算后再对输出回路进行逆处理，其运算过程参考图 4–44，以利于理清编程思路。

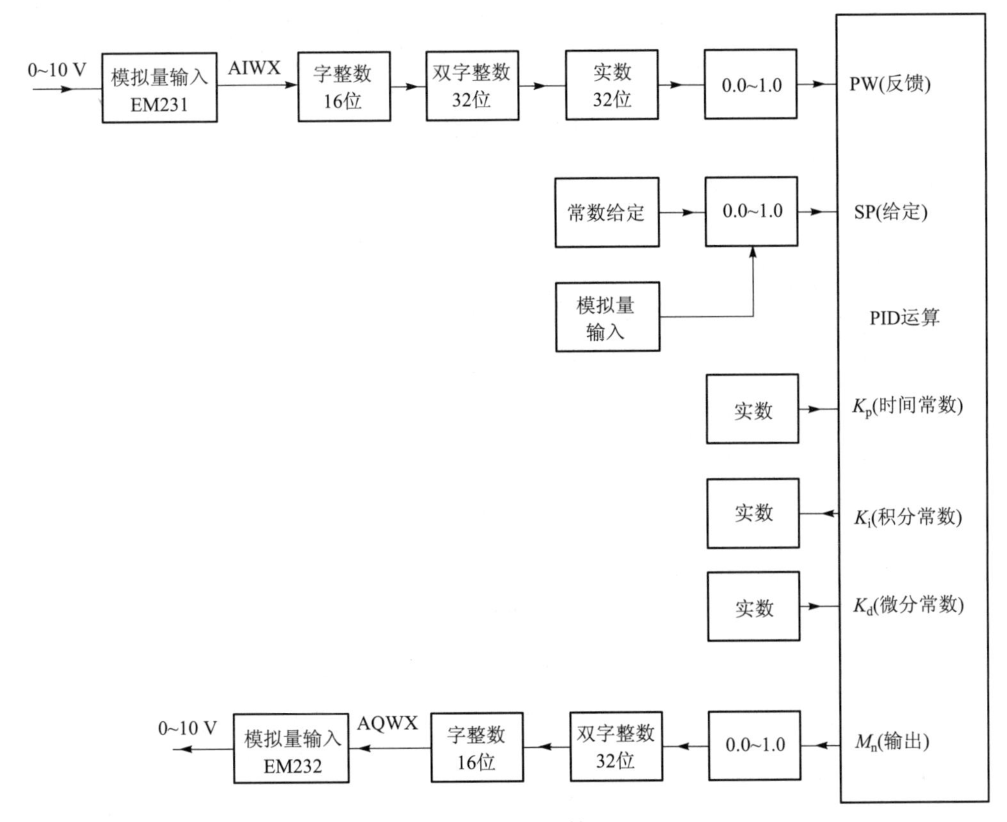

图 4–44　PID 运算框图

四、PID 向导的应用

STEP7–Micro/WIN 提供了 PID Wizard（PID 指令向导），可以帮助用户方便地生成一个闭环控制过程的 PID 算法。用户只要在向导的指导下填写相应的参数，就可以方便快捷地完成 PID 运算的自动编程。用户只要在应用程序中调用 PID 向导生成的子程序，就可以完成 PID 控制任务。向导最多允许配置 8 个 PID 回路。

PID 向导既可生成模拟量输出的 PID 控制算法，也支持开关量输出；既支持连续自动调节，也支持手动参与控制，并能实现手动到自动的无扰切换。除此之外，它还支持 PID 反作用调节。

PID 功能块只接受 0.0～1.0 之间的实数作为反馈、给定与控制输出的有效数值。如果是直接使用 PID 功能块编程，则必须保证数据在这个范围之内，否则就会出错。其他如增益、采样时间、积分时间和微分时间都是实数。但 PID 向导已经把外围实际的物理量与 PID 功能块需要的输入/输出数据之间进行了转换，不再需要用户自己编程就可进行输入/输出的转换与标准化处理。

【例 4–13】 对一台电动机进行转速控制，要求电动机的转速调整为额定转速的 80%，系统采用 PID 控制，设比例增益 K_c=0.5，采样时间 T_S=0.1 s，积分时间 T_I=10 min，微分时间 T_D=5 min，在此控制中，由于考虑电动机可能要正反转，故设定输出为双极性模拟量，试编写 PID 控制程序。

1. 主程序

梯形图如图 4–45 所示。

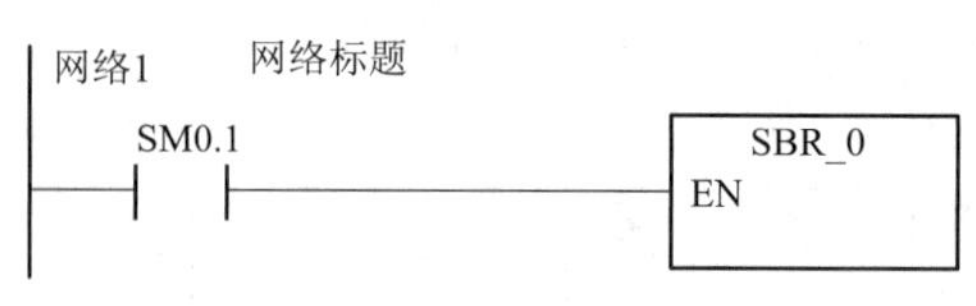

图 4–45 主程序

2. 子程序

梯形图如图 4–46 所示。

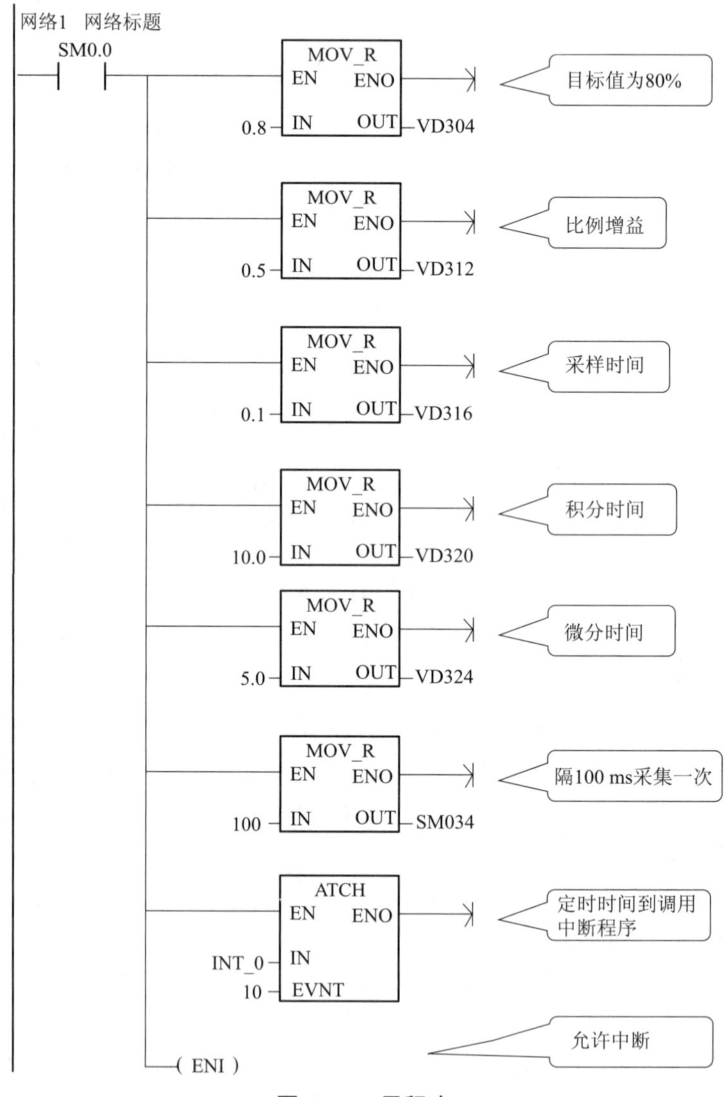

图 4–46 子程序

3. 中断程序

梯形图如图 4–47 所示。

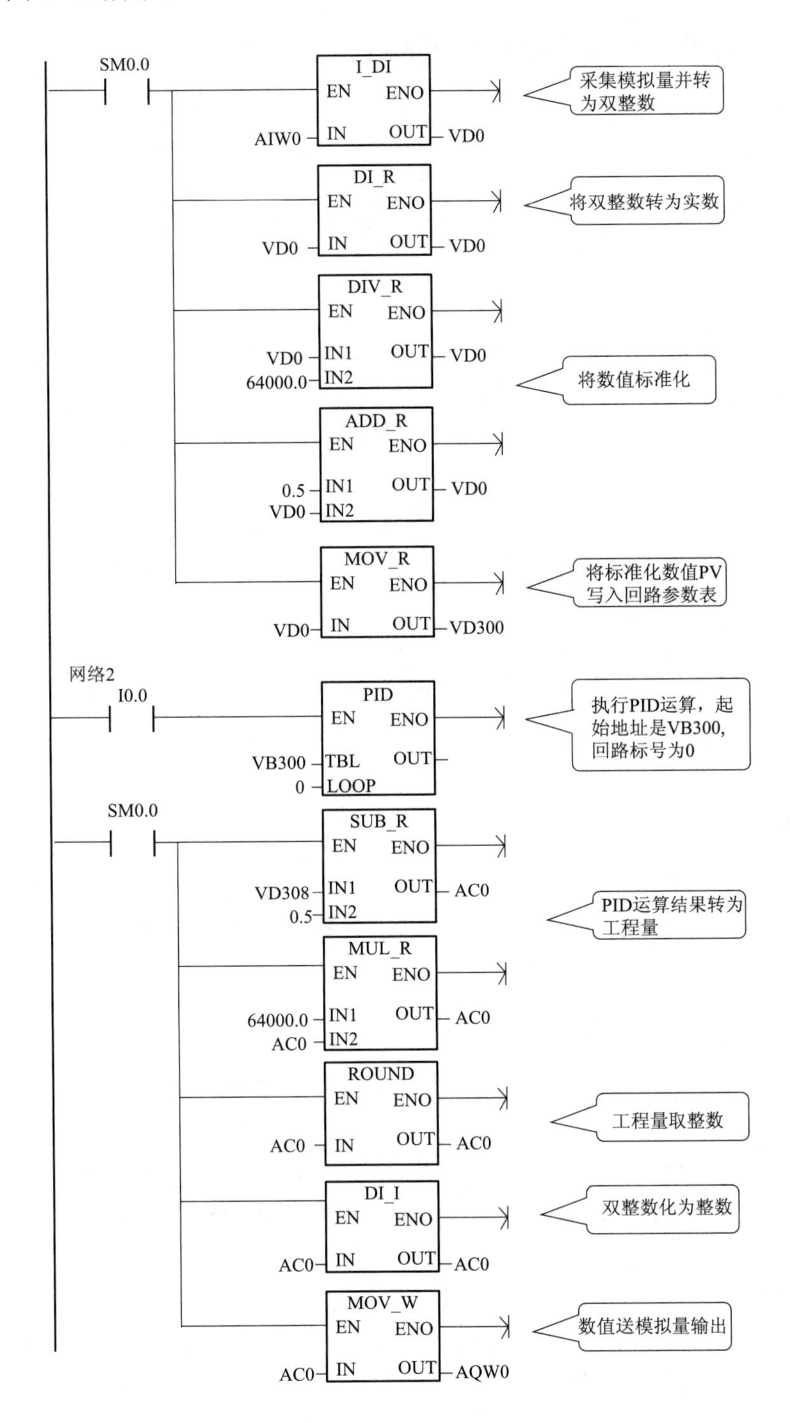

图 4–47　中断程序

任务实施

一、控制系统的 I/O 点及地址分配

控制系统的输入/输出信号的名称、代码及地址编号如表 4–5 所列。

表 4–5　输入/输出点代码和地址编号

输入量	地址编号	说　明	输出量	地址编号	说　明
SA	手动未用 PLC 输入	手动/自动开关	KM1	Q0.1	水泵 M1 工频运行接触器
SB1		水泵 M1 手动启动	KM2	Q0.2	水泵 M1 变频运行接触器
SB2		水泵 M1 手动停止	KM3	Q0.3	水泵 M2 工频运行接触器
SB3		水泵 M2 手动启动	KM4	Q0.4	水泵 M2 变频运行接触器
SB4		水泵 M2 手动停止	KA	Q0.5	变频器运行继电器
SB5	I0.0	水泵自动时启动按钮			
SB6	I0.1	水泵自动时停止按钮			
J	I0.2	水位触点			

二、PLC 系统选型

从上面分析可知，系统共有开关量输入点 3 个、开关量输出点 5 个；模拟量输入点 1 个、模拟量输出点 1 个。选用主机为 CPU226PLC，模拟量输入模块 EM231，模拟量输出模块 EM232。

三、电气控制系统原理图

电气控制系统原理图包括主电路、控制电路及 PLC 外围接线图。

（1）主电路图

图 4–48 所示为电控系统主电路图。两台电机分别为 M1 和 M2，接触器 KM1 和 KM3 分别控制 M1 和 M2 的工频运行；接触器 KM2 和 KM4 分别控制 M1 和 M2 的变频运行。

（2）控制电路图

图 4–49 所示为电控系统控制电路图。图中 SA 为手动/自动转换开关，SA 在 1 的位置为手动控制状态；2 的位置为自动控制状态。手动运行时，可用按钮 SB1～SB4 控制两台泵的启/停；自动运行时，系统在 PLC 程序控制下运行。通过一个中间继电器 KA 的触点对变频器运行进行控制。图中的 Q0.0～Q0.4 为 PLC 的输出继电器触点。

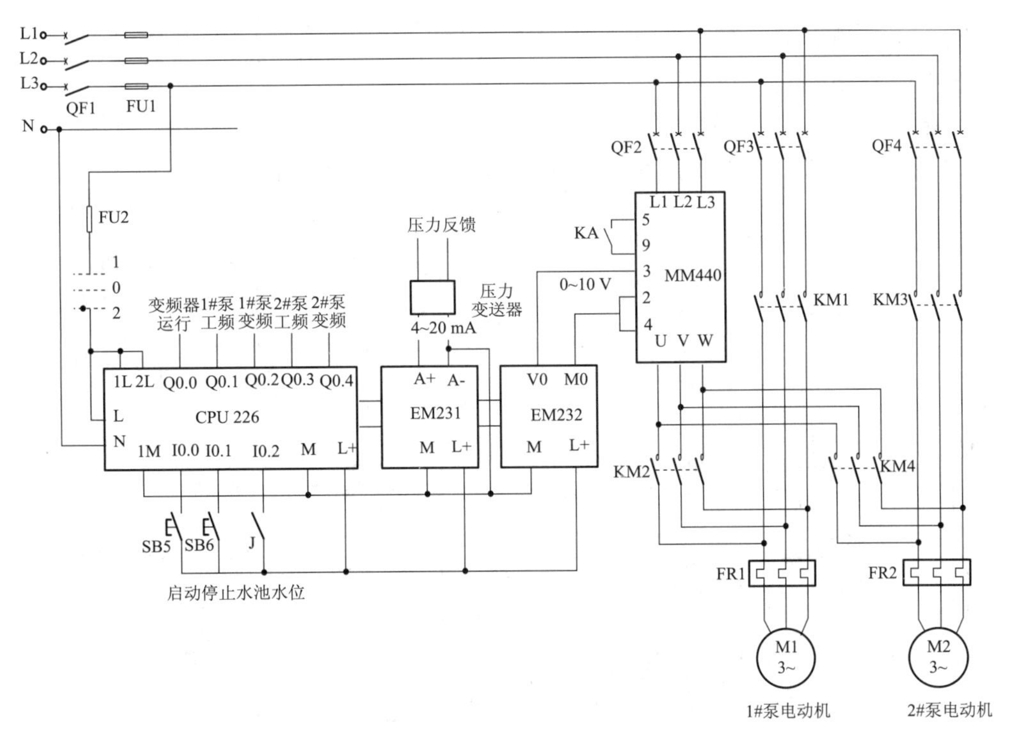

图 4–48　电控系统主电路

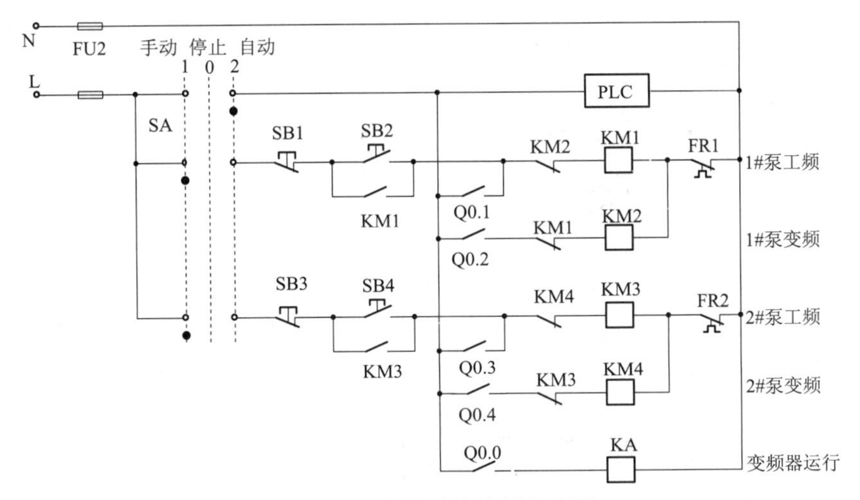

图 4–49　电控系统控制电路图

四、系统程序设计

本程序分为三部分：主程序、子程序和中断程序。

逻辑运算放在主程序，系统初始化的一些工作放在初始化程序中完成，这样可节省扫描时间。利用定时器中断功能实现 PID 控制的定时采样及输出控制。系统设定值为满量程的 80%，只是用比例（P）和积分（I）控制，其回路增益和时间常数可通过工程计算初步确定，但还需要进一步调整以达到最优控制效果。初步确定的增益和时间常数为：

增益 K_c==0.25；

采样时间 T_S=0.2 s；

积分时间 T_I=30 min。

（1）主程序

主程序流程图如图 4–50 的所示，对应的梯形图如图 4–51 所示。

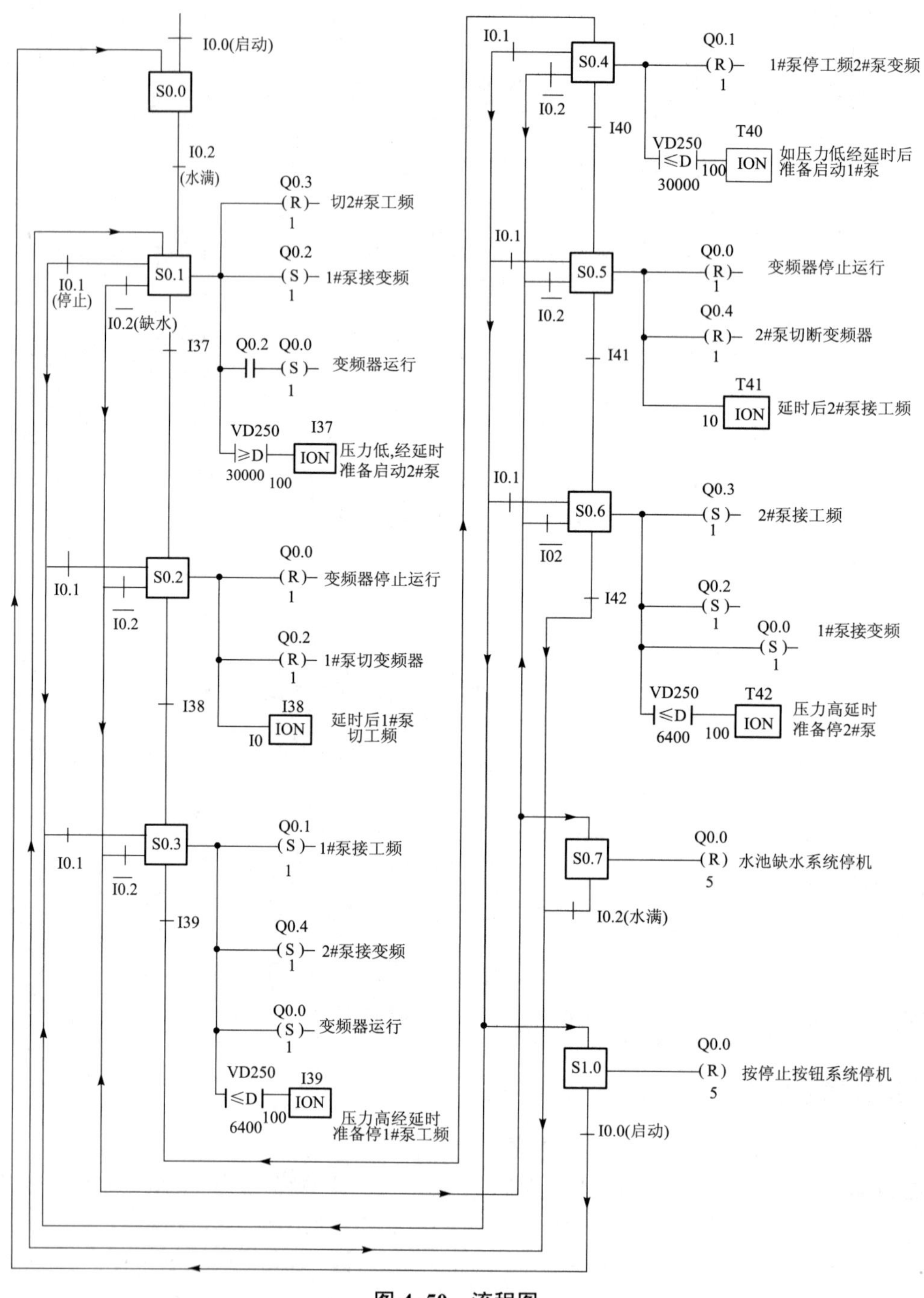

图 4–50 流程图

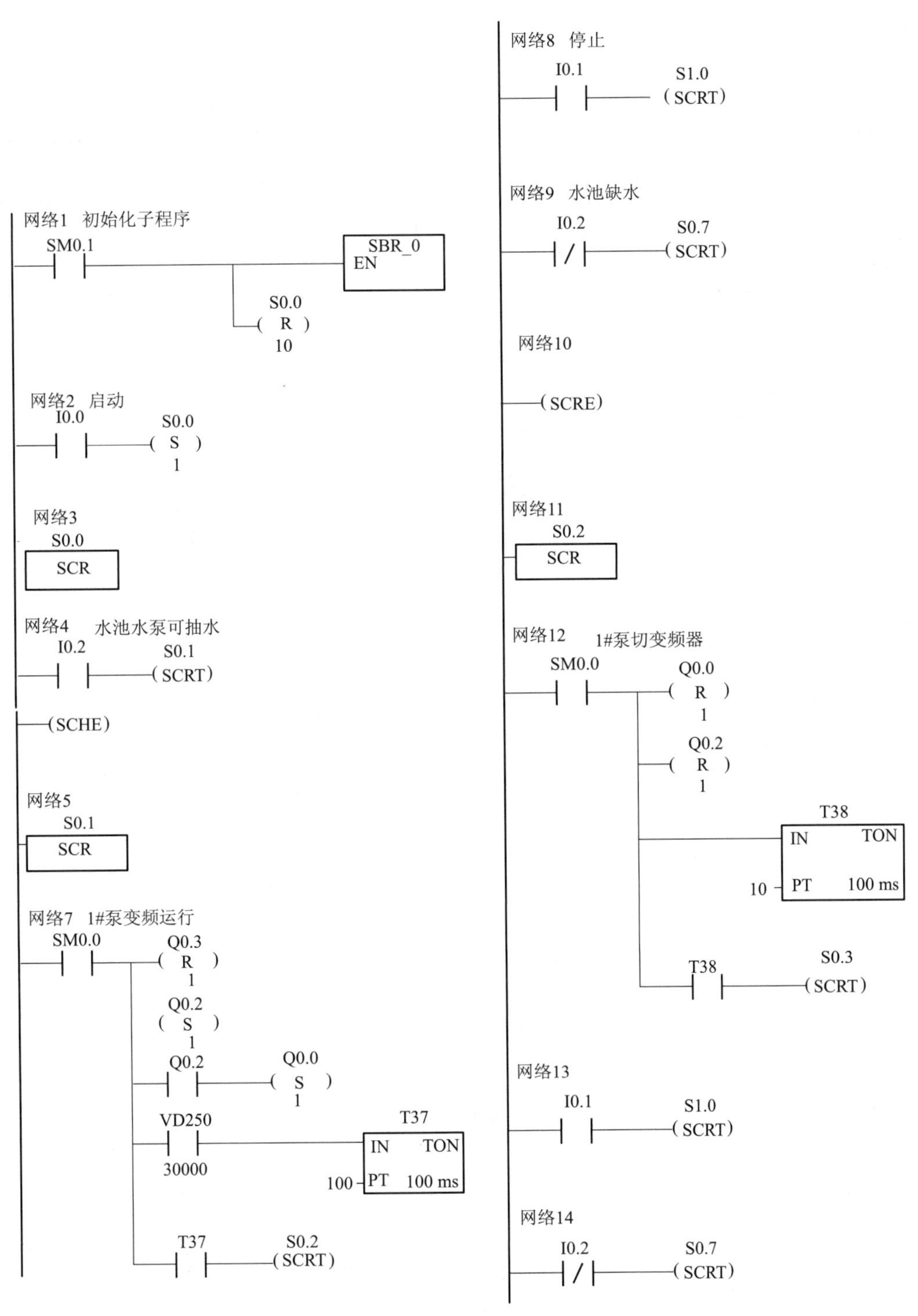

网络1 初始化子程序
SM0.1
SBR_0
EN
S0.0
R
10
网络2 启动
I0.0
S0.0
S
1
网络3
S0.0
SCR
网络4 水池水泵可抽水
I0.2
S0.1
(SCRT)
(SCHE)
网络5
S0.1
SCR
网络7 1#泵变频运行
SM0.0
Q0.3
R
1
Q0.2
S
1
Q0.2
Q0.0
S
1
VD250
30000
T37
IN TON
100 PT 100 ms
T37
S0.2
(SCRT)
网络8 停止
I0.1
S1.0
(SCRT)
网络9 水池缺水
I0.2
S0.7
(SCRT)
网络10
(SCRE)
网络11
S0.2
SCR
网络12 1#泵切变频器
SM0.0
Q0.0
R
1
Q0.2
R
1
T38
IN TON
10 PT 100 ms
T38
S0.3
(SCRT)
网络13
I0.1
S1.0
(SCRT)
网络14
I0.2
S0.7
(SCRT)

图 4–51　主程序梯形图

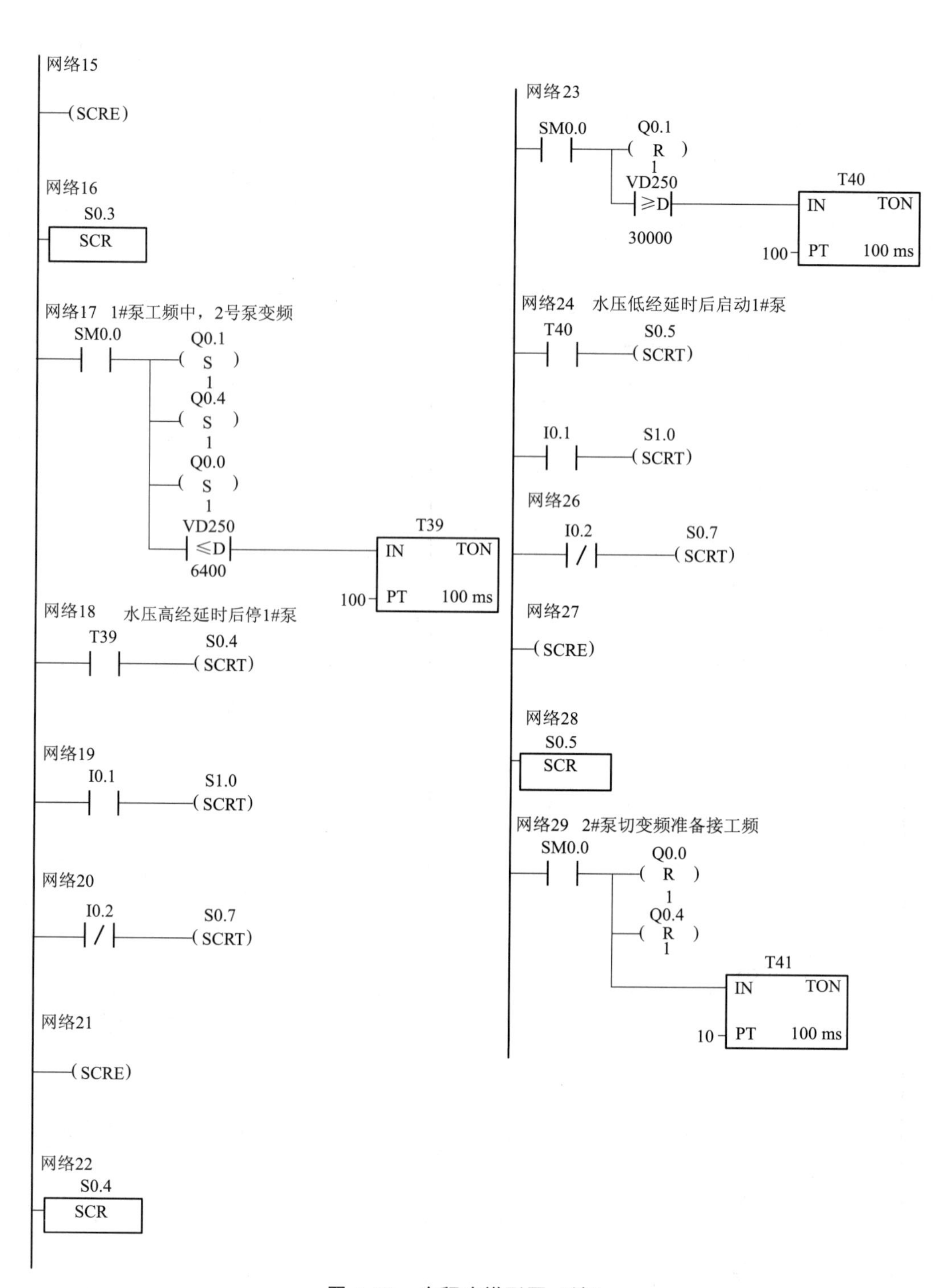

图 4–51 主程序梯形图（续）

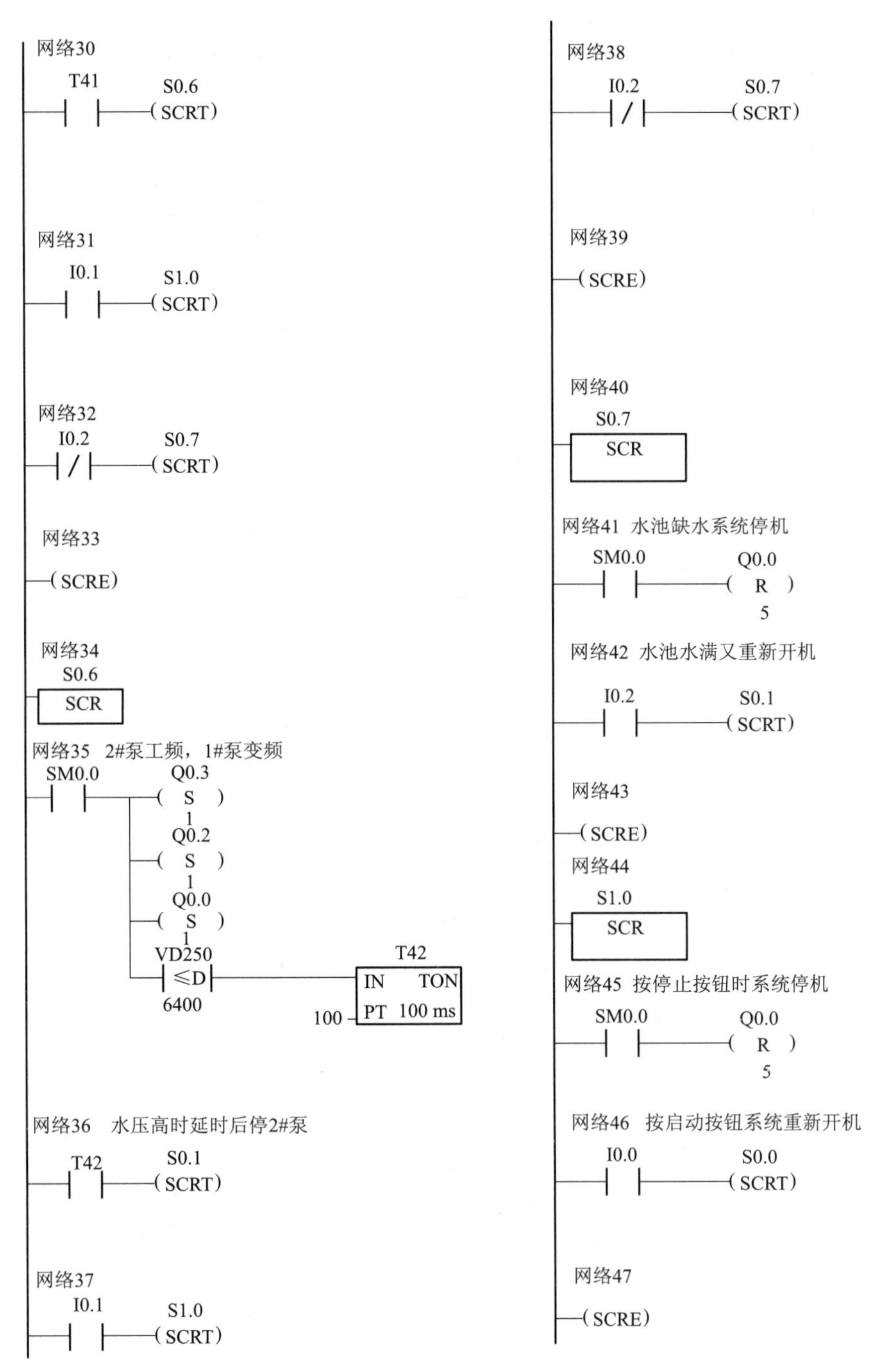

图 4–51　主程序梯形图（续）

（2）子程序

子程序如图 4–52 所示。

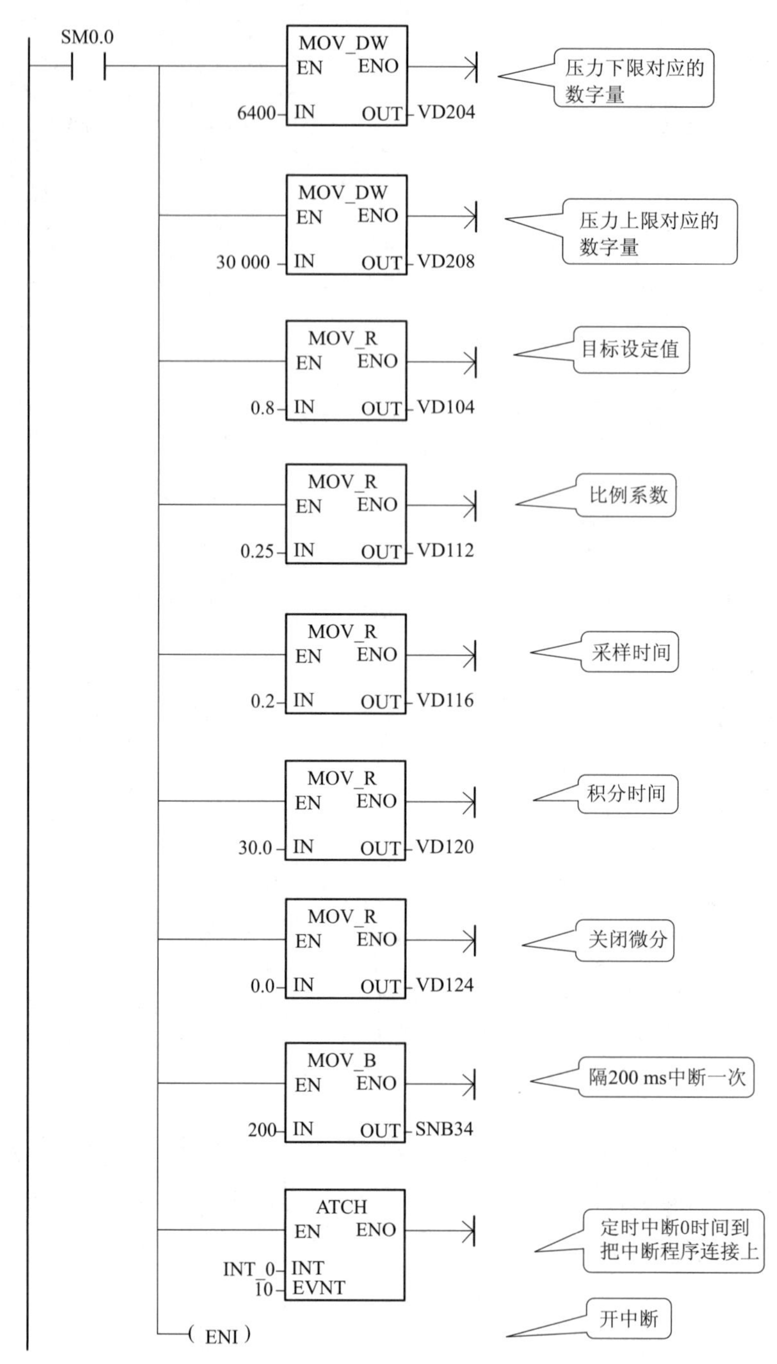

图 4–52　子程序

（3）中断程序

中断程序如图 4–53 所示。

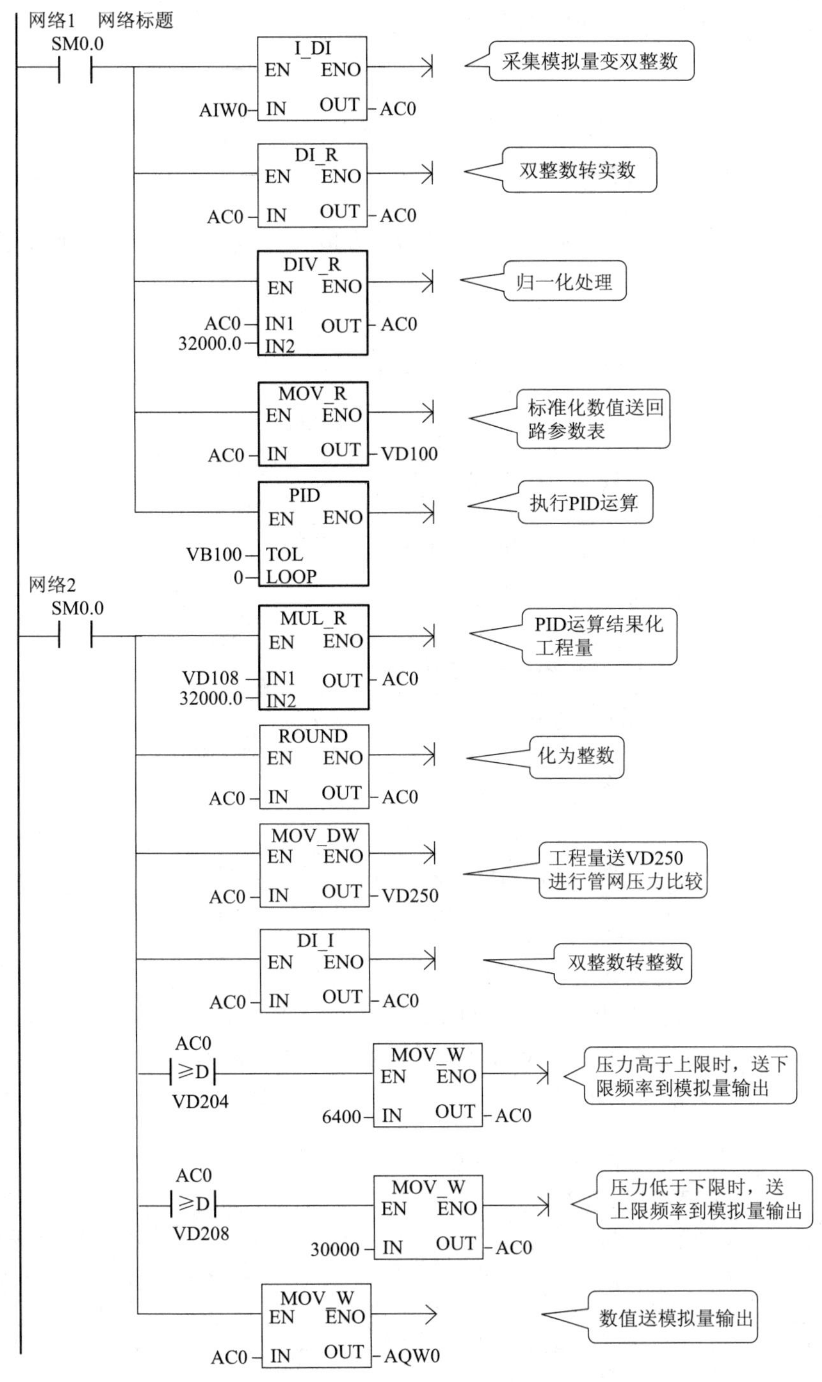

图 4-53　中断程序

五、运行调试程序

① 根据 PLC 的 I/O 硬件接线图的安装。

② 下载程序，在线监控程序运行。

③ 针对程序运行情况，调试程序符合控制要求。

拓展知识

一、EM 235 CN 模拟量模块

EM 235 CN 模拟量输入/输出模块有 4 输入/1 输出×12 位，图 4–54 为 EM 235 CN 输出端子接线图模块。

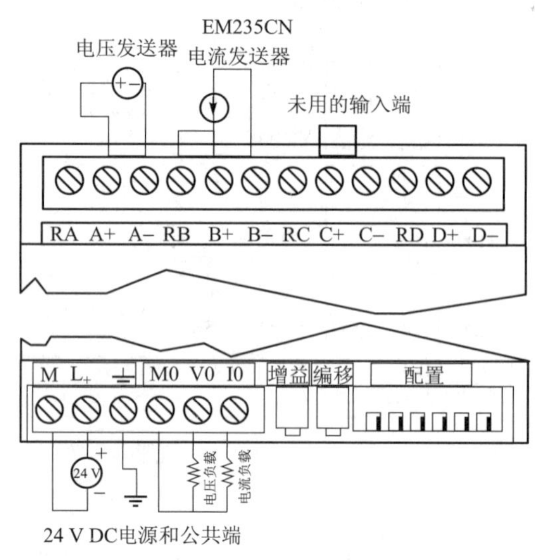

图 4–54　EM 235 CN 输出端子接线图

二、EM 235 CN 配置

表 4–6 所列为如何用 DIP 开关设置 EM 235 CN 模块。开关 1 到 6 可选择模拟量输入范围和分辨率。所有的输入设置成相同的模拟量输入范围和格式。表 4–7 所列为如何选择单/双极性（开关 6）、增益（开关 4 和 5）和衰减（开关 1、2 和 3）。下表中，ON 为接通，OFF 为断开。

表 4–6　EM 235 CN 选择模拟量输入范围和分辨率的开关表

单极性						满量程输入	分辨率
SW1	SW2	SW3	SW4	SW5	SW6		
ON	OFF	OFF	ON	OFF	ON	0 到 50 mV	12.5 μV
OFF	ON	OFF	ON	OFF	ON	0 到 100 mV	25 μV
ON	OFF	OFF	OFF	ON	ON	0 到 500 mV	125 uA
OFF	ON	OFF	OFF	ON	ON	0 到 1 V	250 μV
ON	OFF	OFF	OFF	ON	ON	0 到 5 V	1.25 mV
ON	OFF	OFF	OFF	OFF	ON	0 到 20 mA	5 μA
OFF	ON	OFF	OFF	OFF	ON	0 到 10 V	2.5 mV

续表

双极性						满量程输入	分辨率
SW1	SW2	SW3	SW4	SW5	SW6		
ON	OFF	OFF	ON	OFF	OFF	±25 mV	12.5 μV
OFF	ON	OFF	ON	OFF	OFF	±50 mV	25 μV
OFF	OFF	ON	ON	OFF	OFF	±100 mV	50 μV
ON	OFF	OFF	OFF	ON	OFF	±250 mV	125 μV
OFF	ON	OFF	OFF	ON	OFF	±500 mV	250 μV
OFF	OFF	ON	OFF	ON	OFF	±1 V	500 μV
ON	OFF	OFF	OFF	OFF	OFF	±2.5 V	1.25 mV
OFF	ON	OFF	OFF	OFF	OFF	±5 V	2.5 mV
OFF	OFF	ON	OFF	OFF	OFF	±10 V	5 mV

表 4–7　EM 235 CN 选择单/双极性、增益和衰减的开关表

EM 235 CN 开关						单/双极性选择	增益选择	衰减选择
SW1	SW2	SW3	SW4	SW5	SW6			
					ON	单极性		
					OFF	双极性		
			OFF	OFF			X1	
			OFF	ON			X10	
			ON	OFF			X100	
			ON	ON			无效	
ON	OFF	OFF						0.8
OFF	ON	OFF						0.4
OFF	OFF	ON						0.2

三、EM 235 CN 的校准和配置位置

图 4–55 是 EM235CN 的端子与 DIP 开关。

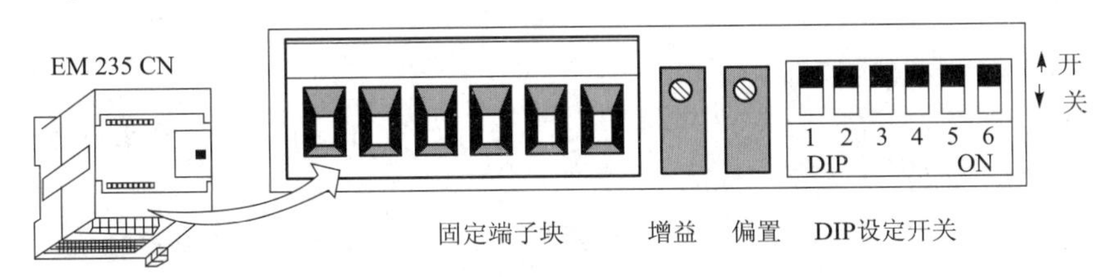

图 4–55　EM235CN 的端子与 DIP 开关

四、EM 235 CN 输入数据字格式

图 4–56 为 CPU 中模拟量输入字中 12 位数据值的存放位置。

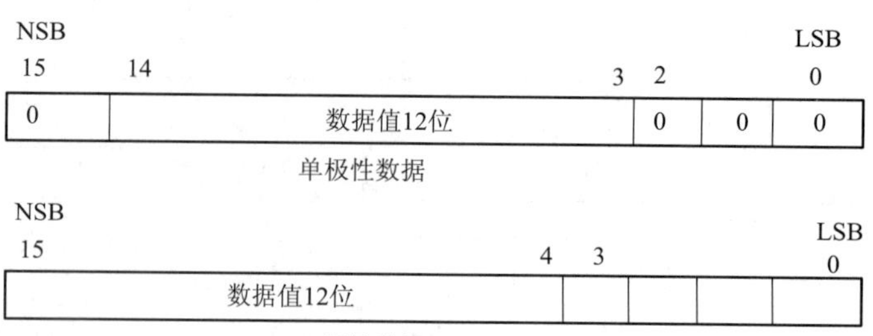

图 4–56　模拟量输入数据字格式

模拟量到数字量转换器（ADC）的 12 位读数，其数据格式是左端对齐的。最高有效位是符号位：0 表示是正值数据字，对单极性格式，3 个连续的 0 使得 ADC 计数数值每变化 1 个单位则数据字以 8 为单位变化。对双极性格式，4 个连续的 0 使得 ADC 计数数值每变化 1 个单位，则数据字以 16 为单位变化。

五、EM 235 CN 输出数据字格式

图 4–57 为 CPU 中模拟量输出字中 12 位数据值的存放位置。

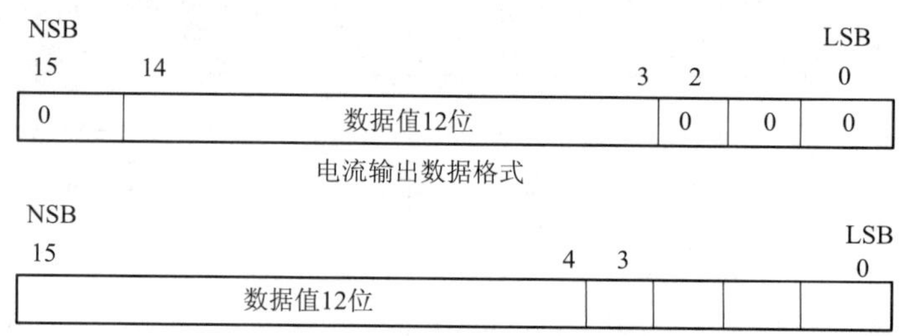

图 4–57　模拟量输出字格式

数字量到模拟量转换器（DAC）的 12 位读数，其输出数据格式是左端对齐的，最高有效位：0 表示是正值数据字，数据在装载到 DAC 寄存器之前，4 个连续的 0 是被截断的，这些位不影响输出信号值。

技能训练

一、技术要求

设计一个 PID 控制的恒压供水系统。

① 共有两台水泵，按设计要求一台运行，一台备用，自动运行时泵运行累计 100 h 轮换一次，手动时不切换。

② 两台水泵分别由 M1 和 M2 电动机拖动，电动机同步转速为 3 000 r/min，由 KM1 和 KM2 控制。

③ 切换后，启动和停电后启动须 5 s 报警，运行异常可自动切换到备用泵，并报警。

④ PLC 采用 PID 调节指令，水压在 0～10 kg 时可调。

二、训练过程

① 画 I/O 图。

② 根据控制要求，设计梯形图程序；设定变频器参数。

③ 输入、调试程序。

④ 安装、运行控制系统。

⑤ 汇总整理文档，保留工程文件。

三、技能训练考核标准

技能训练考核标准如表 4–8 所列。

表 4–8　技能训练评价表

序号	主要内容	考核要求	评分标准	配分	扣分	得分
1	方案设计	方案要有工作任务实施流程。 根据控制要求，画出 I/O 分配图及接线图，设计梯形图程序，程序要简洁、易读	1. 输入/输出地址遗漏或错误，每处扣 1 分 2. 梯形图表达不正确或画法不规范，每处扣 2 分 3. 接线图表达不正确或画法不规范，每处扣 2 分 4. 指令有错误，每个扣 2 分	35		
2	安装与接线	按 I/O 接线图在板上正确安装，符合安装工艺规范	1. 接线不紧固、接点松动，每处扣 2 分 2. 不符合安装工艺规范，每处扣 2 分 3. 不按 I/O 图接线，每处扣 2 分	20		
3	程序调试	按控制要求进行程序调试，达到设计要求	1. 第一次调试不成功扣 10 分 2. 第二次调试不成功扣 20 分 3. 第三次调试不成功扣 30 分	30		
4	安全与文明生产	遵守国家相关专业安全文明生产规程，遵守学校纪律，小组成员分工协作，积极参与，具有团队互相配合精神	1.不遵守教学场所规章制度，扣 2 分 2. 出现重大事故或人为损坏设备扣 10 分 3. 出现短路故障扣 5 分 4. 实训后不清理、无整洁现场扣 3 分	10		
5	创新亮点	自我发挥	方案设计或程序有独创加 5 分	5		
备　注			合　计			
			小组成员签名			
			教师签名			
			日期			

思考练习题

4–1　用整数除法指令将 VW100 中的数据（240）除以 8 后存放到 VW200 中。

4–2　设计一个程序，将 85 传送到 VW0，23 传送到 VW10，并完成以下操作。

① 求 VW0 与 VW10 的和，将结果送到 VW20 中存储。

② 求 VW0 与 VW10 的差，将结果送到 VW30 中存储。

③ 求 VW0 与 VW10 的积，将结果送到 VW40 中存储。

④ 求 VW0 与 VW10 的余数和商，将结果送到 VW50 和 VW52 中存储。

4–3　作 500×20+300–15 的运算，并将结果送 VW50 中存储。

4–4　设计一个程序，将 16#85 传送到 VB0，16#23 传送到 VB10，并完成以下操作。

① 求 VB0 与 VB10 的逻辑“与”，将结果送 VB20 中存储。

② 求 VB0 与 VB10 的逻辑“或”，将结果送 VB30 中存储。

③ 将 VB0 逻辑“取反”，将结果送 VB40 中存储。

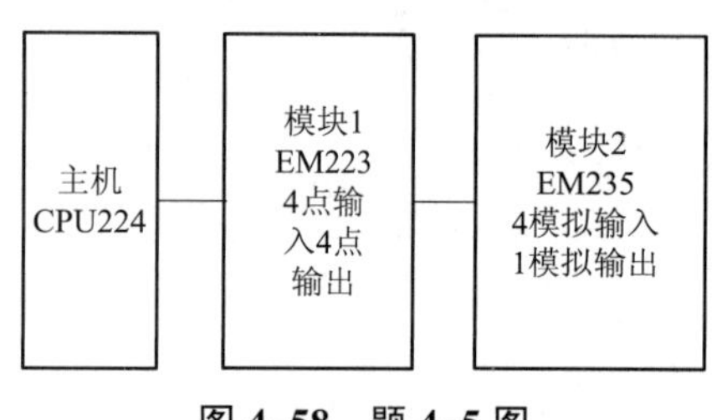

图 4–58　题 4–5 图

4–5　某控制系统选用 CPU224、EM223 和 EM235，如图 4–58 所示。试为该系统分配 I/O 地址。

4–6　量程为 0～10 MPa 的压力变送器的输出信号为 DC 4～20 mA，模拟量输入模块将 0～20 mA 转换为 0～32 000 的数字量。假设某时刻的模拟量输入为 10 mA，试计算转换后的数字值。

4–7　假设模拟量输出量程设定为 0～ 10 V，编写程序将数字量 1 000、3 000、9 000、27 000 转换为对应的模拟电压值。

4–8　频率变送器的量程为 45～55 Hz，输出信号为 DC0～10 V，模拟量输入模块输入信号的量程为 0～10 V，转换后的数字为 0～32 000，在 I0.0 的上升沿，根据 AIW0 中 A/D 转换后的数字为 N，用整数运算指令计算出以 0.01 Hz 为单位的频率值。当频率值大于 52 Hz 或小于 48 Hz 时，用 Q0.0 发出报警信号。编写出语句表程序。

4–9　模拟量输出模块的数字量输入值为 0～32 000，输出电流为 DC 0～20 mA。在 I0.0 的上升沿，将 VD28 中 PID 控制器的输出实数值 Z（0.00～1.00）转换为整数，送给模拟量输出模块，要求模块输出 4～20 mA 的电流。试求送给模拟量输出 AQW0 的整数 N，并编写出语句表程序。

4–10　在 PID 控制程序中，SP_n、K_c、T_s、T_I、T_D 分别表示什么参数值。

4–11　自动称重混料控制系统的应用，控制要求：

自动称重混料装置可对多种原料按质量进行准确配料和混合，在工业生产中有着广泛应用。图 4–59 为自动称重混料控制装置示意图，混料罐自重 200 kg，每次混料的最大重量为 60 kg。混料过程如下：

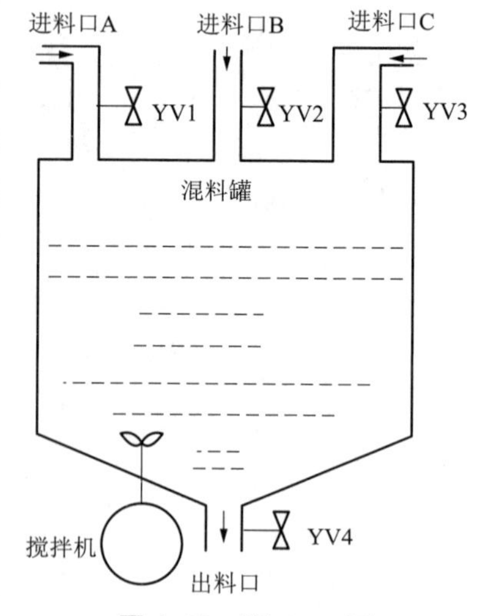

图 4–59　题 4–11 图

① 按下启动按钮，打开进料阀 YV1，向罐内加入原料 A，达到 250 kg 后关闭 YV1，停止进 A 料；

② YV1 关闭的同时打开进料阀 YV2，向罐内加入原料 B，达到 450 kg 后关闭 YV2，停止进 B 料；

③ YV2 关闭的同时启动搅拌机，并打开进料阀 YV3，向罐内加入原料 C，达到 500 kg 后关闭 YV3，停止进 C 料；

④ 搅拌机继续工作 5 min 后，打开放料电磁阀 YV4 开始放料，当混合料全部放完后，关闭放料阀 YV4 并停止搅拌电动机。

项目五

西门子 S7–300 PLC 硬件认识及安装

教学导航

任务目标

① 学习 S7–300/400 PLC 硬件的基本知识；
② 学习 S7–300/400 PLC 模块的特性和技术规范；
③ 训练硬件的选型；
④ 训练西门子 S7–300/400 PLC 模块的安装。

知识分布网络

硬件结构
- S7－300结构
- S7－300I / O接线
- S7－300安装

任务分析

S7–300 属于模块式 PLC，机架（RACK）、电源模式（PS）、CPU 模块、信号模块（SM）、通信模块（CP）、功能模块（FM）、接口模块（IM）等像积木式要一块一块地组合起来，要求各模块的安装要符合安装规范，在安装前要学习 S7–300 PLC 各种模块的基本知识、特性和技术规范。

知识链接

西门子可编程控制器系列产品包括小型 PLC 系列（S7–200）、中性能系列（S7–300）和高性能系列（S7–400）。西门子 S7 系列产品 PLC 的价格与 CPU 性能趋势如图 5–1 所示。

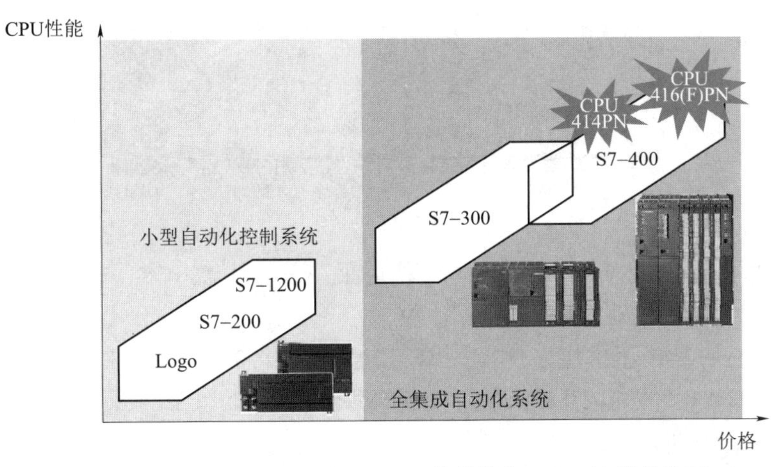

图 5–1 西门子 S7 系列产品 PLC 的价格与 CPU 性能趋势图

下面对 S7–300 系列 PLC 硬件系统进行介绍。

S7–300 属于模块式 PLC，主要由机架（RACK）、电源模式（PS）、CPU 模块、信号模块（SM）、通信模块（CP）、功能模块（FM）、接口模块(IM)等组成,如图 5–2 所示是 S7–300 外形,如图 5–3 所示是 S7–300 的结构;S7–300 系列 PLC 的模块都有名称，具有同样名称的模块根据接口名称和功能的不同，又有不同的规格，在 PLC 的硬件组态中，以订货号为准。

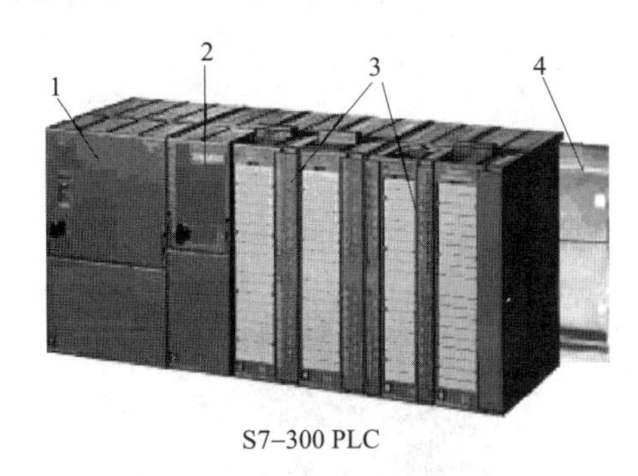

图 5–2 S7–300 PLC 外形

1—电源；2—CPU；3—信号模块；4—机架

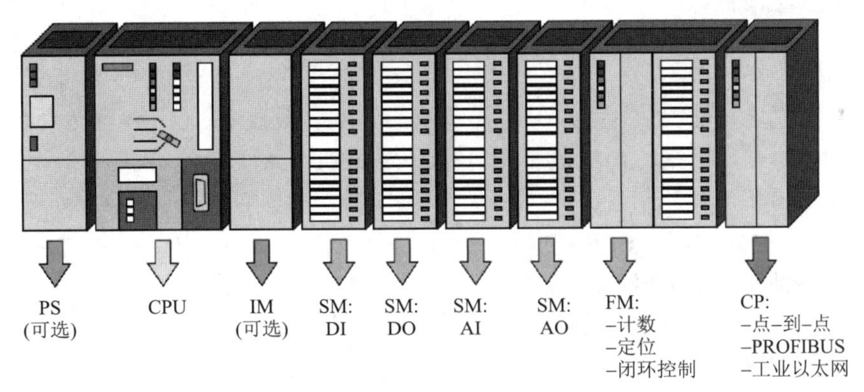

图 5–3 S7–300 的结构

1. 机架

机架（RACK，包括导轨）由不锈钢制作，用于进行物理固定，如图 5–4 所示。机架有五种不同的长度，分别为 160 mm、482 mm、530 mm、830 mm、2 000 mm。

2. 电源模块

电源模块（PS）用于将 220 V 交流电转换为 24 V 直流电，电源模块的功能是为 PLC 的 CPU 提供 24 V 的直流电压，该电压既可作为某些模块的 24 V 工作电源，也可作为某些模块

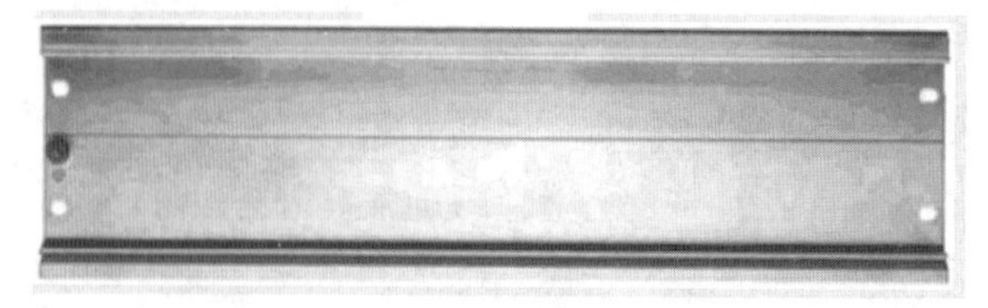

图 5–4　机架

输入输出端子的外接 24 V 直流电源。电源模块采用开关电源电路，开关电源的优点是效率高、稳压范围宽、输出电流大且体积小。

PS305 电源模块是直流供电（24 V/46 V/72 V/96 V/110 V），如图 5–5 所示，电源模块的额定输出电流有 2 A、5 A 和 10 A 三种。电源模块的面板上有工作开关和状态指示灯，当电源过载时指示灯会闪烁。

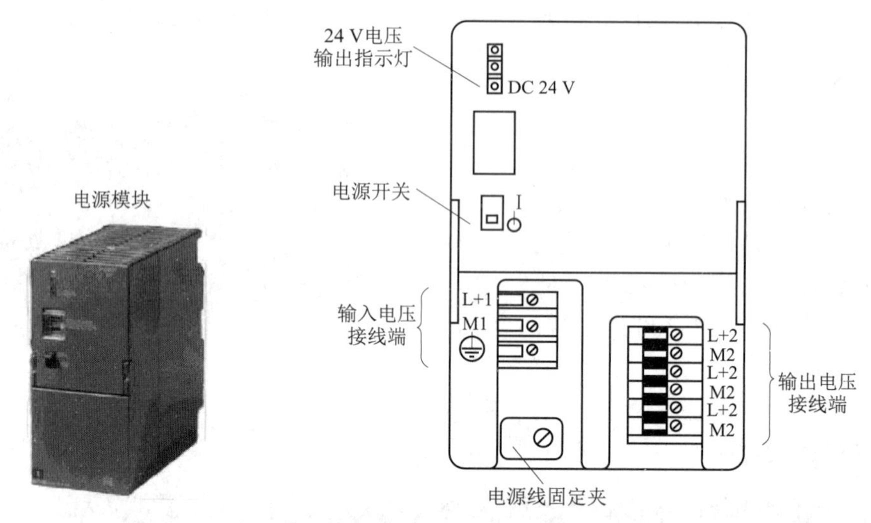

图 5–5　直流电源模块及面板

PS307 电源模块是交流供电，如图 5–6 所示。PS307 电源模块输入电压为 AC 120/230 V，输出电压为 DC 24 V，根据输出电流不同，可分为 2 A、5 A、10 A 等。

3. 中央处理器单元模块

S7–300 的中央处理器（CPU）型号很多，主要分为紧凑型、标准型、故障安全型、运动控制型等，各种型号的 CPU 模块有不同的性能，CPU 模块面板上有状态指示灯、模式转换开关、24 V 电源端子、电池盒和存储卡插槽等，如图 5–7 所示。

（1）紧凑型 CPU

CPU 313C、CPU 314C 集成了数字量和模拟量的 I/O 通道等。

CPU 313C–2DP 集成了数字量 I/O 通道和一个 PROFIBUS–DP 的主站/从站通信接口。

CPU 314C–2DP 集成了数字量和模拟量 I/O 通道和一个 PROFIBUS–DP 的主站/从站通信接口。

（2）标准型 CPU

标准型 CPU 为模块式结构，未集成 I/O 功能，标准型 CPU 有 CPU 312、CPU 314、CPU 315–2 DP、CPU 315–2 PN/DP 等。一个 CPU 315–2 DP 可处理 8 192 个开关量（或 512 个模拟量）。

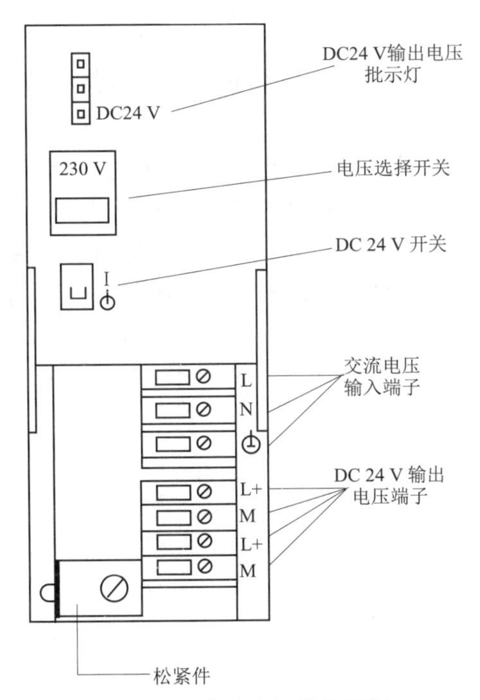

图 5–6　交流电源模块面板

S7–300 CPU模块

早期CPU314

新型CPU314

CPU315–2DP

CPU314C–2DP

图 5–7　CPU 模块类型

（3）故障安全型 CPU

故障安全型 CPU 适用于对安全要求极高的场合，它可在系统出现故障时立即启动安全模式，保证人与设备的安全；故障安全型 CPU 有 CPU 315F–2 DP、CPU 315F–2 PN/DP、CPU 317F–2 DP、CPU 317F–2 PN/DP 等。

（4）运动控制型 CPU

运动控制型 CPU 具有工艺/运动的控制功能，可满足机床应用的多任务自动化系统，运动控制型 CPU 有 CPU 315T–2 DP、CPU 317T–DP 等。

4. S7–300 PLC CPU 模块的操作

CPU 314 模块选择开关如图 5–8 所示。旧型号有 4 个位置，分别为 RUN–P、RUN、STOP 和 MRES；新型号只有 3 个位置，分别为 RUN、STOP 和 MRES。

① RUN–P：可编程运行模式。在此模式下，CPU 不仅可以执行用户程序，在运行的同时，还可以通过编程设备（如装有 STEP 7 的 PG、装有 STEP 7 的计算机等）读出、修改和

监控用户程序。

② RUN：运行模式。在此模式下，CPU 执行用户程序，还可以通过编程设备读出、监控用户程序，但不能修改用户程序。

③ STOP：停机模式。在此模式下，CPU 不执行用户程序，但可以通过编程设备（如装有 STEP 7 的 PG、装有 STEP 7 的计算机等）从 CPU 中读出或修改用户程序。在此位置可以拔出钥匙。

④ MRES：存储器复位模式。该位置不能保持，当开关在此位置释放时将自动返回到 STOP 位置。将钥匙从 STOP 模式切换到 MRES 模式时，可复位存储器，使 CPU 回到初始状态。

5. CPU 状态及故障显示

S7–300 PLC CPU 状态及故障显示如图 5–9 所示。

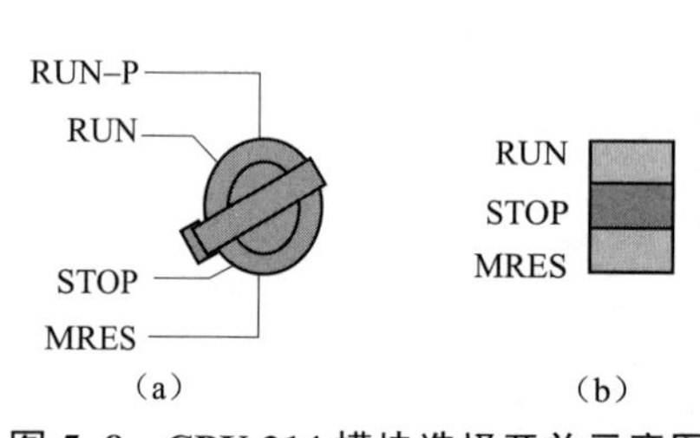

图 5–8　CPU 314 模块选择开关示意图

（a）旧型号；（b）新型号

图 5–9　CPU 状态及故障显示

① SF（红色）：系统出错 / 故障指示灯。CPU 硬件或软件错误时灯亮。

② BATF（红色）：电池故障指示灯（只有 CPU 313 和 CPU 314 配备）。当电池失效或未装入时，指示灯亮。

③ DC 5 V（绿色）：+5 V 电源指示灯。CPU 和 S7–300 PLC 总线的 5 V 电源正常时亮。

④ FRCE（黄色）：强制有效指示灯。至少有一个 I/O 处于强制状态时亮。

⑤ RUN（绿色）：运行状态指示灯。CPU 处于 RUN 状态时亮；在 Startup 状态以 2 Hz 频率闪烁；在 HOLD 状态时以 0.5 Hz 频率闪烁。

⑥ STOP（黄色）：停止状态指示灯。CPU 处于 STOP 或 HOLD 或 Startup 状态时亮；在存储器复位时 LED 以 0.5 Hz 频率闪烁；在存储器置位时 LED 以 2 Hz 频率闪烁。

6. MMC 卡

MMC 卡如图 5–10 所示，MMC 卡用来存储 PLC 程序和数据，无 MMC 卡的 CPU 模块是不能工作的，而 CPU 本身不带 MMC 卡，需另外购买。选用时，要求 MMC 卡容量应大于 CPU 的内存容量，以 CPU312C 为例，其内存为 32 KB，选用的 MMC 卡最大容量为 4 MB。

插拔 MMC 卡应在断电或 STOP 模式下进行，否则会使 MMC 卡内的程序和数据丢失，甚至损坏 MMC 卡。

7. 信号模块

信号模块（SM）包括数字量和模拟量的 I/O 模块，它们作为 PLC 的过程输入和输出通道。信号模块主要有数字量输入模块（DI）SM321、数字量输出模块（DO）SM322、数字量输入/输出模块（DI/DO）SM323；模拟量输入模块（AI）SM331 和模拟量输出模块（AO）SM332。模拟量输入模块可以输入热电偶、热电阻、DC4～20 mA 和 DC0～10 V 等多种不同类型和不同量程的模拟量信号。信号模块通过背板总线将现场的过程信号传递给 CPU。如图 5–11 所示是信号模块及前连接器外形。

图 5–10　MMC 卡

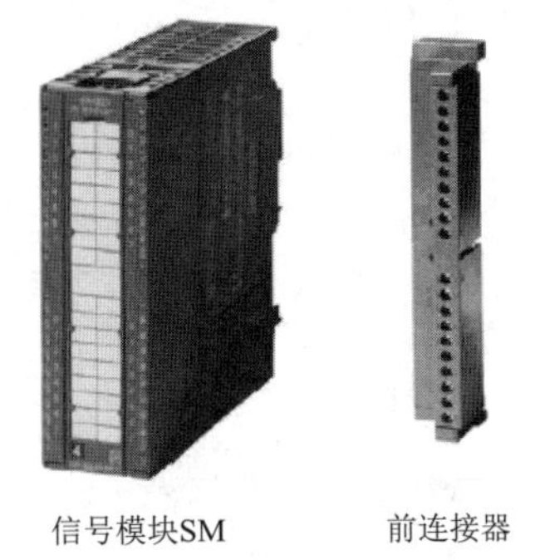

图 5–11　信号模块及前连接器

（1）数字量输入模块（DI）SM321

SM321 数字量输入模块有两种输入方式：直流输入和交流输入，根据输入方式和点数的不同，SM321 又可分为多种类型，其类型在模块上有标注。SM321 不同类型的内部结构与接线方式有一定的区别，图 5–12、图 5–13 列出了两种典型的 SM321 面板、内部结构与接线方式。

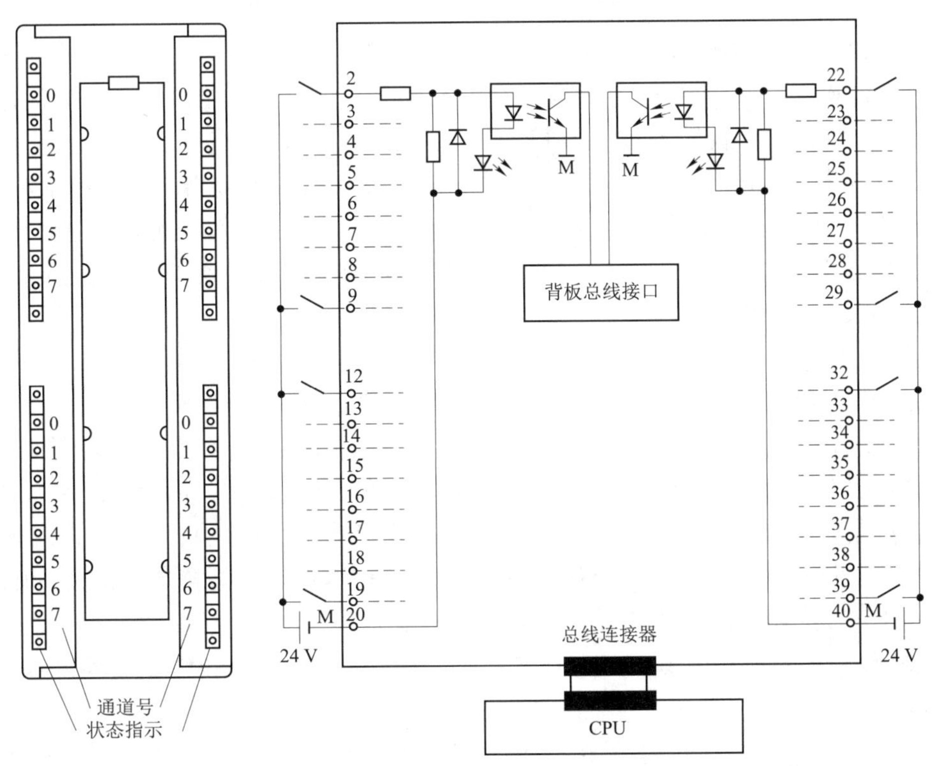

图 5–12　DI32×DC 24 V 型 SM321 模块内部电路及外端子接线图
（订货号：6ES7321–1BLOO–OAAO）

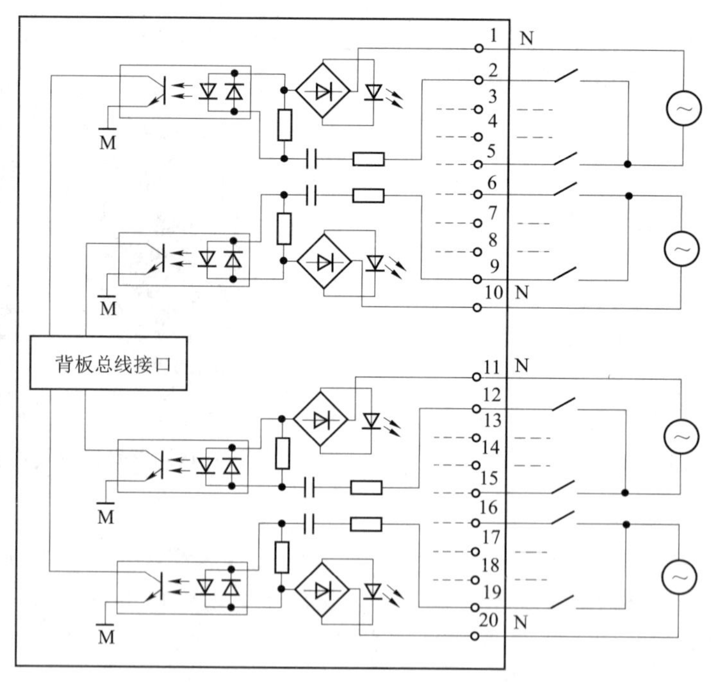

图 5–13　DI16×AC 120/230V 型 SM321 模块内部电路及外端子接线图
（订货号：6ES7321–1FH00–0AA0）

在图 5–12 中，当按下端子 2 外接开关时，直流 24 V 电源产生电流注入端子 2 内部电路，给通道 I0.0 输入“1”信号，该信号经光电耦合→背板总线接口电路→模块外接的总线连接器→CPU 模块，同时通道 I0.0 指示灯因有电流流过而点亮。

在图 5–13 中，当按下端子 2 外接开关时，交流 120 V/230 V 电源产生电流流入端子 2→RC 元件→光电耦合的发光管→桥式整流器→端子 1 流出，回到交流电源，光电耦合器导通，给背板总线接口输入一个信号，该信号通过背板总线插口到 CPU 模块，同时通道 I0.0 指示灯因有电流流过而点亮。

（2）数字量输出模块（DO）SM322

数字量输出模块（DO）的功能是从 PLC 输出“1”、“0”信号（开、关信号）。

数字量输出模块有三种输出类型：继电器输出型、晶体管输出型、晶闸管输出型。

继电器输出型模块既可驱动直流负载也可驱动交流负载，其导通电阻小，过载能力强，但响应速度慢，不适宜动作频繁的场合；晶体管输出型模块只能驱动直流负载，过载能力差，响应速度快，利用高速计数器时必须用晶体管输出型模块；晶闸管输出型模块只能驱动交流负载，过载能力差，响应速度快。

SM322 模块种类很多，图 5–14、图 5–15 列出了两种典型的 SM322 面板、内部结构与接线方式。

图 5–14 所示为 32 点晶体管输出型 SM322 模块，该类型模块有 40 个接线端子，其中 32 个端子定义为输出端子，当 CPU 模块内部的 Q0.0=1 时，CPU 模块通过背板总线将该值送到 SM322 的总线接口电路，接口电路输出电压使光电耦合器导通，进而使 Q0.0 端子所对应的晶体管（图中带三角形的符号）导通，有电流流过 Q0.0 端子外接的线圈，电流途径是

24 V+→1 L+端子→晶体管器件→端子→24 V−。通电线圈产生磁场使有关触点产生动作。

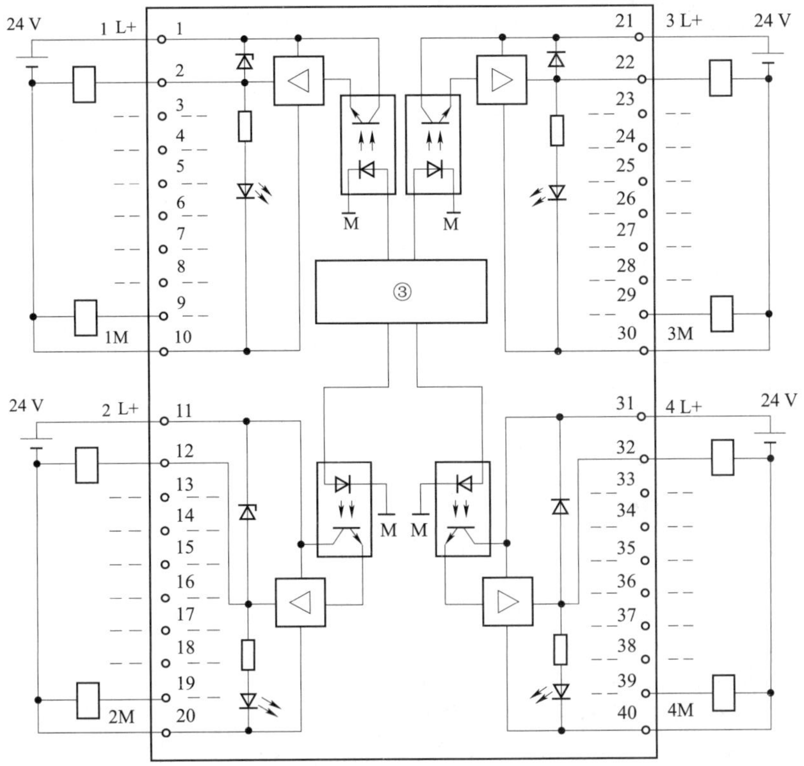

图 5–14　晶体管输出型 SM322 模块内部电路及外端子接线图
（订货号：6ES7322–1BL00–0AA0）

图 5–15 所示为 16 点晶闸管输出型 SM322 模块。该类型模块有 20 个接线端子，16 个端子定义为输出端子，当 CPU 模块内部的 Q0.0=1 时，CPU 模块通过背板总线将该值送到 SM322 内的接口电路，接口电路输出电压使晶闸管型光电耦合器导通，进而使端子 Q0.0 所对应的双向晶闸管导通，有电流流过 Q0.0 端子外接的线圈，电流途径是：交流电源端→L1→熔断器→双向晶闸管→端子 2→线圈→交流电源另一端，通电线圈产生磁场使有关触点产生动作。如果 L1 端子内部熔断器开路，其内部所对应的光电耦合器截止，SF 指示灯因正极电压升高而导通发光，指示 Q0.0 通道存在故障。

图 5–16 所示为 16 点继电器输出型 SM322 模块。该类型模块有 20 个接线端子，当 CPU 模块内部的 Q0.0=1 时，CPU 模块通过背板总线将该值送到 SM322 的总线接口电路，接口电路输出电压使光电耦合器导通，继电器线圈有电，线圈产生磁场使触点闭合，有电流流过 Q0.0 端子外接的线圈，电流途径是：交流或直流电源一端→Q0.0 端子外接的线圈→端子 2→内部触点→端子 1→交流或直流电源另一端。

（3）数字量输入输出模块（DI/DO）SM323

SM323 模块是一个有输入/输出功能的数字量模块，它分为 16 点输入/16 点输出和 8 点输入/8 点输出两种类型。如图 5–17（a）所示是 8 点输入/8 点输出端子接线图，如图 5–17（b）所示是 16 点输入/16 点输出端子接线图。

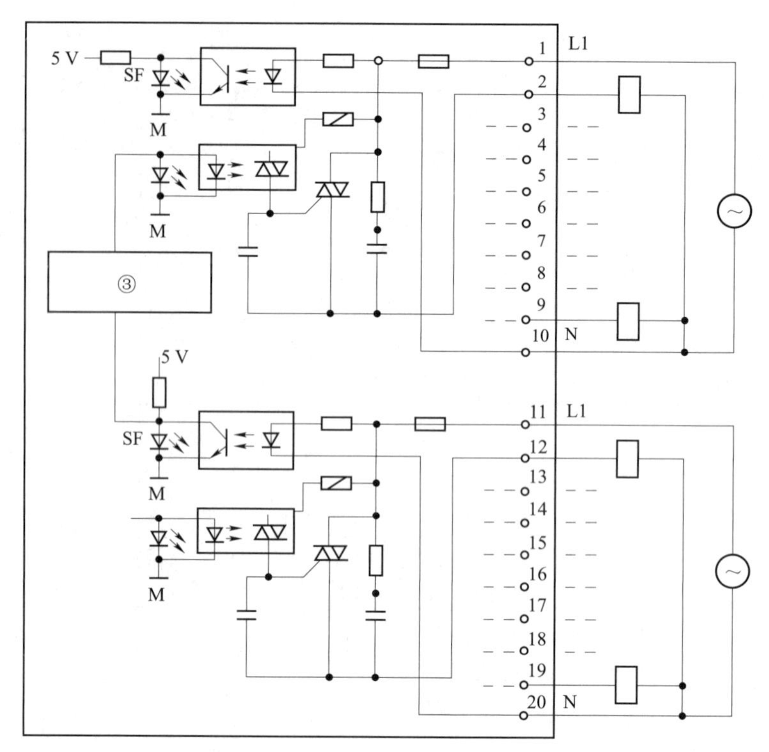

图 5–15　16 点晶闸管输出型 SM322 模块内部电路及外端子接线图
（订货号：6ES7322–1FH00–0AA0）

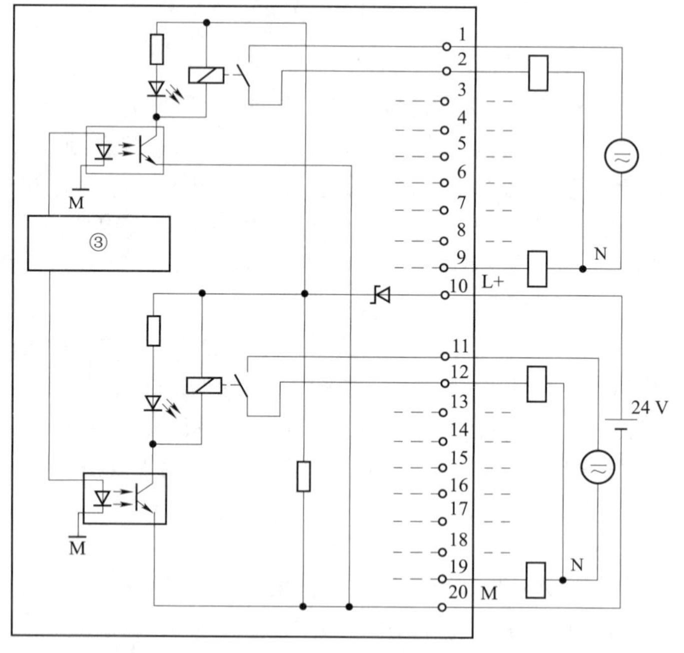

图 5–16　16 点继电器输出型 SM322 模块内部电路及外端子接线图

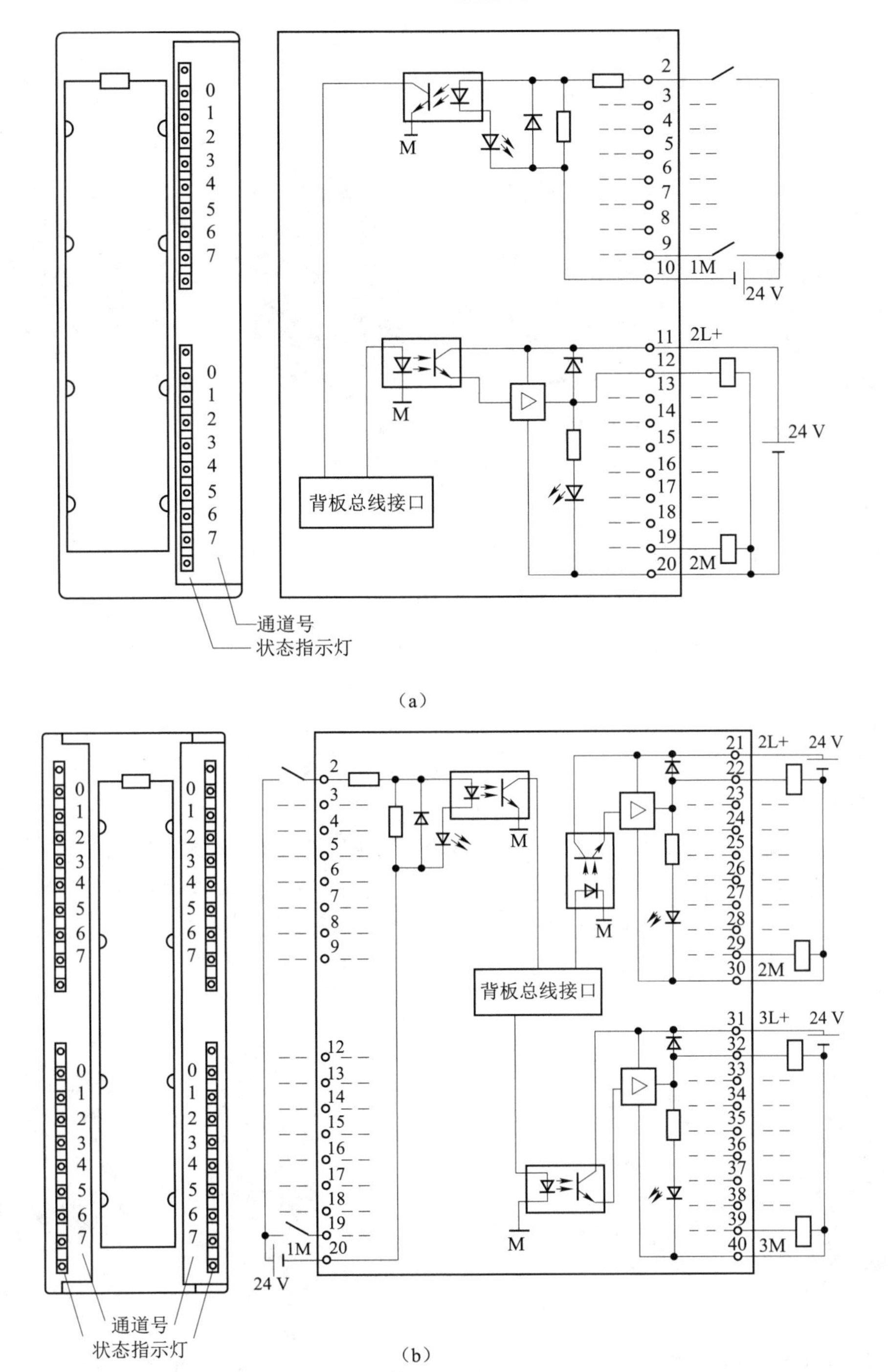

（a）

（b）

图 5–17　数字量输入/输出模块 SM323：DI8/DO8×DC 24 V/0.5 A
（订货号：6ES7322–1BL01–0AA0）

（a）8 点输入/8 点输出模块内部电路及外端子接线图；（b）16 点输入/16 点输出模块内部电路及外端子接线图

8. 功能模块

功能模块（FM）主要用于对实时性和存储容量要求较高的特殊控制任务，如计数器模块、快速/慢速进给驱动位置控制模块、电子凸轮控制器模块、步进电动机定位模块、伺服电动机定位模块、定位和连续路径控制模块、闭环控制模块、工业标识系统的接口模块、称重模块、位置输入模块和超声波位置解码器等，如图 5–18 所示为部分模块实物图。

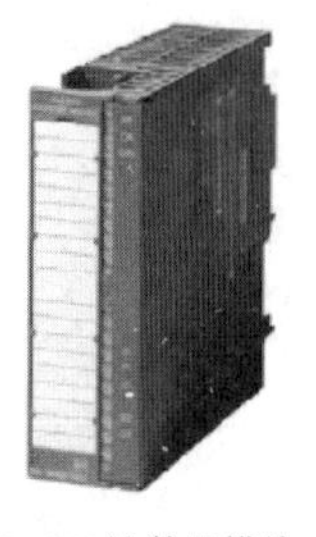

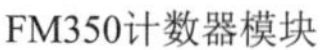

FM350计数器模块

FM351定位模块

FM352电子凸轮控制器

FM355闭环控制模块

图 5–18　各种功能模块

9. 通信模块

通信模块（CP）用于 PLC 与 PLC 之间、PLC 与计算机之间、PLC 与其他智能设备之间的通信，它可以将 PLC 连入 PROFIBUS 现场总线、AS–i 现场总线和工业以太网，或用于实现点对点通信等。通信模块可以减轻 CPU 处理通信的负担，并减少用户对通信的编程工作。

常用通信模块有用于 PROFIBUS–DP 网络的 CP342–5；用于工业以太网的 CP343–1；用于 AS–i 网络的 CP343–2，如图 5–19 所示为 CP342–5 和 CP343–1 实物图。

10. 接口模块

CPU 所在的机架称为主（中央）机架（CR），如果一个主机架不能容纳系统所有模块，可以增设一个或多个扩展机架（ER）；接口模块（IM）用于组成多机架系统时连接主机架和扩展机架，接口模块如图 5–20 所示。S7–300 系列 PLC 通过主机架和 3 个扩展机架，最多可以配置 32 个信号模块、功能模块和通信模块（需要相应的 CPU 支持）。

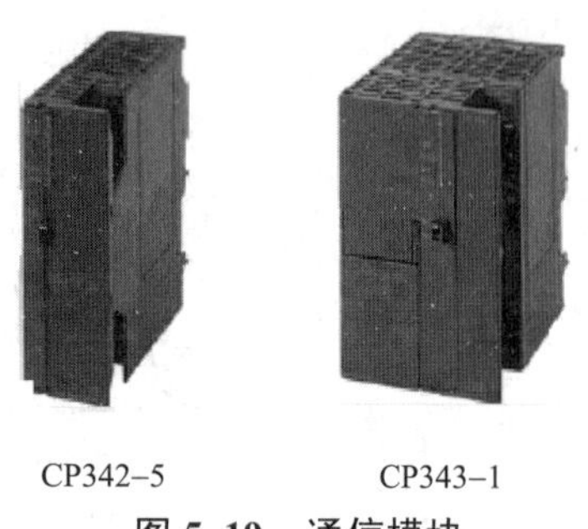

CP342–5　　CP343–1

图 5–19　通信模块

IM365

IM361

图 5–20　接口模块

IM365 用于配置一个主机架和一个扩展机架，两个机架之间带有固定的连接电缆，长度为 1 m。

IM360 和 IM361 用于配置一个主机架和三个扩展机架，IM360 连接在主机架，IM361 装在扩展机架上，两个机架之间的最大距离为 10 m。如图 5–21 所示是主机架和扩展机架连接图。

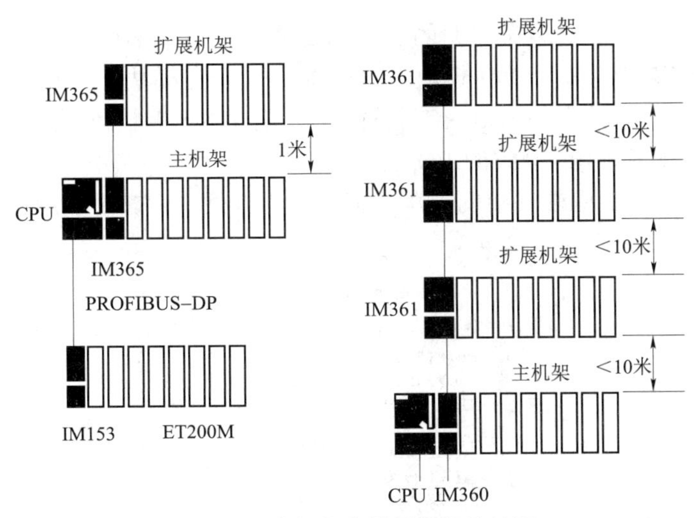

图 5–21　主机架和扩展机架连接图

11. S7–300 部件安装

S7–300 安装部件及功能如表 5–1 所示，主机架和扩展机架连接如图 5–22 所示。

表 5–1　S7–300 安装部件及其功能

部　　件	功　　能
导轨	S7–300 支架
电源（PS）	将交流 220 V 电压转化为直流 24 V 电压
中央处理器（CPU）	执行用户程序。附件：备份电源、MMC 存储卡
机架接口模块（IM）	连接两个机架的总线
信号模块（SM）模拟量/数字量	把不同的过程信号与 S7–300 匹配。附件：总线连接器、前连接器
功能模块（FM）	完成定位、闭环控制等功能
通信接口（CP）	实现 PLC 与其他设备的通信附件：电缆、软件、接口电路

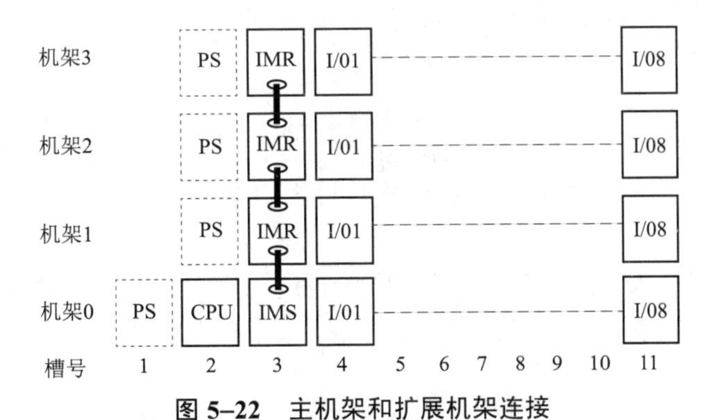

图 5–22　主机架和扩展机架连接

电源为 1 号槽，CPU 安装在电源的右面即 2 号槽，接口模块安装在 CPU 的右面即 3 号槽，每个机架最多安装 8 个 I/O 模块（信号模块、功能模块、通信处理器），最大扩展能力为 32 个模块；对紧凑型 CPU31xC，不能在机架 3 的最后一个槽位插入 I/O 模块，该槽位的地址已经分配给 CPU 集成的 I/O 端口。

图 5–23 是 STEP 7 编程软件中的模块总览图，进行硬件组态时要用到。

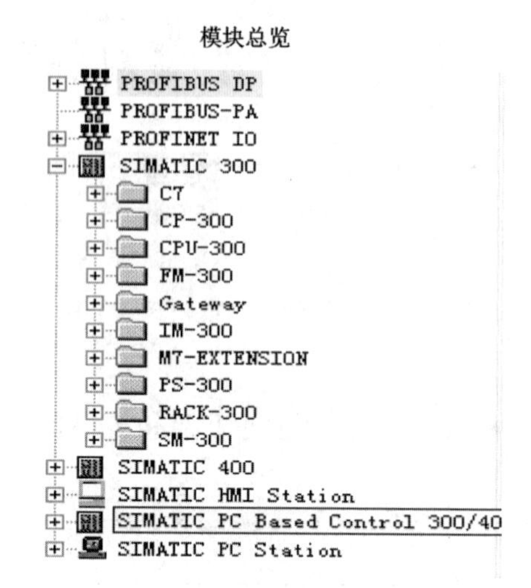

图 5–23　STEP 7 编程软件中的模块总览图

任务实施

西门子 S7–300 PLC 模块的安装

S7–300 PLC 的硬件安装主要包括：导轨、电源（PS）、中央处理单元（CPU）、微型存储卡（MMC）、开关量输入模块（DI）、开关量输出模块（DO）、模拟量输入模块（AI）、模拟量输出模块（AO）、多针前连接器、PC 适配器或 CP5611 通信适配器以及功能模块等部件的安装。

1. 安装导轨

将导轨用螺钉固定在机柜的合适位置上，安装导轨时应留有足够的空间用于安装模块和散热器，如图 5–24 所示。

2. 安装电源和 CPU 模块

将电源模块 PS 安装在导轨的最左端，接着在其右侧安装 CPU 模块。

① 将电源模块安装在导轨上，用螺钉旋具拧紧电源模块上的螺钉，将电源模块固定在导轨上。

② 将总线连接器插入 CPU 模块背部的总线连接插槽中，将 CPU 模块安装在导轨上电源模块的旁边，用螺钉旋具拧紧 CPU 模块的螺钉，如图 5–25 所示，将 CPU 模块固定在导轨上。

③ 将 SIYIATIC 微存储卡（MMC）插入 CPU 模块的插槽中。

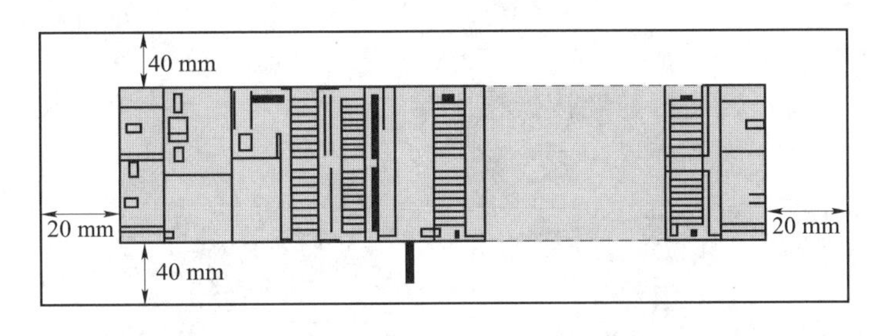

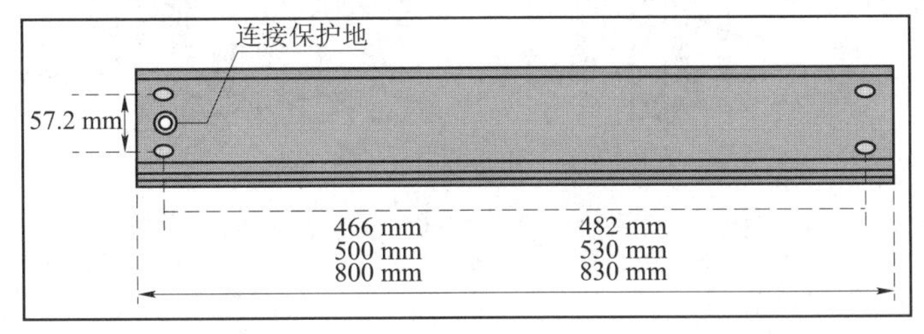

图 5–24　导轨安装

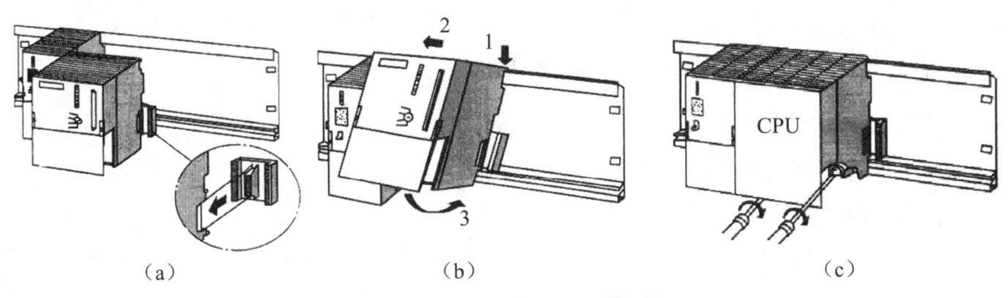

（a）　（b）　（c）

图 5–25　固定 CPU 模块

（a）安装总线连接器；（b）安装 CPU 模块；（c）拧紧螺钉

3. 安装信号模块

将总线连接器插入信号模块 SM，并将模块安装在 CPU 模块右侧的导轨上。如图 5–26 所示。

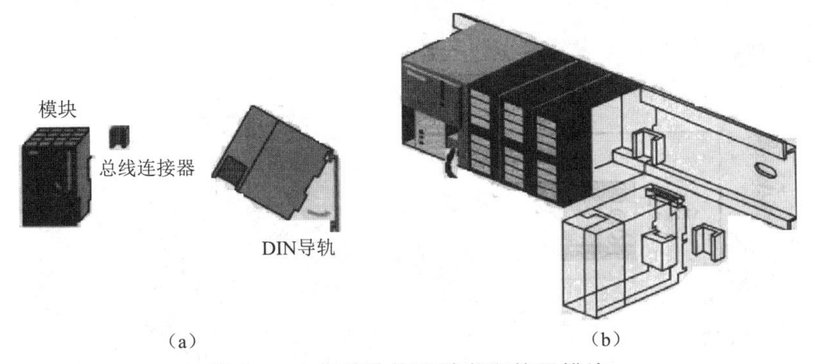

（a）　（b）

图 5–26　安装总线连接器和信号模块

（a）安装总线连接器；（b）安装信号模块

说明：每个模块（除了 CPU 以外）都有一个总线连接器。在插入总线连接器时，必须总是从 CPU 开始。为此，应取出最后一个模块的总线连接器，将总线连接器插入另一个模块；最后一个模块不用安装总线连接器。按照接口模块（如果不需要扩展机架可以不接）、信号模块（一般先接输入模块再接输出模块）和功能模块的顺序，将所有模块悬挂在导轨上，将模块滑到左边的导轨上，然后向下回转模块，再拧紧模块上的螺钉将其固定在导轨上。

4. 安装前连接器

打开信号模块的前盖板，将前连接器置于接线位置。将前连接器推入正确的位置，拧紧连接器中心的固定螺钉，如图 5–27 所示。

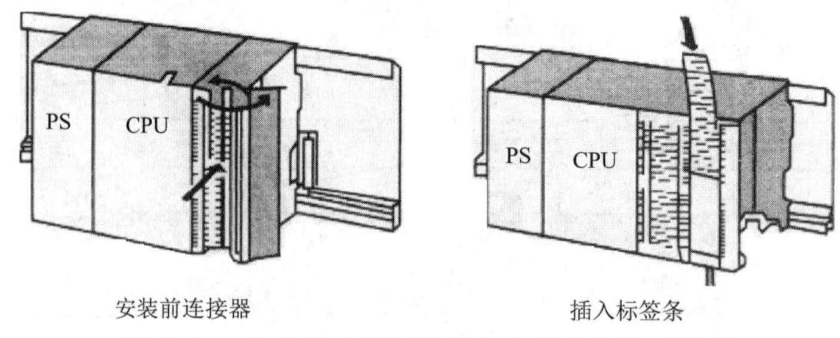

图 5–27　安装前连接器和插入标签条和槽号标签

5. 插入标签条和槽号标签

① 将标签条插入到模块的前面板上，如图 5–28 所示。

② 模块安装完毕后，给每一块模块指定槽号。根据这些槽号，可以在 STEP 7 组态表中更容易指定模块地址。贴槽号标签时按顺序将槽号标签插入各个模块下端的槽号插槽中。如图 5–28 所示。如果无接口模块（IM）则将槽号 3 空出，CPU 模块后面的信号模块槽号从槽号 4 开始编号。

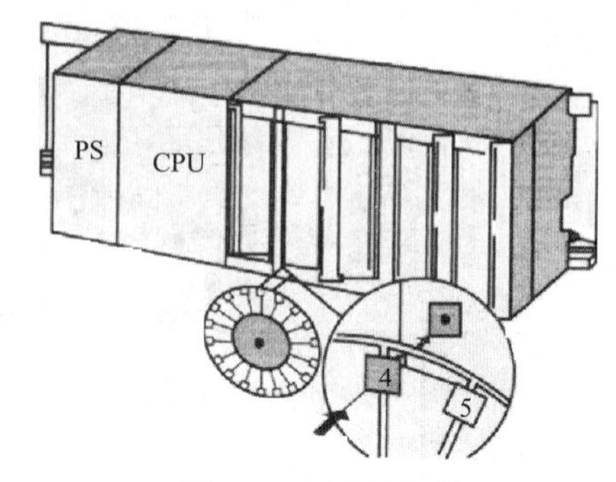

图 5–28　槽号标签

6. 接线

① 连接电源（PS）模块的接地线和电源线，如图 5–29 所示。

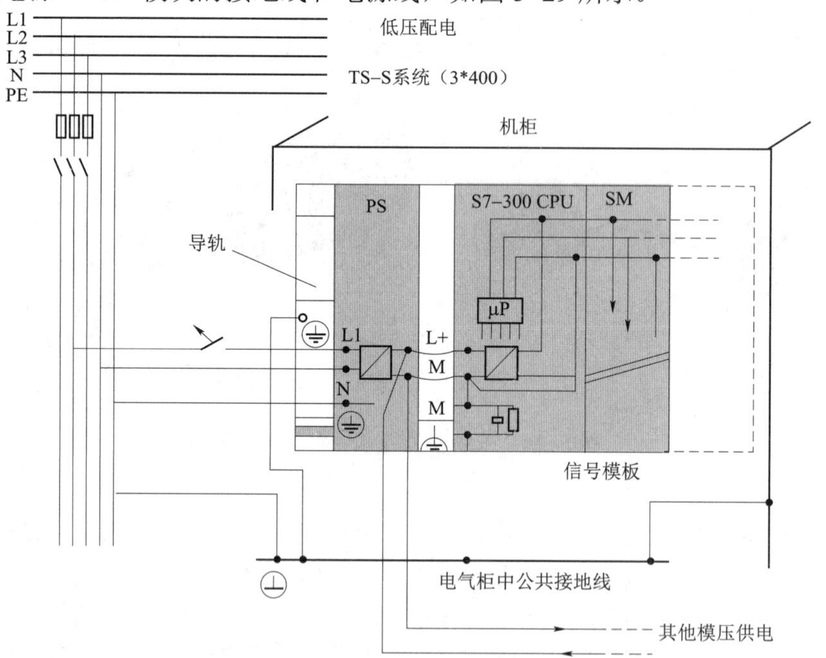

图 5–29　电源模块接地线和电源线接线图

② 连接电源（PS）模块和 CPU 模块之间的 U 形电源连接器。

③　保护接地导线和导轨的连接。导轨已固定在安装表面上，保护接地导线的最小截面积为 10 mm^2。

④ 屏蔽连接器件。屏蔽连接器件直接连接到导轨上，将固定支架的两个螺栓推到导轨底部的滑槽里，将支架固定在屏蔽电缆需连接的模块下面，将固定支架旋紧到导轨上。屏蔽端子下面带有一个开槽的金属片，将屏蔽端子放在支架一边，然后向下推屏蔽端子到所要求的位置。

如果还需要安装其他功能模块（FM）或通信模块（CP），则将模块安装到信号模块后面的导轨上，安装后的 S7–300 PLC 如图 5–30 所示。

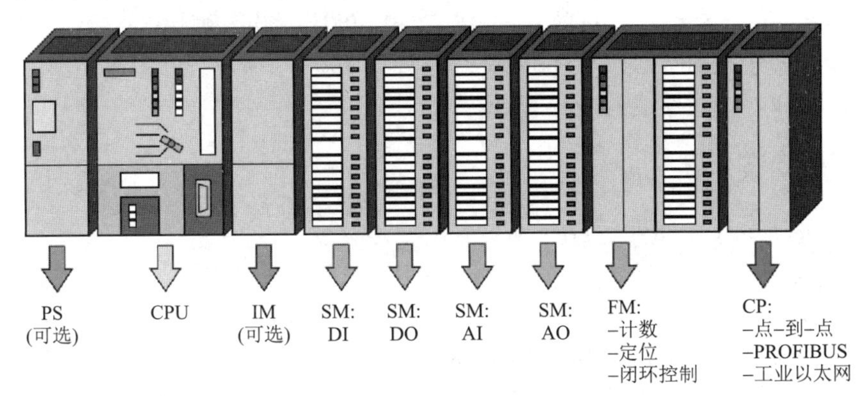

图 5–30　安装后的 S7–300 PLC

7. 机柜选型与安装

对于大型设备的运行或安装，环境中有干扰或污染时，应该将 S7–300 安装在一个机柜中。在选择机柜时，应注意以下事项：

① 机柜安装位置处的环境条件（温度、湿度、尘埃、化学影响、爆炸危险）决定了机柜所需的防护等级（.IP xx）。

② 模块导轨间的安装间隙。

③　机柜中所有组件的总功率消耗。

在确定 S7–300 机柜安装尺寸时，应注意以下技术参数：

① 模块导轨所需安装空间。

② 模块导轨和机柜柜壁之间的最小间隙。

③ 模块导轨之间的最小间隙。

④ 电缆导管或风扇所需的安装空间。

⑤ 机柜固定位置。

技能训练

实训　安装一个典型的 S7–300 PLC 硬件系统

一、实训目的

①　熟悉 S7–300 常用模块。

② 掌握 S7-300 常用模块安装规范。

二、实训任务和要求

安装一个单导轨 PLC 控制系统，包含电源模块、CPU 模块、数字量模块、模拟量模块和通信模块等。

要求各模块安装符合安装规范。

三、实训设备

电源模块 PS 305（5 A）、CPU 模块 313C-2DP、数字量输入模块 SM321、数字量输出模块 SM322、模拟量模块 SM334、通信模块 CP341-1 和 CP341-5、总线连接器、前连接器、导轨、螺钉、螺钉旋具、导线若干。

四、实训步骤

① 对照部件清单检查部件是否齐备。
② 安装导轨。
③ 安装电源。
④ 把总线连接器连到 CPU，并安装模块。
⑤ 把总线连接器连到 I/O 模块和 CP 模块，并安装模块。
⑥ 连接前连接器，并插入标签条和槽号。
⑦ 给模块配线（电源、CPU 和 I/O 模块）。

五、实训报告

① 写出 PLC 硬件系统安装顺序。
② 写出每一个部件的安装规范。
③ 填写下表，写出 PLC 硬件名称、订货号。

模块	PS	CPU	DI	DO	AI	AO	CP
名称							
订货号							

思考练习题

一、填空题

1. S7-300 PLC 的负载电源模块用于将________电源转换为________电源。
2. SM 模块是________I/O 模块和________I/O 模块的总称。
3. 通信处理器用于实现 PLC 与________之间的通信
4. S7-300 PLC 各个模块之间通过________相互连接。
5. 每个 S7-300 机架，最多可安装________个 SM 模块。

6. ________应当安装在机架的最左边。

7. S7–300 PLC 扩展机架上的接口模块应安装在________边或者在________之后。

8. S7–300 PLC 若采用 IM360/IM361 接口模块，则每个扩展机架都需要________。

9. S7–300 PLC 若采用 IM360/IM361 接口模块，IM360 应当安装在________上，而 IM361 应当安装在________上。

10. 微存储器卡 MMC 用于对________的扩充。

11. CPU 型号后缀有“DP”字样，表明该型号的 CPU 集成有现场总线________通信接口。

12. 型号为 DI32×DC 24 V 的模块属于________，有 32 点的________通道，适用于电压为________的现场信号。

13. 型号为 DI8×DC 24 V，Interrupt 的模块，带有________和中断功能。

14. AI 模块转换结果为有符号数，符号位存放在________位，“1”表示转换结果为________，“0”表示结果为________。

15. 现场数字量传感器若需要 DC24 V 电源，可以利用负载电源模块（PS），通过________模块向传感器供电。

16. S7–300 PLC 对各个 I/O 点的编址是依据其所属模块的________决定的。

17. S7–300 PLC 给每个槽位分配的字节数是________字节。

18. I9.0 是一个数字量________通道的地址，它位于________机架的________号槽位。

19. 若在 1 号扩展机架的 8 号槽位安装了一块 D08×DC 24 V 模块，则该槽位第 2 个点的地址编号为_______。

20. 负载电源模块具有自保护功能，如果输出短路，则输出电压为_______，短路故障解除后可_______恢复供电。

21. QW272 表示一个模拟量_______通道的地址，其中高位字节是_______，低位字节是_______。

22. S7–400 PLC 的中央机架必须配置 CPU 模块和_______模块。

23. S7–300/400 PLC 用户程序的开发与设计，必须使用_______软件包进行组态和编程。

24. S7–300/400 PLC 指令中的基本数据类型用于定义不超过____位的数据。

25. PI/PO 存储区又称为_______区，可直接访问_______模块。

26. 在 S7 指令系统中，十进制常数 100 可用 B#16#64 表示，其中“#”为_______符，“16”表示____进制，并且占用了_______个存储字节。

二、判断题（判断下列说法的正误，正确的在括号中打“√”，错误的打“×”）

1. S7–300/400 系列的 PLC 属于一体化式结构的 PLC。（　　）

2. 负载电源模块（PS）不负责向 CPU 模块供电。（　　）

3. CPU 单元模块内部有将 DC 24 V 电源转换为 DC 5 V 的电路，负责向微处理器供电。（　　）

4.　通信处理器属于一种功能模块。（　　）

5. 在组成一套 S7–300 PLC 时，导轨是必选件。（　　）

6. S7–300 PLC 各模块之间信息的传递通过背板总线来完成。（　　）

7. S7–300 PLC 背板总线集成在每一个模块中。（　　）

8. S7–300 的总线接头固定在导轨上。（　　）

9. SIMATIC 人机界面（HMI）的控制程序被集成在 S7–300 PLC 操作系统内。（　　）

10. 机架上各个模块的耗电量也是选择 CPU 模块的依据之一。（　　）

11. S7–300 PLC 的扩展机架不需要接口模块。（　　）

12. 中央机架的编号为 0，与其相连的扩展机架编号为 1，其余类推。（　　）

13. S7–300 的工作存储器、系统存储器都属于 CPU 的内置 RAM。（　　）

14. 某些 CPU 模块集成有 I/O 通道，可直接按组成小点数系统，无须配置信号模块。（　　）

15. S7–300 PLC 允许的最大 I/O 点数是固定的，都为 1 024。（　　）

16. AI 模块是模拟量输入模块，属于 SM 模块的一种，其核心部件是 A/D 转换器。（　　）

17. AI 模块的转换结果按二进制补码形式存放。（　　）

18. 电源模块（PS）可通过数字量输出模块向负载供电。（　　）

19. 若信号模块的 I/O 点数少于槽位上允许的最大点数，则它所占用的槽位上多余的地址可分配给其他模块。（　　）

20. S7–400 PLC 的信号模块可以带电插拔更换。（　　）

21. S7–400 PLC 的扩展能力与 S7–300 PLC 大致相同。（　　）

22. S7 系列 PLC 的位存储区（M）用于存储用户程序的中间运算结果和标志位。（　　）

23. S7 系列 PLC 的位存储区（M）不能按双字（MD）存取。（　　）

24. PI/PO 存储区可以按位存取。（　　）

25. 本地数据（L）是局域数据，也称为动态数据。（　　）

三、选择题

1. 高速计数器模块属于（　　）。

A. 信号模块（SM）　　B. 功能模块（FM）　　C. 接口模块（IM）

2. 在下列模块中，哪一个模块是 S7–300 PLC 必须具备的？（　　）

A. 负载电源模块　　B. 信号模块　　C. CPU 模块

3. S7–300 PLC 的一个机架上所有模块所需的 DC 5 V 电源，由下列哪个模块提供？（　　）

A. CPU 模块　　B. 负载电源模块　　C. 接口模块

4. 中央机架上接口模块的位置是（　　）。

A. 最左端　　B. PS 模块之后　　C. CPU 模块之后

5. S7–300 的系统存储器用于存放（　　）。

A. PLC 系统程序　　B. 用户程序

C. I/O 映像寄存器、位存储器、计数器、定时器等

6. S7–300PLC 的允许容量（I/O 最大点数）取决于（　　）。

A. CPU 模块的型号　　B. 系统存储器的容量

C. 电源模块的功率

7. 存放 AI 模块转换结果所需的长度为（　　）。

A. 单字节　　B. 单字（双字节）　　C. 双字（四字节）

8. S7–300 PLC 的每个机架最多可以安装的模块数量是（　　）。

A. 8 块　　B. 10 块　　C. 11 块

9. S7–300 PLC 的 I/O 编址从第几号槽位开始？（　　）。

A. 3 号槽位　　B. 4 号槽位　　C. 5 号槽位

10. S7–300 PLC 的每个槽位最多可有几个 I/O 点？（　　）

A. 16 点　　B. 24 点　　C. 32 点

11. 下列哪一系列的 PLC 适宜于多点数、分布式 I/O 的场合？（　　）

A. S7–200 PLC　　B. S7–300 PLC　　C. S7–400 PLC

12.　下列哪一个是 32 位无符号整数类型符号？（　　）

A. DWORD　　B. DINT　　C. WORD

四、分析思考题

1. 接口模块（IM）的作用是什么？

2. 简述 AI 模块转换结果的存储格式。

3. S7–300 PLC 的背板总线是通过怎样的形式连接起来的？S7–300 PLC 的电源模块是否为必选器件？S7–400 PLC 的背板总线结构与 S7–300 PLC 有何不同？

4. S7–300 PLC 最大可以扩展几个机架？每个机架最多可以安装几个 I/O 模块？

5. PI/PQ 与 I/Q 有什么区别？位逻辑指令可以使用 PI/PQ 存储区的地址吗？

STEP 7 编程软件和 PLCSIM 仿真软件的安装和硬件组态

工作任务 1　STEP 7 编程软件的安装

教学导航

任务目标

① 了解 S7–300 软件对计算机的要求。
② 会安装 STEP 7 编程软件和许可证密钥。
③ 会使用 STEP 7 编程软件进行硬件组态。
④ 熟悉 STEP 7 的基本功能。

知识分布网络

软件安装
- STEP 7编程软件安装
- PLCSIM仿真软件的安装

任务分析

完成了 S7–300 PLC 的硬件安装以后，要想能够实现控制要求，还需要编写相应的控制程序完成控制要求，编程软件为 STEP 7。本任务要求掌握编程软件的安装、使用方法和注意事项，同时能够用 PLCSIM 仿真软件进行程序调试。

知识链接

一、S7–300/400 PLC 的编程软件

STEP 7 是用于对西门子 PLC 进行编程和组态（配置）的软件。

STEP 7 主要有以下版本。

① STEP 7 Micro/DOS 和 STEP 7 MicroWIN：适用于 S7–200 系列 PLC 的编程和组态。

② STEP 7 Lite：适用于 S7–300、C7 系列 PLC、ET200X 和 ET200S 系列分布式 I/O 的编程和组态。

③ STEP 7 Basis：适用于 S7–300/S7–400、M7–300/M7–400 和 C7 系列 PLC 的编程和组态。

④ STEP 7 Professional：它除包含 STEP 7 Basis 版本的标准组件外，还包含了扩展软件包，如 S7–Graph（顺序功能流程图）、S7–SCL（结构化语言）和 S7–PLCSIM（仿真）。

本书介绍的 STEP 7 V5.4 SP5 软件属于 STEP 7 Basis 版本，如果需要在该软件中使用仿真功能和绘制顺序流程图，必须另外安装 S7–PLCSIM 和 S7–Graph 组件。

二、STEP 7 软件的安装要求

1. 硬件要求

① CPU：主频为 600 MHz 及以上。

② 内存：至少为 256 MB。

③ 硬盘的剩余空间：应在 300～600 MB 以上，视安装选项不同而定。

④ 显示设备：显示器支持 1 024×768 分辨率和 16 位以上彩色。

2. 软件要求

① Microsoft Windows 2000（至少为 SP3 版本）。

② Microsoft Windows XP Professional（专业版，建议 SP1 或以上）。

③ Microsoft Windows Server 2003。

以上操作系统需要安装 Microsoft Internet Explorer 6.0 或以上版本。STEP 7 V5.4 对 Microsoft Windows 3.1/95/98/NT 都不支持，也不支持 Microsoft XP Home（家用）版本。

建议将 STEP 7 和西门子的其他大型软件（如 WinCC flexible 和 WinCC 等）安装在 C 盘。这些软件出现问题时，可以用 Ghost 快速恢复它们。

三、STEP 7 软件的安装

1. 安装前的准备

为了让安装过程能顺利进行，建议在安装 STEP 7 软件前关闭 Windows 防火墙、杀毒软件和安全防护软件（如 360 安全卫士）。Windows 防火墙的关闭方法如图 6–1 所示，打开“控制面板”，双击“Windows 防火墙”图标，弹出“Windows 防火墙”窗口，选择“关闭”选项，确定后即可关闭 Windows 防火墙。

2. 安装过程

将含有 STEP 7 软件的光盘放入计算机光驱，为了使安装过程更加快捷，建议将 STEP 7

软件复制到硬盘某分区的根目录下（如 D 盘），文件夹名称不要包含中文字符，否则安装时可能会出错。打开 STEP 7 软件文件夹，如图 6–2 所示，双击 Setup.exe 文件即开始安装 STEP 7 软件。STEP 7 软件安装过程中出现的对话框及说明如图 6–3 所示。

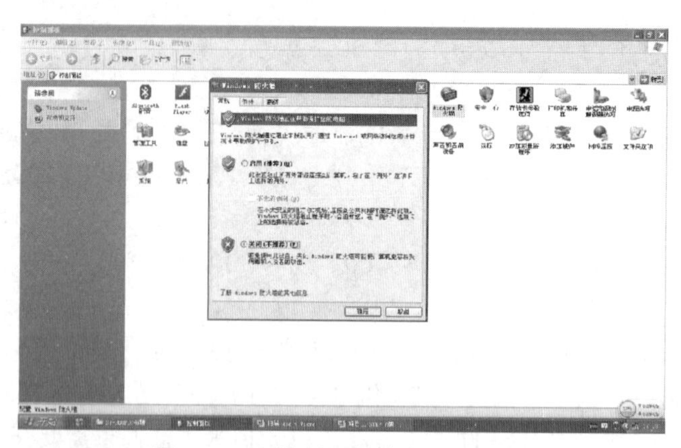

图 6–1　在控制面板中关闭防火墙

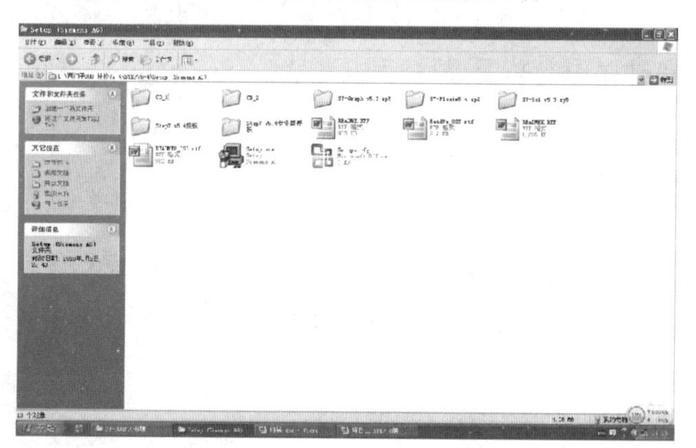

图 6–2　STEP 7 软件文件夹

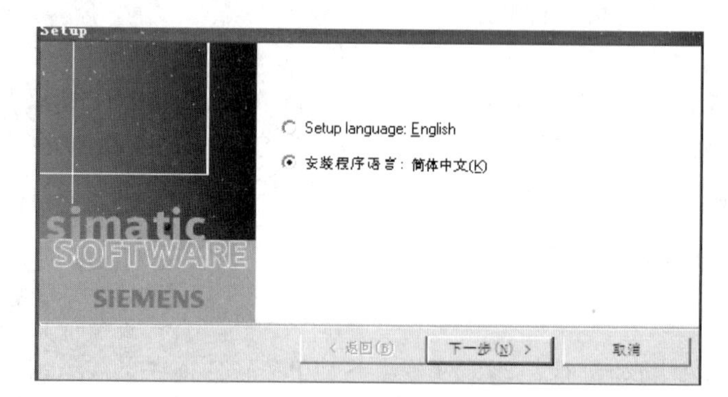

图 6–3　选择安装程序语言

① 对话框要求选择安装程序语言，选择简体中文项。

② 对话框要求选择安装的程序，如图 6–4 所示，STEP 7 V5.4 incl. SP4 Chinese 为 STEP 7 主程序，必须安装，其他程序可选择安装，如计算机中已安装了阅读 PDF 文件的软件，可

不安装 Adobe Reader 8 软件。

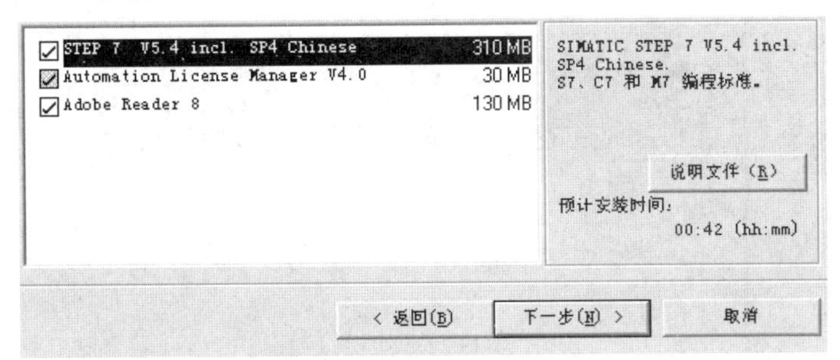

图 6–4　选择安装的程序

③ 在对话框中，输入用户信息，包括用户名和组织，如图 6–5 所示。

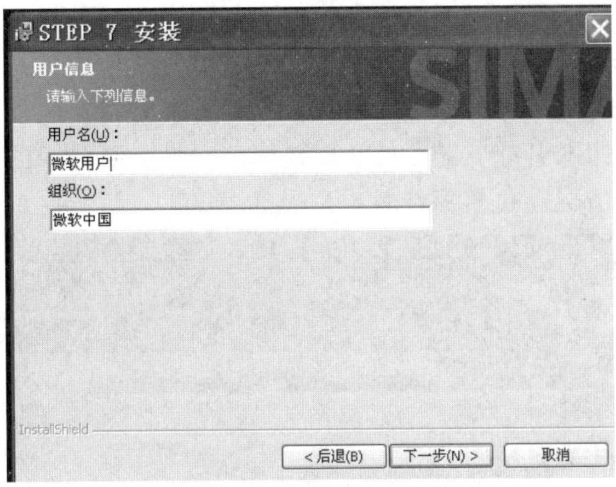

图 6–5　输入用户信息

④ 在对话框中，选择安装类型和安装路径（位置），这里保持默认设置，如要更改软件安装位置，可单击“更改”按钮来选择新的安装路径，注意路径中不能含有中文字符，如图 6–6 所示。

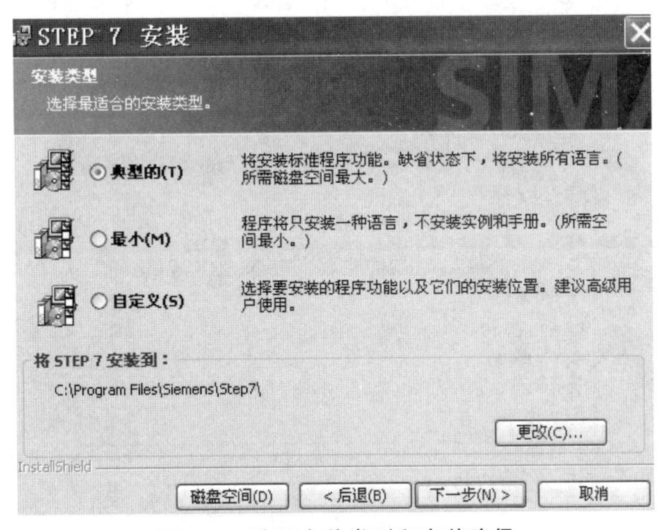

图 6–6　选择安装类型和安装路径

⑤ 在对话框中，选择产品语言，这里选择“简体中文”，如图 6–7 所示。

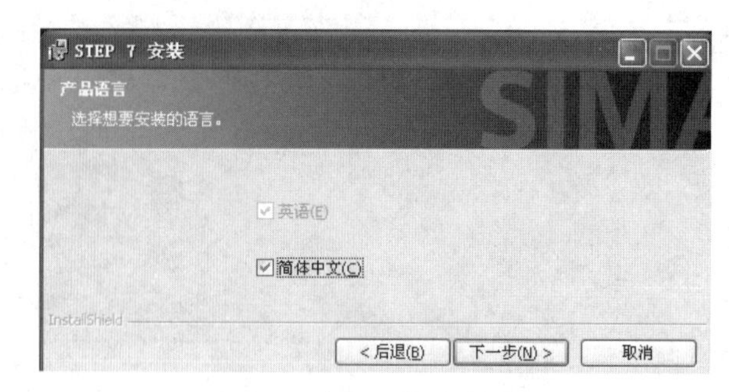

图 6–7　选择“简体中文”

⑥ 在对话框中，选择密钥传送方式，如果无密钥，STEP 7 软件只能使用 14 天，这里选中“否，以后再传送许可证密钥”单选按钮，可先试用或以后使用授权工具来安装密钥，如图 6–8 所示。

⑦ 在对话框中，提示准备安装程序，如图 6–9 所示，并显示前面进行的选择和输入的信息，单击“安装”按钮即开始安装 STEP 7 软件，安装需要较长的时间。在安装过程中，如遇到无法继续安装的情况，可重启计算机后重新安装。

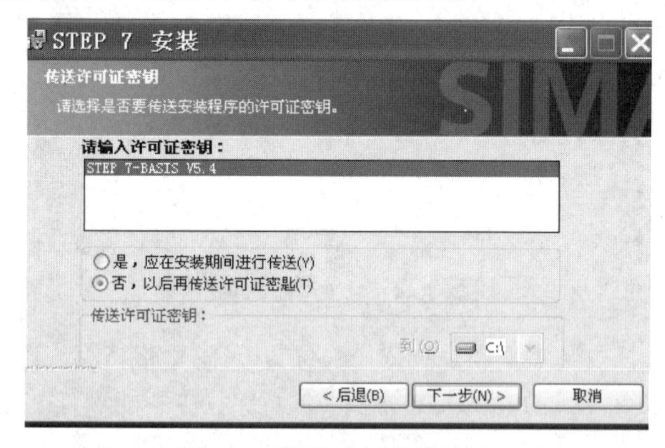

图 6–8　选择密钥传送方式

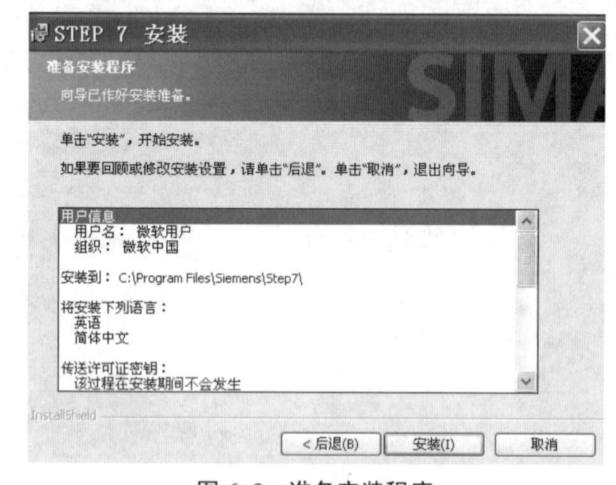

图 6–9　准备安装程序

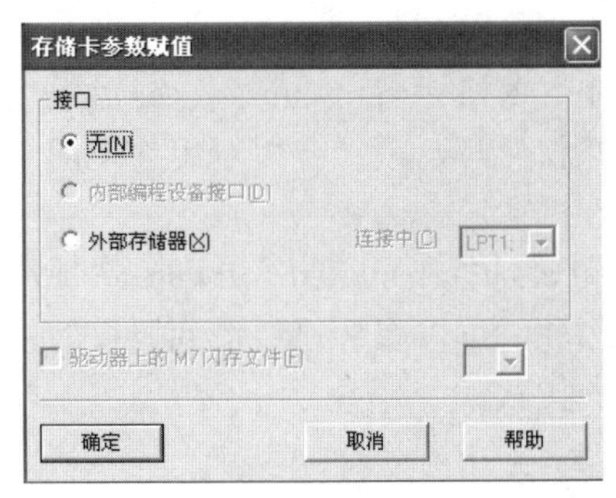

图 6–10　选择存储卡参数赋值方式

⑧ 在对话框中，选择存储卡参数赋值方式，这里选中“无”单选按钮，再单击“确定”按钮，如图 6–10 所示。

⑨ 在对话框中，设置 PG/PC（编程器/个人计算机）通信的接口参数，安装好 STEP 7 后，在 SIMATIC 管理器中执行“选项”→“设置 PG/PC 接口”命令，会出现上述的对话框，这里单击“取消”按钮，在以后需要时再进行设置。

⑩ 在对话框中，提示软件已成功安装，选择立即重启计算机，再单击“完成”按钮，即完成 STEP 7 软件的安装，如图 6–11 所示。

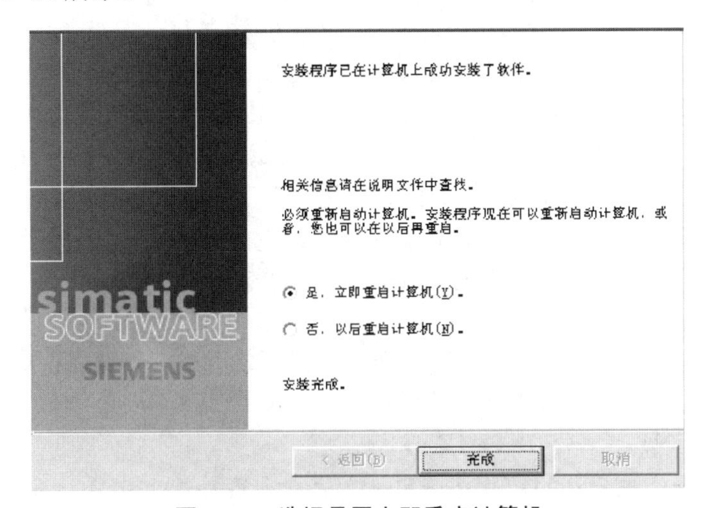

图 6–11　选择是否立即重启计算机

STEP 7 软件安装完成后，在计算机桌面上会出现如图 6–12 所示的两个图标。Automation License Manager 为自动化许可证管理器，用来传送、显示和删除西门子软件的许可证密钥；SIMATIC Manager 为 SIMATIC 管理器，用于将 STEP 7 标准组件和扩展组件集成在一起，并将所有数据和设置收集在一个项目中，双击 SIMATIC Manager 即启动 STEP 7。

图 6–12　图标

四、STEP 7 的授权管理

授权是使用 STEP 7 软件的“钥匙”。只有在硬盘上找到相应的授权，STEP 7 才可以正确使用，否则会提示用户安装授权。在购买 STEP 7 软件时会附带一张包含授权的 3.5 英寸的黄色软盘。用户可以在安装过程中将授权从软盘转移到硬盘上，也可以在安装完成后的任何时间内使用授权管理器完成转移。

SIMATIC STEP 7 Professional 2006 SP4 安装光盘上附带的授权管理器（Automation License Manager V3.0 SP1）是最新的西门子公司自动化软件产品授权管理工具，它取代了以往的 AuthorsW 工具。安装完成后，在 Windows 的开始菜单中，选择 SIMATIC→License

Management→Automation License Manager 选项，启动该程序。

授权管理器的操作非常简便，选中左窗格中的盘符，在右窗格中就可以看到该磁盘上的授权信息。如果没有安装正式授权，在第一次使用 STEP 7 软件时，系统会提示用户使用一个有效期为 14 天的试用授权。

单击工具栏中部的选择窗格下拉按钮，则显示下拉菜单，选择 Installed software 选项，可以查看已经安装的软件信息。若选择 Licensed software 选项，可以查看已经得到授权的软件信息。选择 Missing License key 选项，可以查看所缺少的授权。

五、STEP 7 软件在安装及使用过程中的注意事项

1. 检查字符集的兼容性

目前各个版本的 STEP 7 都是在西文（英文、德文、西班牙文、法文、意大利文）字符环境下进行安装和测试的，所以在安装 STEP 7 软件之前一定要将 PC 操作系统的字符集切换为英文字符，否则可能会弹出错误提示，并终止安装过程。

如果遇到字符集错误，则需要将“系统的语言设置”栏区域设置为“英语（美国）”。

另外，因为目前发布的 STEP 7 软件的开发和测试都是基于英文平台和英文字符集的，所以在使用 STEP 7 的过程中，若使用中文就可能产生错误，如符号地址的名称、注释，尤其在使用符号表时，尽量不要使用中文字符，建议使用英文标识。当 STEP 7 出现程序块打不开的情况时，同样需要将字符集切换为英文状态，重启后就可以打开了，然后再切换回中文状态，问题就可以解决了。

对于 STEP 7 的中文版，安装时不会出现上述问题，但在打开 STEP 7 程序时，有时也会出现字符集错误提示，一般不影响程序操作。

2. 检查软件兼容性

在确保 PC 的操作系统和字符集与 STEP 7 完全兼容后，如果还存在使用问题，那么就需要进一步检查软件的兼容性情况。

建议在安装 STEP 7 之前，先不要安装杀毒软件、防火墙软件、数据库软件、Protel 99 SE、金山词霸、系统资源管理软件等工具软件，这些工具对 PC 软硬件资源的独占性强，有的软件稳定性测试不全面，所以可能与 STEP 7 产生一些冲突，如对注册表的修改、动态链接库的调用等。

如果不能确定是哪个软件与 STEP 7 发生冲突，建议用户做好数据备份后，重新安装操作系统，先安装 STEP 7，再安装其他软件。

在安装 STEP 7 或其他软件时，可能出现 Please restart Windows before installing new programs（安装新程序之前，请重新启动 Windows），或其他类似的提示信息。如果重新启动计算机后再安装软件，还是出现上述信息，说明因为杀毒软件的原因，Windows 操作系统已经注册了一个或多个写保护文件，以防止其被删除或重命名。解决的方法如下。

执行“开始”→“运行”命令，在出现的“运行”对话框中输入 regedit，打开注册表编辑器。选中注册表左边的 HKEY_ LOCAL_ MACHINE\System\CurrentControlSet\Control\Session Manager 文件夹，如果右边窗格中有条目 Pending File Rename Operations，将它删除，不用重新启动就可以安装软件了。可能每安装一个软件都需要做同样的操作。

注意西门子自动化软件的安装顺序。必须先安装 STEP 7，再安装上位机组态软件 WinCC

和人机界面的组态软件 WinCC Flexible。

3. STEP 7 软件的硬件更新与版本升级

自动控制系统的硬件总是在不断发展，每一个 STEP 7 新版本都会支持更多、更新的硬件，但是用户安装的软件往往不能随时更新为最新版本，因此，STEP 7 提供了在线硬件更新功能。

用户可以通过以下方法更新 STEP 7 硬件目录中的模块信息。

① 打开 STEP 7 的硬件组态窗口。

② 选择“选项”→“安装 HW 更新”选项，开始硬件更新，如图 6–13 所示。第一次使用时会提示用户设置 Internet 下载网址和更新文件保存目录。

③ 设置完成后，弹出硬件更新窗口，选中“从 Internet 下载”单选按钮。如果用户已经连到了 Internet 上，单击“执行”按钮就可以从网上下载最新的硬件列表。如用户已经下载，则选中“从磁盘中复制”单选按钮。

④ 在弹出的更新列表中选择需要的硬件，单击“下载”按钮即可。

⑤ 下载完成后系统会继续提示用户安装下载的硬件信息。在 Installed 栏如果显示 no，表示该硬件尚未安装；如果显示 Supplied，表示当前的 STEP 7 中已经包含了该硬件，无需再更新。选中需要更新的硬件，单击 Install 按钮，按照提示即可完成更新。

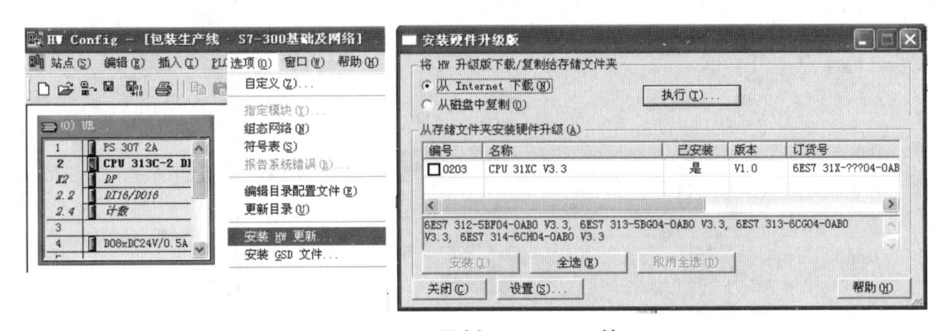

图 6–13　更新 STEP 7 硬件

六、项目的分层结构

项目是以分层结构保存对象数据的文件夹，包含了自动控制系统中所有的数据。第一层为项目，第二层为站，站是组态硬件的起点。站的下面是 CPU，“S7 程序”文件夹是编写程序的起点，所有的用户程序均存放在该文件夹中。

用鼠标选中项目结构中某一层的对象，管理器右边的窗格将显示所选文件夹内的对象。双击其中的某个对象，可打开和编辑该对象。

项目包含站和网络对象，站包含硬件、CPU 和 CP（通信处理器），CPU 包含 S7 程序和连接，S7 程序包含源文件、块和符号表。生成程序时自动生成一个空的符号表。

项目刚生成时，“块”文件夹中只有主程序 OB1。

工作任务 2　PLCSIM 仿真软件的安装

教学导航

↘ 任务目标

① 掌握仿真软件 PLCSIM 的安装方法和步骤。
② 掌握仿真软件的基本功能和使用方法。

任务分析

集成在 STEP 7 中的仿真软件为 PLCSIM，安装了仿真软件以后可以在计算机上模拟 PLC 的用户程序执行过程。可以在开发阶段进行仿真调试程序，以便及时发现和排除错误。本任务要求掌握安装仿真软件的方法，并且掌握软件的基本使用功能，为以后的工作打下基础。

知识链接

安装好 STEP 7 以后就可以安装仿真软件了。安装后，PLCSIM 会自动嵌入 STEP 7，只要在 SIMATIC 管理器的工具栏中单击图标（打开 / 关闭仿真器）就可以打开仿真软件，如图 6–14 所示。

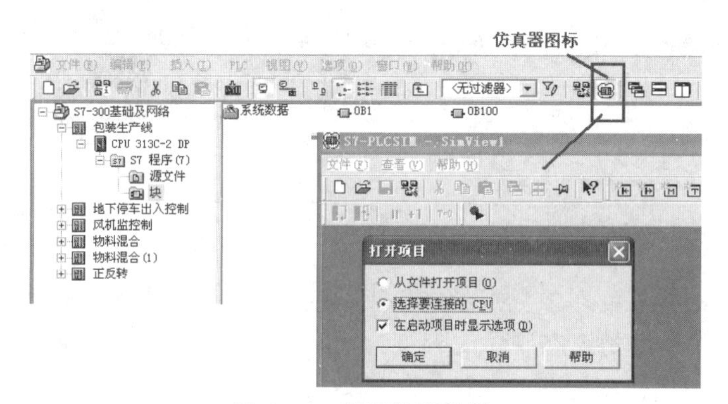

图 6–14　打开仿真软件

任务实施

PLCSIM 仿真软件的安装过程如下。

① 首先打开 PLCSIM 软件安装程序文件夹，选择“S7–Plcsim5.4 sp2”文件夹，如图 6–15 所示，双击安装程序 Setup. exe，如图 6–16 所示。

② 运行安装程序后，会弹出如图 6–17 所示欢迎界面，而后单击界面中的 Next 按钮进入下一步。

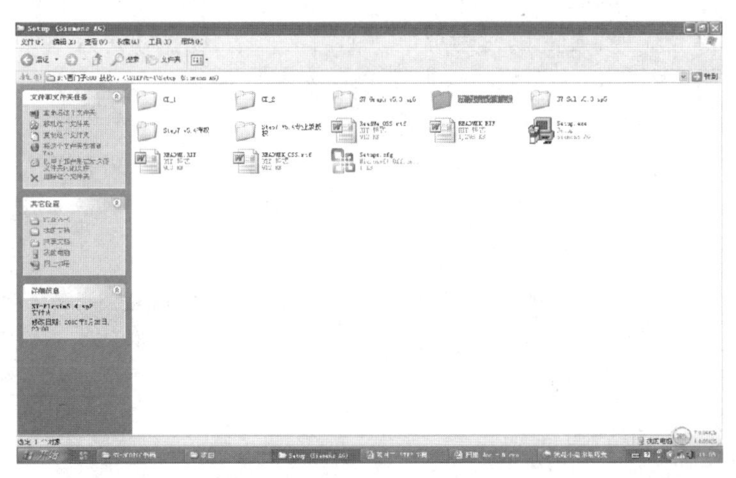

图 6–15　选择“S7–Plcsim5.4 sp2”文件夹

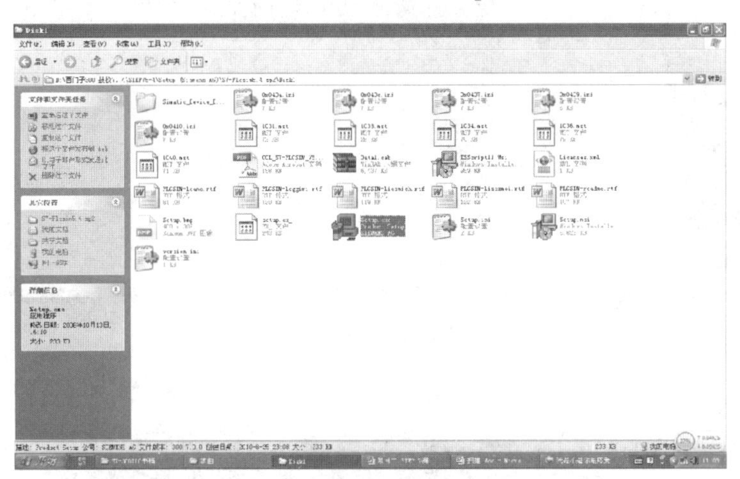

图 6–16　安装程序 Setup.exe

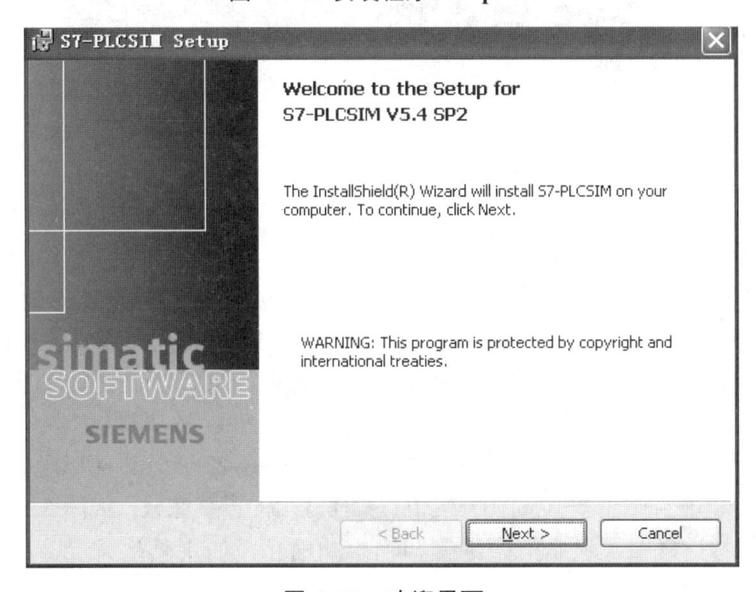

图 6–17　欢迎界面

在弹出的界面中选择安装的语言为英语。而后单击 Next 按钮进入下一步。

③ 继续选择安装的程序，在需要安装的程序名称前的复选框中单击，使其处于选中状态。计算机中已经安装的程序，系统会自动检索并提示，选择后单击 Next 按钮，进入下一步，而后会等候一段时间，窗口中会弹出如图 6–18 所示版权确认界面。

④ 如果继续安装需要选中 I accept the terms in the license agreement 单选按钮，版权确认后，再单击 Next 按钮继续。

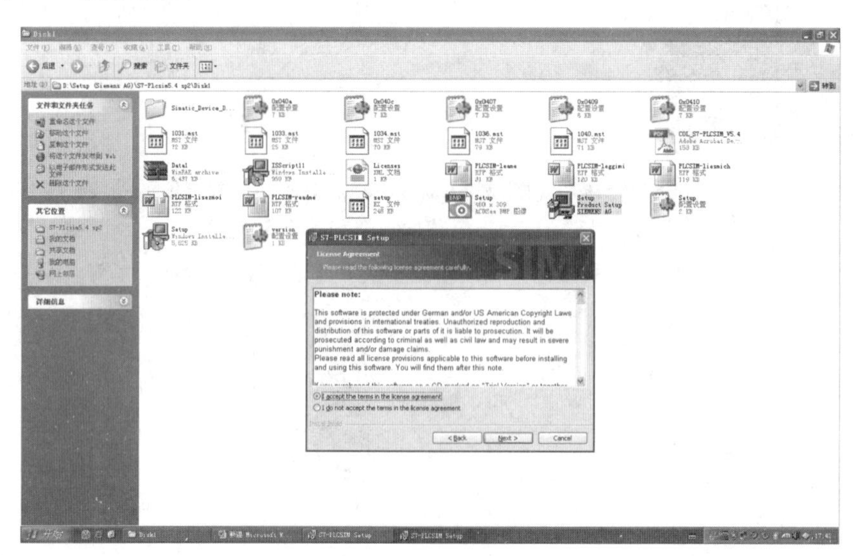

图 6–18　版权确认

⑤ 填写用户信息，如图 6–19 所示。

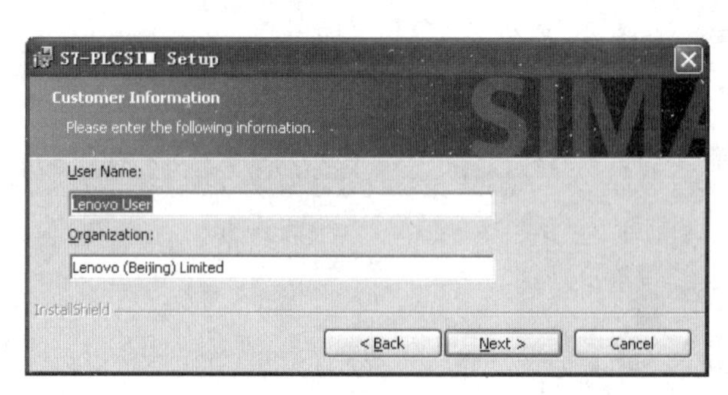

图 6–19　填写用户信息

⑥ 接着要选择安装类型。和 STEP 7 一样，PLCSIM 也有典型安装、最小安装和自定义安装三种方式，如图 6–20 所示。选择典型安装（Typical）后，通过单击 Change 按钮可以选择程序安装的位置，设置完成后单击 Next 按钮，进入语言选择步骤，如图 6–21 所示。英语为默认语言，也可以选择安装其他的语言，选择后单击 Next 按钮继续。

⑦ 在安装过程中需要选择是否安装许可证密钥，如图 6–22 所示，可以现在安装，也可以以后再安装，选择后单击 Next 按钮，则在安装仿真程序之前的设置完成，如图 6–23 所示。

⑧ 在出现的对话框中，显示前面选择和输入的信息，如果确认无误，单击 Install 按钮。正式开始安装 S7–PLCSIM。

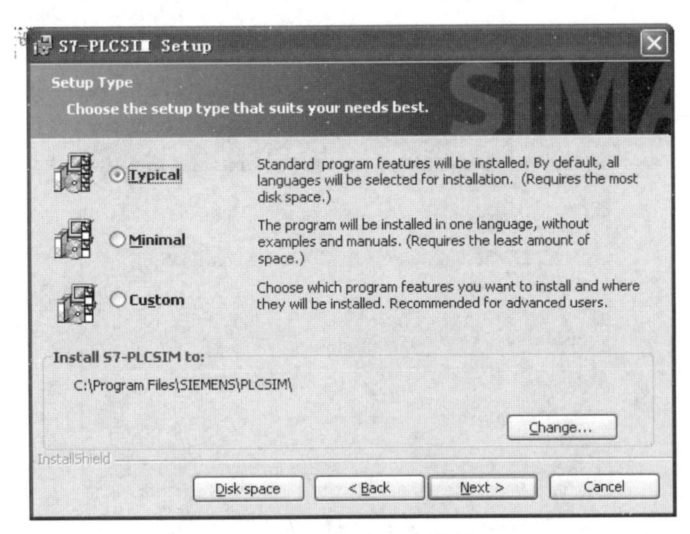

图 6–20　选择安装类型

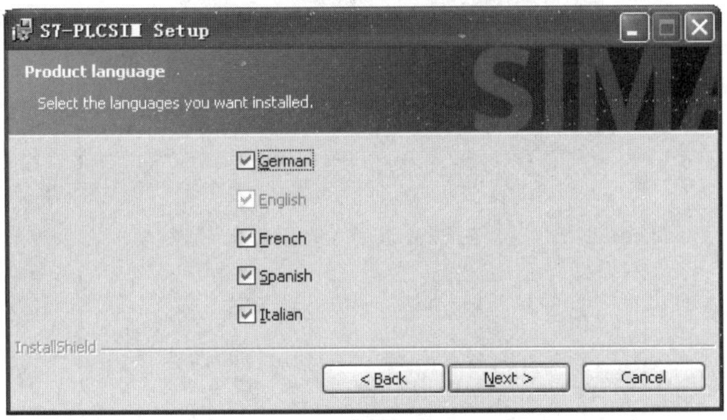

图 6–21　选择产品界面语言

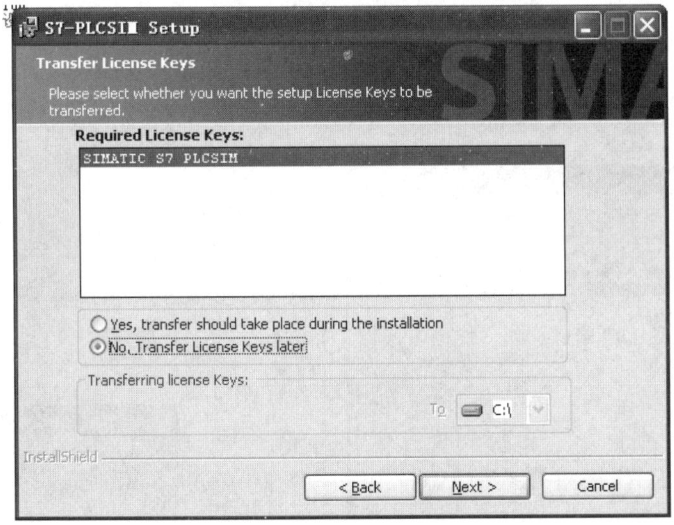

图 6–22　选择是否安装许可证密钥

⑨ 安装等待界面，如图 6–24 所示。

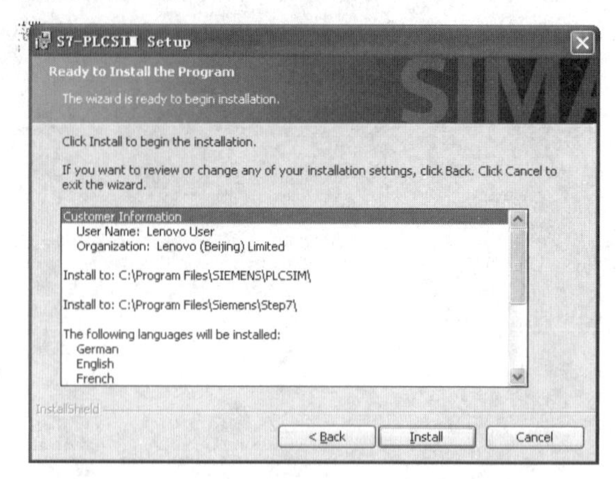

图 6–23　显示前面选择和输入的信息

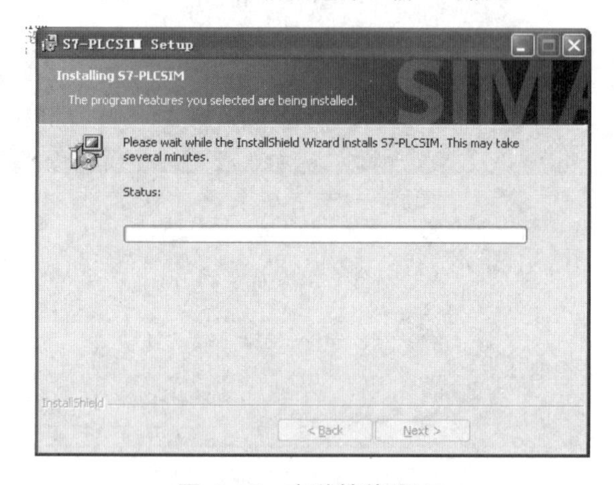

图 6–24　安装等待界面

⑩ 程序安装完成后，单击 Finish 按钮，如图 6–25 所示，出现图 6–26 所示对话框，提示启动计算机。计算机重新启动后，仿真软件 PLCSIM 就自动嵌入 STEP 7 中，在仿真调试时就可以使用了。

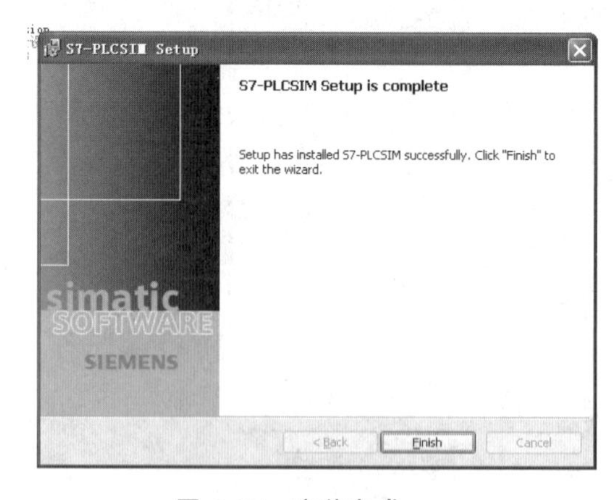

图 6–25　安装完成

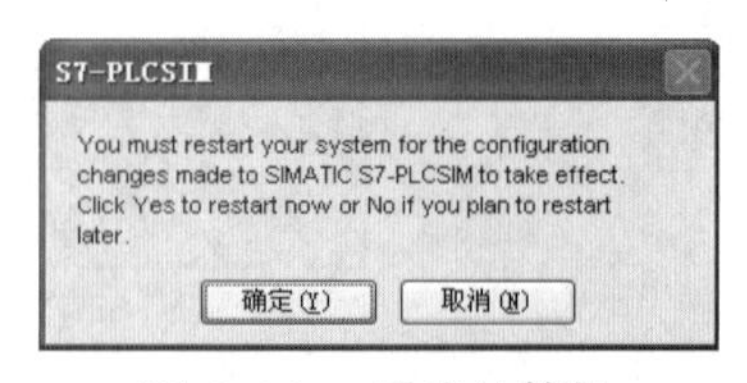

图 6–26　重启计算机

项目七

S7–300/400 PLC 程序设计及调试

工作任务 1　位逻辑指令应用

教学导航

任务目标

① 会设计简单的 PLC 控制程序。
② 会用 PLCSIM 软件进行仿真调试。
③ 会进行硬件接线和系统调试。
④ 掌握 S7–300 PLC 的指令和功能。
⑤ 掌握程序设计的方法和步骤。
⑥ 掌握程序调试的方法。

知识分布网络

编程指令
- 位逻辑指令
- 定时器、计数器指令
- 功能指令
- 模拟量及 PID 指令

任务分析

位逻辑指令是编程中最常用的指令形式，位逻辑指令使用两个数字 1 和 0，对于触点和线圈而言，1 表示已激活或已励磁，0 表示未激活或未励磁。在本任务中通过四路抢答器控制、电动机正反转控制、风机运行状态监控、地下停车场车辆出入控制等程序的编写和调试，掌握 S7–300 位逻辑指令的应用。

一、S7–300 的数据类型与存储区

1. 数制

S7–300 中常用的数制为二进制、十六进制和 BCD 码。

二进制数能够表示两种不同的状态——0 和 1。在 S7–300 中，二进制数常用 2#表示，例如 2#10010010 用来表示一个 8 位二进制数。在使用中，1 状态和 0 状态也可以用 TRUE 和 FALSE 表示。

4 位二进制数可以用 1 位十六进制数表示，使得计数更加简洁。十六进制数由 0～9 和 A～F 16 个数字符号组成。在 S7–300 中，十六进制数用 B#16#、W#16#或 DW#16#后面加十六进制数的形式表示，前面的字母 B 表示字节，例如 B#16#7F。字母 W 表示字，例如 W#16#35A8。字母 DW 表示双字，例如 DW#16#25D9B60E。

2. 数据类型

用户程序中的所有数据必须被数据类型识别。S7–300 有以下三种数据类型。

① 基本数据类型。

② 复杂数据类型（用户可以通过组合基本数据类型创建）。

③ 参数类型（用来定义传送到 FB 或 FC 的参数）。

基本数据类型语句表、梯形图和功能块图指令使用特定长度的数据对象。例如位逻辑指令使用位。装载和传递指令（STL）以及移动指令（LAD 和 FBD）使用字节、字和双字。

3. 存储区

在学习指令之前，要先了解有关 PLC 的存储区域的概念。不同品牌的 PLC，梯形图指令均大同小异，但是，存储区的名字及地址的表示方法却差异很大。如图 7–1 所示是 S7–300/400 存储地址示意图。

图 7–2 所示是存储区域输入/输出映像区，西门子 S7–300/400PLC 的存储区域分为以下几种。

输入映像区（I 或 PI）：开关量输入 DI 模块影射到 I 区，模拟量输入 AI 模块影射到 PI 区。输入映像区为只读区。

输出映像区（Q 或 PQ）：Q 区写入与之对应的开关量，输出 DO 模块；PQ 区写入与之对应的模拟量，输出 AO 模块。Q 区可读、写，PQ 只写，不可读。

位存储区（M）：又叫中间继电器，可读、写。

DB 块：用户定义的数据块，必须先定义后使用，可读、写。

T 区：定时器名。

C 区：计数器名。

L 区：这是局部数据区。上面提到的存储区都是全局数据区，所谓全局数据区，就是所有的程序（OB 块、FC 块、FB 块）都可以访问，而且访问到的是同一个变量；局部数据区则不然，每个独立的 OB 块、FC 块、FB 块都有一个独立的 L 区，例如，OB1 和 FC1 中都有 L0.0，但它们却不是同一个变量。

双字地址	字地址	字节地址	位地址 7	6	5	4	3	2	1	0	绝对地址
ID0	IW0	IB0									00000
		IB1									00001
	IW2	IB2									00002
		IB3									00003
											00004
		IB1023									01023
QD0	QW0	QB0									01024
		QB1									
	QW2	QB2									
		QB3									
		QB1023									
MD0	MW0	MB0									
		MB1									
	MW2	MB2									
		MB3									
		MB127									
											65535

图 7–1　S7–300/400 存储地址示意图

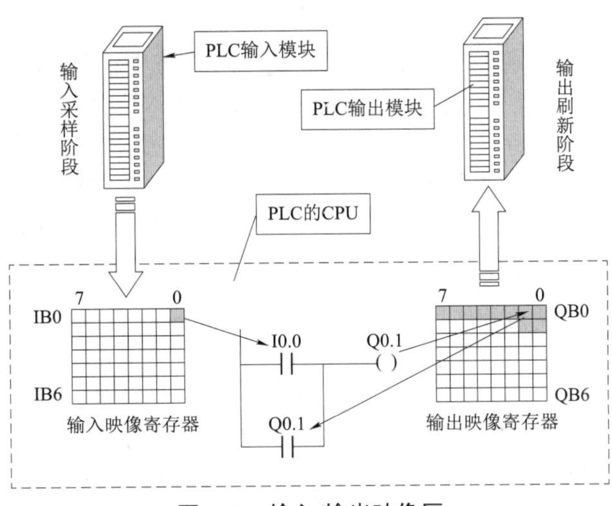

图 7–2　输入/输出映像区

DB：数据块地址寄存器，DBX、DBB、DBW、DBD 分别表示数据块的位、字节、字、双字。

在 STEP 7 的梯形图指令中，不同类型的常数的格式都有严格的规定。如 byte、word 和 dword 类型的常数，在输入时要以“16#”作为前缀，后面跟十六进制的数据；dint 类型的数据在输入时要以“L#”作为前缀，后面跟十进制的数据；real 类型的数据，在输入时，后面一定要带小数部分，如没有小数部分，则加上“.0”；计时器的时间常数则以“S5T#”为前缀，后面加上 a H_bbM_ccS_dddMS（表示：几小时_几分_几秒_几毫秒），“S5T#2.5S”表示 2.5 秒。

STEP 7 中的变量，从是否使用符号的角度，可以分为符号名变量和地址名变量。地址名变量是以存储区域名为前缀，后面紧跟代表二进制长度的 B、W、D（分别代表字节、字和双字），然后是起始字节的地址；位的地址名变量是存储区域名，加上位所在的字节地址，加“.”，加上位的序号。例如：IB0、IW0、ID0、I0.0；QB0、QW0、QD0、Q0.0；MB0、MW0、MD0、M0.0；LB0、LW0、LD0、L0.0；DB1.DBX0.0、DB1.DBB0、DB1.DBW0、DB1.DBD0。

定时器变量名以 T 开头加上一个 0～max 之间的数字来表示，如 T0、T1 等。计数器变量名以 C 开头加上一个 0～max 之间的数字来表示，如 C0、C1 等。（注：max 代表某型号的 CPU 所具有的最大定时器数。）建议大家尽量少用地址名变量，而使用符号名变量。符号名变量可以通过符号编辑器（symbol editor）来建立，也可以直接在使用了地址名变量后，用鼠标右键单击它，在弹出的快捷菜单中选择“编辑符号”命令，来建立符号。在 STEP 7 中，不仅可以为地址名变量建立符号名变量，还可以为组织块、功能块、功能、数据块建立符号名，并使用符号名来编写程序。一旦建立了符号名，在编写程序的过程中，系统会自动提示，以便用户正确输入变量。

L 区的变量是局域变量，从程序进入该块到结束的过程中，局域变量是稳定的，当程序再次进入时，该局域变量的内容是不可知的，系统可能覆盖了它。除此之外，其他存储区域的变量为全局变量，组织块、功能块、功能均可访问它们，系统不会改变它们的内容。

二、位逻辑指令

STEP 7 是 S7-300/400 系列 PLC 应用设计软件包，所支持的 PLC 编程语言非常丰富。其中 STL（语句表）、LAD（梯形图）及 FBD（功能块图）是 PLC 编程的三种基本语言。

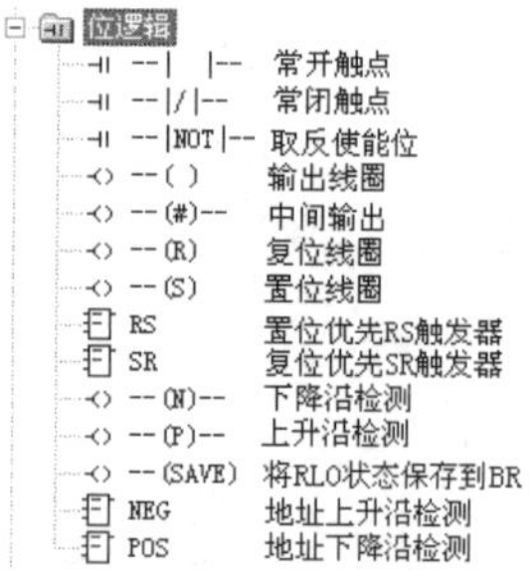

由于以上三种语言在 STEP 7 中可以相互转换，在介绍位逻辑指令时主要使 LAD 语言。在 STEP 7 的程序编辑器（STL、LAD、FBD）中，当切换到梯形图状况时，在编辑器左方的指令区可展开位逻辑指令，如图 7-3 所示。

位逻辑
--| |-- 常开触点
--|/|-- 常闭触点
--|NOT|-- 取反使能位
--( ) 输出线圈
--(#)-- 中间输出
--(R) 复位线圈
--(S) 置位线圈
RS 置位优先RS触发器
SR 复位优先SR触发器
--(N)-- 下降沿检测
--(P)-- 上升沿检测
--(SAVE) 将RLO状态保存到BR
NEG 地址上升沿检测
POS 地址下降沿检测

图 7-3 位逻辑指令展开图

位逻辑指令处理的对象为二进制位信号。位逻辑指令扫描信号状态“1”和“0”，并根据布尔逻辑对它们进行组合，所产生的结果（“1”或“0”）称为逻辑运算结果，存储在状态字 RLO 中。位逻辑指令包括触点与线圈指令、基本逻辑指令、置位和复位指令及跳变沿检测指令等。

1. 触点指令

触点指令说明如表 7-1 所示。

表 7-1 触点指令说明

指令标识	梯形图符号	说明	存储区	举 例
—| |—	??.? —| |— 常开触点	当 ??.? 位为 1 时，??.?位常开触点闭合，为 0 时触点断开	I、Q、M、L、D、T、C	I0.0 A 当 I0.0 为 1 时，I0.0 常开触点闭合，左边母线能流通过触点流到 A 点

续表

指令标识	梯形图符号	说明	存储区	举　　例
—|/|—	??.? —|/|— 常闭触点	当 ??.? 位为 0 时，??.?位常闭触点闭合，为 1 时触点断开	I、Q、M、L、D、T、C	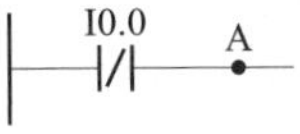 I0.0 A 当 I0.0 为 0 时，I0.0 常闭触点闭合，左边母线能流通过触点流到 A 点
—|NOT|—	—|NOT|— 能流取反	当触点左方有能流时，经能流取反后右方无能流；左方无能流时，右方有能流		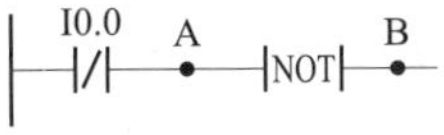 I0.0 A B 当 I0.0 断开时，A 点无能流，经取反后，B 点有能流；这里两个触点的组合，功能与一个常闭触点相同

2. 线圈指令

线圈指令说明如表 7–2 所示。

表 7–2　线圈指令说明

指令标识	梯形图符号	说明	存储区	举　　例
—( )	??.? —( )— 输出线圈	当能流通过??.?线圈位时，??.?位为 1	I、Q、M、L、D	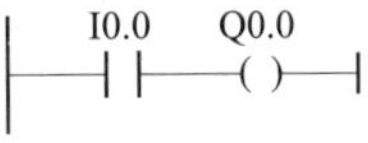 I0.0 Q0.0 当 I0.0 常开触点闭合时，有能流通过 Q0.0 线圈，Q0.0 位为 1
—(#)—	??.? —(#)— 中线输出	其功能是将输入端的能流（即 RLO 位）保存到??.?位中，该线圈只能用于中间单元，不能与左边或右边母线连接	I、Q、M、L、D	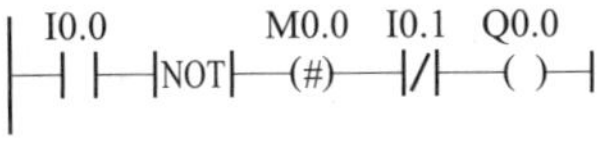 I0.0 M0.0 I0.1 Q0.0 当 I0.0 断开时，能流取反后，M0.0 线圈有能流通过（RLO 位=1），即 M0.0 位为 1，如果 I0.1 处于闭合，则 Q0.0 线圈得电
—(R)	??.? —(R)— 复位线圈	当有能流通过时，将??.?位复位为 0，能流消失后，该位仍保持为 0	I、Q、M、L、D、T、C	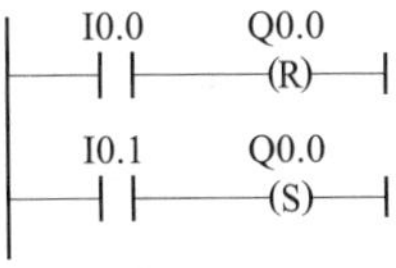 I0.0 Q0.0 I0.1 Q0.0 当 I0.0 闭合时，Q0.0=0；当 I0.1 闭合时，Q0.0=1
—(S)	??.? —(S)— 置位线圈	当有能流通过时，将??.?位置位为 1，能流消失后，该位仍保持为 1	I、Q、M、L、D、T、C	
—(N)—	??.? —(N)— RLO 下降沿检测	当 RLO 位由“1”变为“0”时，N 线圈会输出一个扫描周期的能流，??.?位保存上一个扫描周期 RLO 位	I、Q、M、L、D	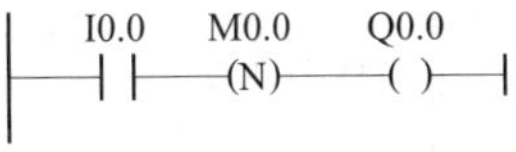 I0.0 M0.0 Q0.0 当 I0.0 由闭合转变为断开时，M0.0 线圈左端的能流从有到无，Q0.0 得电一个扫描周期

续表

指令标识	梯形图符号	说明	存储区	举例
—(P)—	??.? —(P)— RLO 上升沿检测	当 RLO 位由“0”变为“1”时，P 线圈会输出一个扫描周期的能流，??.?位保存上一个扫描周期 RLO 位	I、Q、M、L、D	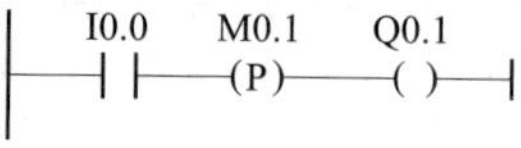 I0.0 M0.1 Q0.1 —| |—(P)—( )— 当 I0.1 由断开转变为闭合时，M0.1 线圈左端的能流从无到有，Q0.0 得电一个扫描周期
— (SAVE)	—(SAVE)— RLO 保存到 BR	将输入端的能流状态保存到 BR		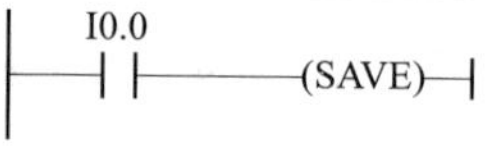 I0.0 —| |—(SAVE)— 当 I0.0 闭合时，SAVE 指令左端有能流存在，即 RLO 位为 1，该状态值 1 存入状态寄存器的 BR 位（第 8 位）

3. 触发器指令

触发器指令说明如表 7–3 所示。

表 7–3　触发器指令说明

指令标识	梯形图符号	说明	存储区	举例
SR	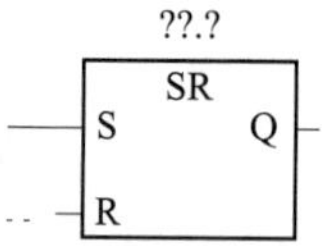 ??.? SR（S、R、Q） SR 双稳态触发器（复位优先型）	当 S=1，R=0 时，??.?位置 1，Q=1。 当 S=0，R=1 时，??.?位置 0，Q=0。 当 S=0，R=0 时，??.?位不变，Q 不变。 当 S=1，R=1 时，先执行置位 S，后执行复位 R，??.?位先为 1，后为 0，结果 Q=0	??.?、S、R、Q 均为 I、Q、M、L、D	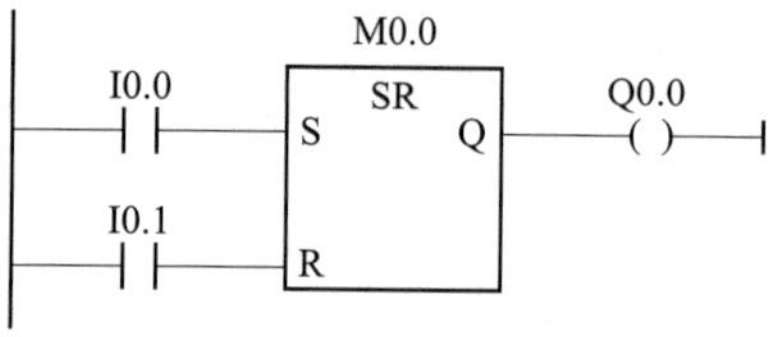 M0.0 I0.0 — S　SR　Q — Q0.0 ( ) I0.1 — R I0.0 闭合（S=1），I0.1 断开（R=0），M0.0=1，Q0.0=1。 S=0，R=1，M0.0=0，Q0.0=0。 S=0，R=0，M0.0 位不变，Q0.0 位不变。 S=1，R=1，M0.0 位先为 1 后为 0，结果 M0.0=0，Q0.0=0
RS	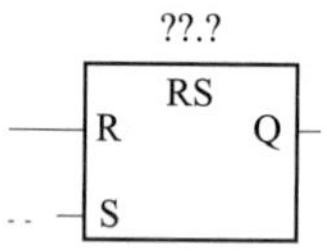 ??.? RS（R、S、Q）	当 R=1，S=0 时，??.?位置 0，Q=0。 当 R=0，S=1 时，??.?位置 1，Q=1。 当 S=0，R=0 时，??.?位不变，Q 不变。 当 R=1，S=1 时，先执行复位 R，后执行置位 S，??.?位先为 0，后为 1，结果 Q=1	??.?、S、R、Q 均为 I、Q、M、L、D	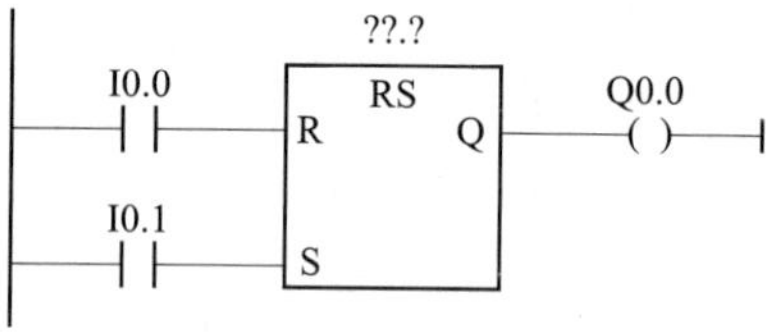 ??.? I0.0 — R　RS　Q — Q0.0 ( ) I0.1 — S I0.0 闭合（R=1），I0.1 断开（S=0），M0.0=0，Q0.0=0。 R=0，S=1，M0.0=1，Q0.0=1。 R=0，S=0，M0.0 位不变，Q0.0 位不变。 R=1，S=1，M0.0 位先为 0 后为 1，结果 M0.0=1，Q0.0=1

三、梯形图与语句表的转换

在前面对位逻辑指令的介绍都是使用梯形图（LAD）指令，在 STEP 7 中，可以通过设置菜单将梯形图转换为语句表（STL）或功能块图（FBD），如图 7–4 所示。

语句表中用字母 A 和 AN（And）表示逻辑“与”操作指令，A 用于常开触点的串联，AN 用于常闭触点的串联；字母 O（Or）表示逻辑“或”操作指令，用于常开触点的并联；ON（Not Or）用于常闭触点的并联。如图 7–5 所示。

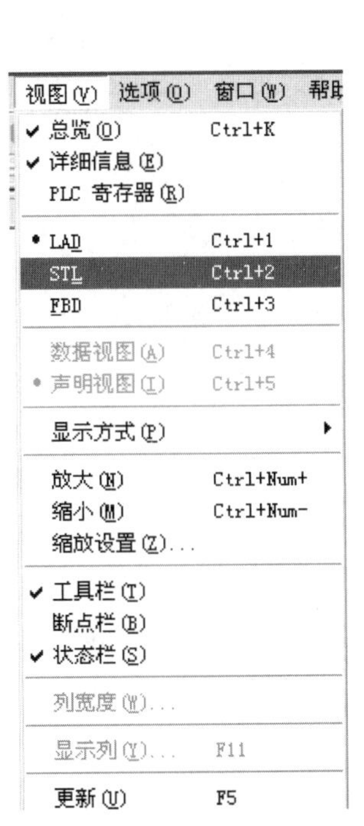

图 7–4　梯形图与语句表的转换

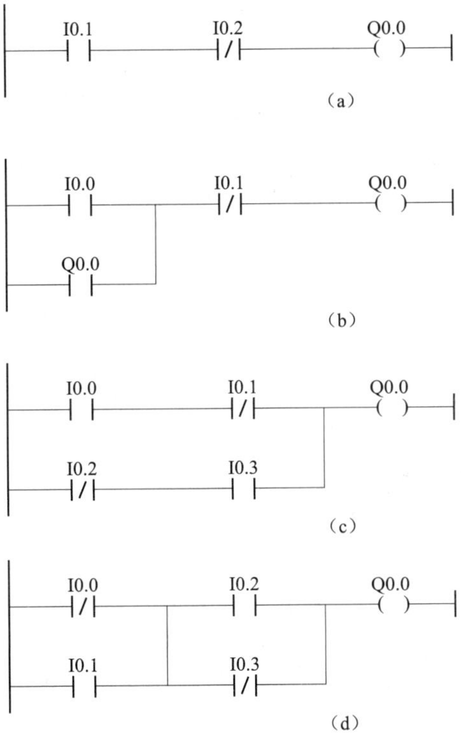

(a)

```
A   I   0.1
AN  I   0.2
=   Q   0.0
```

(b)

```
A(
O   I   0.0
O   Q   0.0
)
AN  I   0.1
=   Q   0.0
```

(c)

```
A   I   0.0
AN  I   0.1
O
AN  I   0.2
A   I   0.3
=   Q   0.0
```

(d)

```
A(
ON  I   0.0
O   I   0.1
)
A(
O   I   0.2
ON  I   0.3
)
=   Q   0.0
```

图 7–5　梯形图程序和转换的语句表程序

任务实施

子任务 1　四路抢答器控制

一、控制要求

① 有 4 组进行抢答，抢答按钮为 SB1～SB4，对应 4 个抢答指示灯为 L1～L4。

② 主持人按钮为 SB0，主持人按下 SB0，所有指示灯复位。

③ 最先按下抢答按钮的组指示灯亮，其他后按下的组指示灯不亮。

二、I/O 地址分配表

I/O 地址分配表如表 7–4 所示。

表 7–4　I/O 地址分配表

输　入			输　出		
变量	PLC 地址	说明	变量	PLC 地址	说明
SB0	I0.0	主持人按钮			
SB1	I0.1	第 1 组按钮	L1	Q0.1	第 1 组指示灯
SB2	I0.2	第 2 组按钮	L2	Q0.2	第 2 组指示灯
SB3	I0.3	第 3 组按钮	L3	Q0.3	第 3 组指示灯
SB4	I0.4	第 4 组按钮	L4	Q0.4	第 4 组指示灯

三、硬件接线图

PLC 硬件接线图如图 7–6 所示。

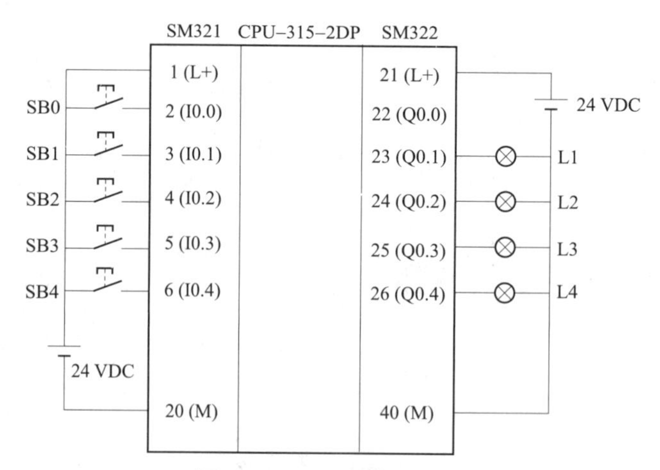

图 7–6　PLC 硬件接线图

四、硬件组态

① 硬件组态的基本步骤如图 7–7 所示。

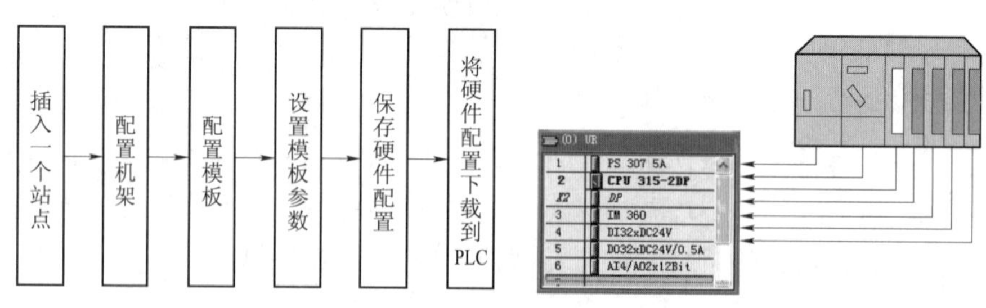

图 7–7　硬件组态的基本步骤

② 插槽配置的规则如下。

RACK（0）：

插槽 1：电源模板或为空。

插槽 2：CPU 模板。

插槽 3：接口模板或为空。

插槽 4～11：信号模板、功能模板、通信模板或为空。

RACK（1～3）：

插槽 1：电源模板或为空。

插槽 2：为空。

插槽 3：接口模板。

插槽 4～11：信号模板、功能模板、通信模板（如为 IM365，则该机架上不能插入 CP 模板）或为空。

组态的硬件必须与 PLC 导轨上的 PLC 元器件订货号相符合（订货号标识在元器件的下方），如图 7–8 所示。

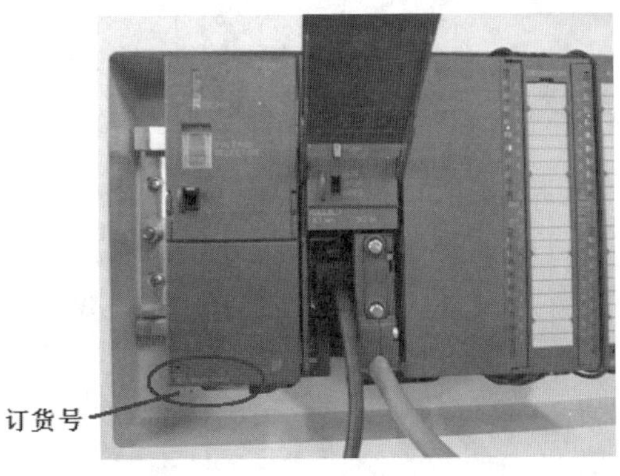

图 7–8　元器件订货号

1. 启动 SIMATIC 管理器

启动时，双击桌面上的图标，可以打开 SIMATIC 管理器，如图 7–9 所示。

图 7–9　SIMATIC 管理器界面

2. 新建一个项目

在启动的管理器界面中单击“新建”按钮中可以新建设一个项目，可在“名称”位置输入项目名称，单击“浏览”按钮可修改项目存储路径，如图 7–10 所示，设置完成后单击“确定”按钮。

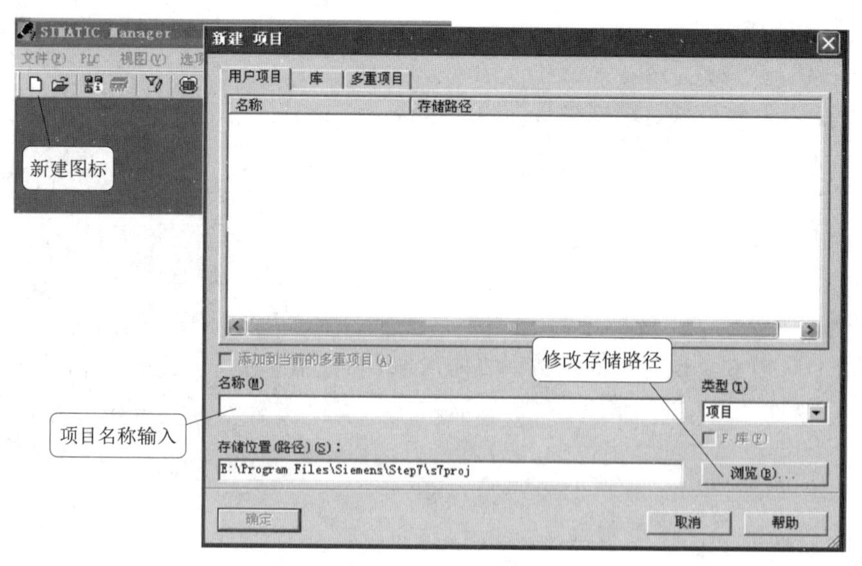

图 7–10　新建一个项目

3. 插入一个 SIMATIC 300 站点

图 7–11 所示，插入一个 SIMATIC 300 站点。

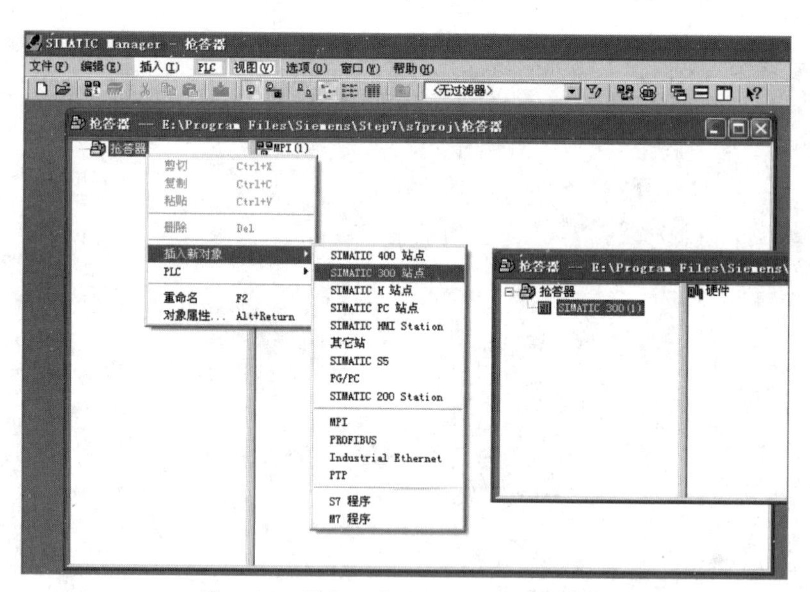

图 7–11　插入一个 SIMATIC 300 站点

4. 组态 S7–300 机架

双击“硬件”图标，如图 7–12 所示，选择 RACK–300 下的 Rail 选项。

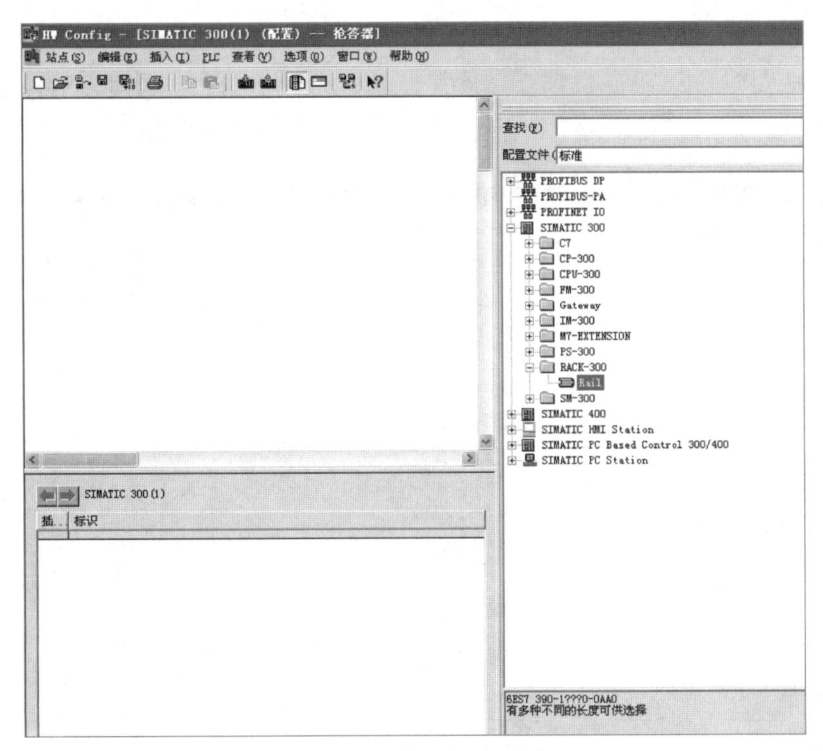

图 7–12　组态 S7–300 机架

5. 组态电源

在机架的 1 号槽中组态电源如图 7–13 所示。

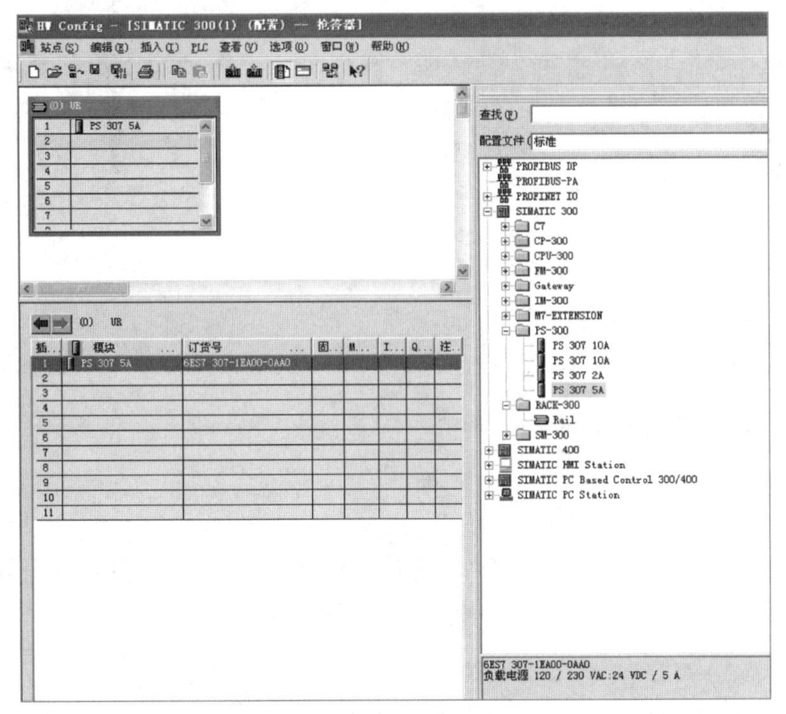

图 7–13　组态电源

6. 组态 CPU

2 号槽添加 CPU，如图 7–14 所示，硬件目录中的某些 CPU 型号有多种操作系统版本，在添加 CPU 时，CPU 的型号和操作系统版本都要与实际硬件一致。

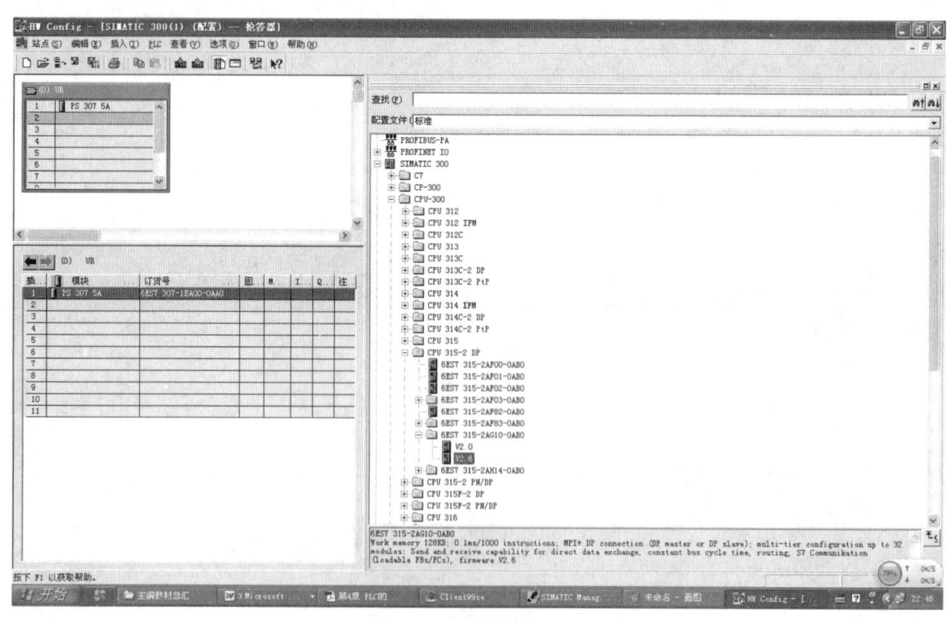

图 7–14　组态 CPU

如果需要扩展机架，则应该在 IM–300 目录下找到相应的接口模板，添加到 3 号槽。如无扩展机架，3 号槽留空，如图 7–15 所示。

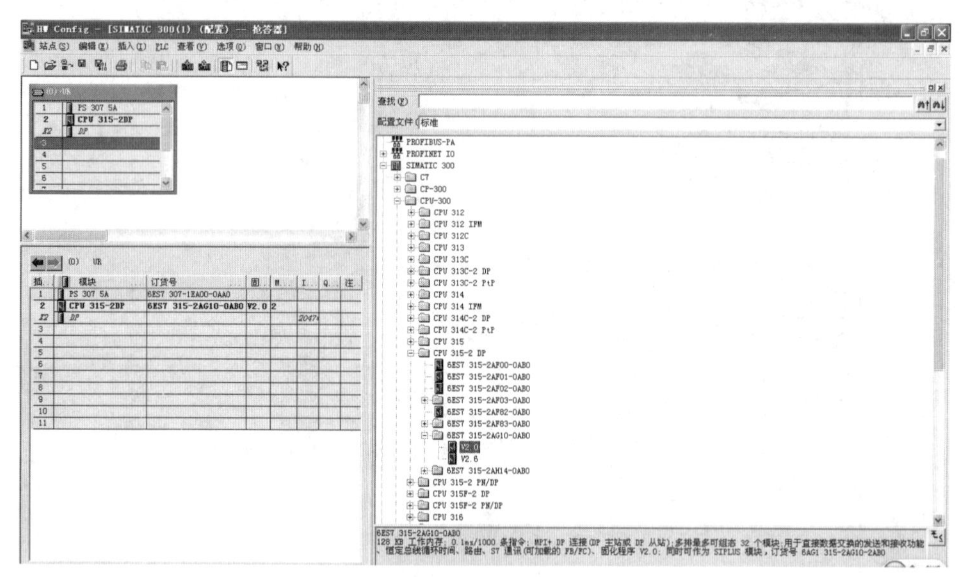

图 7–15　接口模板

7. 插入输入模块 SM321

在 4～11 号槽中可以添加信号模板、功能模板、通信处理器等，如图 7–16 所示。

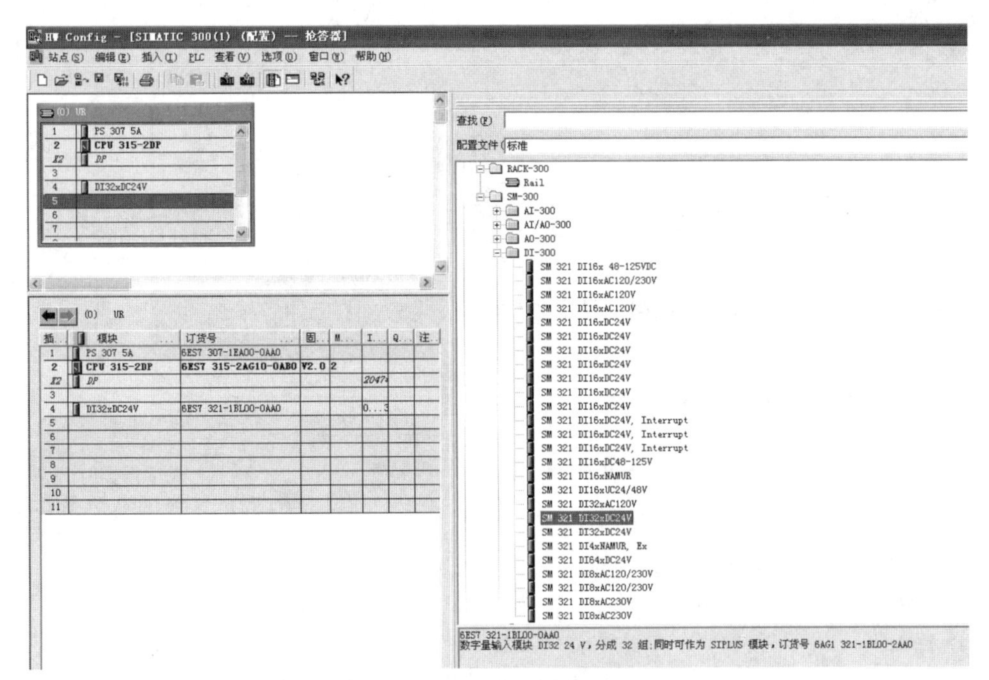

图 7–16　组态输入模块 SM321

8. 插入输出模块 SM322

插入输出模块 SM322，如图 7–17 所示。

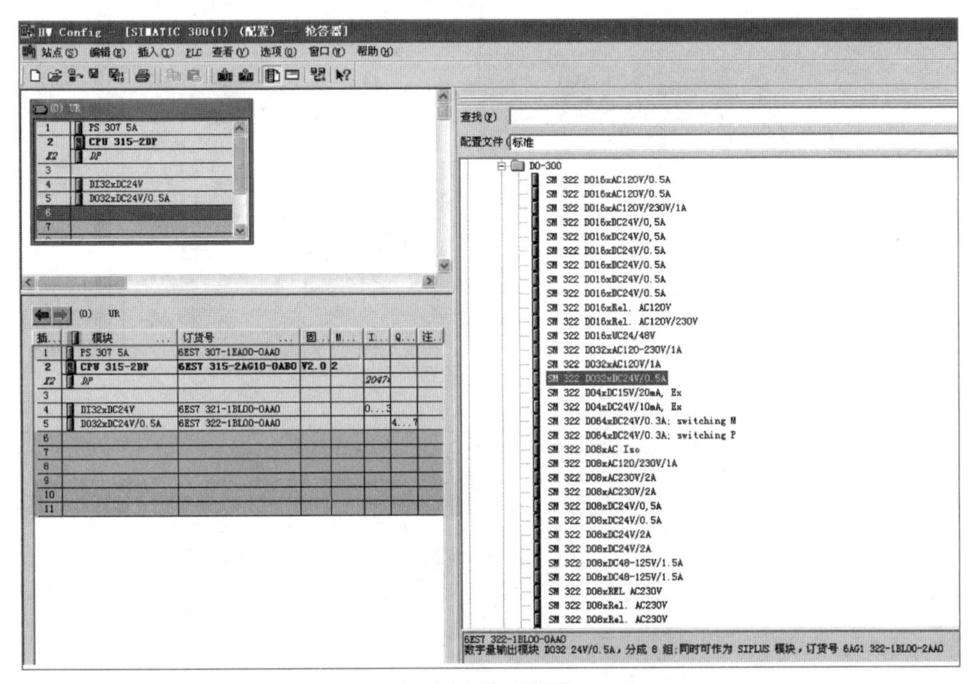

图 7–17　组态输出模块 SM322

模块地址可以是系统默认设定，也可以由用户来设定。取消选中“系统默认”复选框，在地址栏中输入数字 0，表示输入起始地址为 0。

双击图 7–18 中的“DO32×DC24V/0.5”选项，就会显示如图 7–19 所示的开关量输出属性。

(0)　UR

插...	模块	订货...	固件	M...	I ...	Q 地址	注释
1	PS 307 5A	6ES7 307-1					
2	**CPU 315-2DP**	**6ES7 315-**	**V2.0**	**2**			
X2	*DP*				*2047**		
3							
4	DI32xDC24V	6ES7 321-1			0...3		
5	DO32xDC24V/0.5A	6ES7 322-1				4...7	
6							
7							
8							
9							
10							
11							

图 7–18　更改 DO 地址

在弹出的对话框中，取消选中图 7–19 中“系统默认”复选框，将“开始”文本框中的 4 改为 0，单击“确认”按钮。

注意：模块地址是软件编程的前提。

9. 项目结构图

单击工具栏上的“保存”和“编译”按钮可得到 STEP 7 项目结构图。

项目是以分层结构保存对象数据的文件夹，包含了自动控制系统中所有的数据，如图 7–20 所示的左边是项目树形结构窗格。第一层为项目，第二层为站，站是组态硬件的起点。站的下面是 CPU，“S7 程序”文件夹是编写程序的起点，所有的用户程序均存放在该文件夹中。

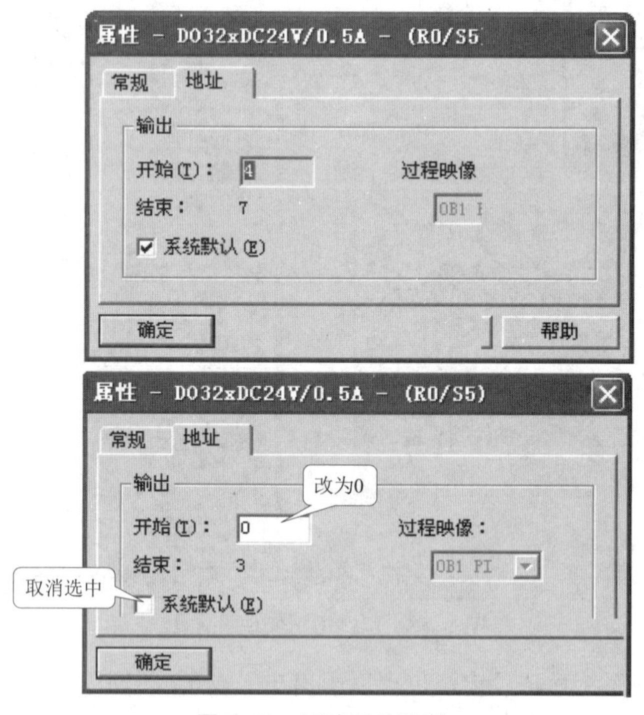

图 7–19　更改属性设置

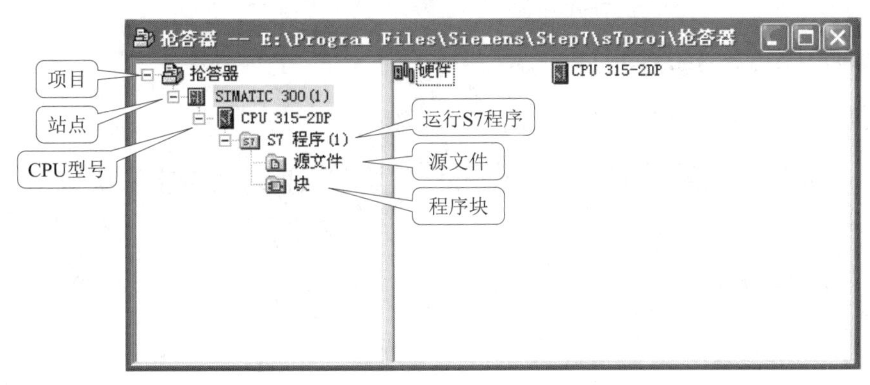

图 7–20　STEP 7 项目结构图

单击“块”可显示 OB1，双击 OB1，就会显示如图 7–21 所示的“属性—组织块”对话框，选择 LAD（梯形图），单击“确定”按钮后就可进入编程状态，如图 7–22 所示。

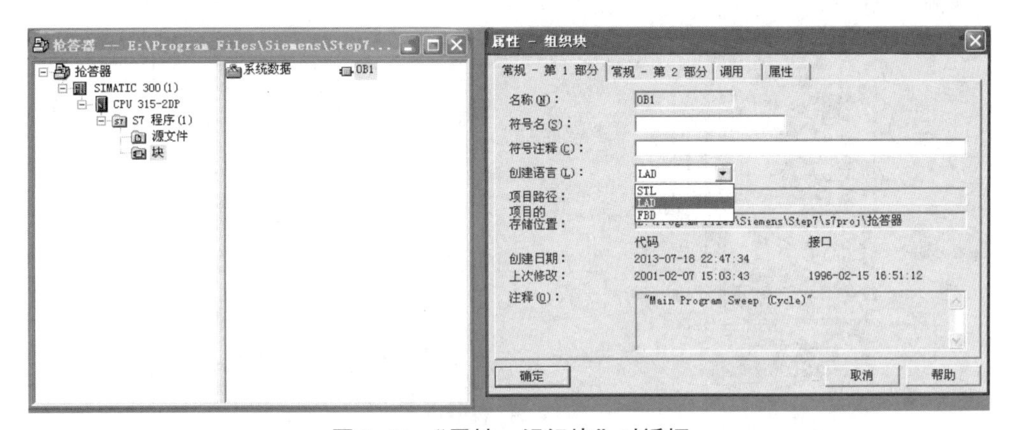

图 7–21　“属性—组织块”对话框

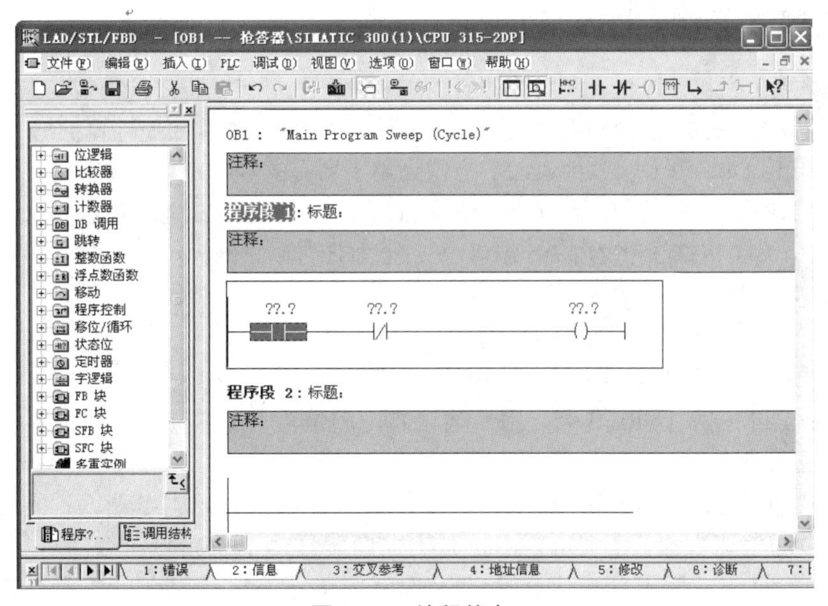

图 7–22　编程状态

五、编写梯形图程序

4 组抢答器控制程序如图 7–23 所示。

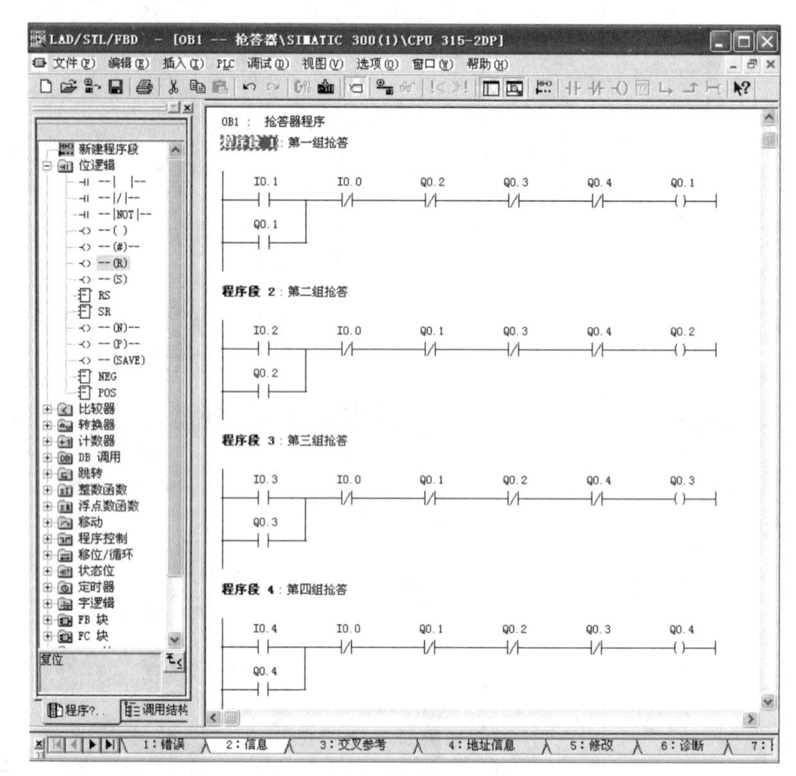

图 7–23　抢答器程序

六、程序的下载与上传

程序的下载是指将计算机（PC）中设计好的程序写入 PLC；程序的上传是指将 PLC 中的程序读入编程计算机（PC）。不管是程序的下载还是程序的上传，均需要使计算机与 PLC 进行通信。下载方式有 MPI、OP、以太网三种。MPI 方式适用于所有的 S7–300/400 PLC，所有的 PLC 都带有 MPI 接口。DP 方式适用于带有 DP 接口的 PLC，如 CPU 315–2DP。以太网方式适用于带有以太网口的 PLC，如 CPU315–2PN/DP，或者 PLC 上面带有以太网模块（如 CP341–1）。

1. 计算机与 PLC 的通信

计算机与 PLC 通信有三种连接方式。

（1）在计算机中安装通信卡（如 CP5511、CP5512、CP5611 等）

CP5511：PCMOA TYPE Ⅱ 卡，用于笔记本电脑编程和通信，具有网络诊断功能，通信速率最高可达 12 Mbps。

CP5512：PCMOA TYPE Ⅱ CardBus（32 位）卡，用于笔记本电脑编程和通信，具有网络诊断功能，通信速率最高可达 12 Mbps。上面两种通信卡价格相对较高。

CP5611：PCI 卡，用于台式计算机编程和通信，具有网络诊断功能，通信速率最高可达 12 Mbps，价格适中。

计算机通过通信卡与 PLC 通信，可对硬件和网络进行自动检测。该方式成本高，不推荐使用。

（2）两者使用 PC/MPI 方式通信

如计算机带有串口（RS-232C 接口，或称 COM 口），可使用 PC/MPI 适配器与 PLC 通信。

（3）PC Adapter（PC 适配器）

一端连接到 PC 的 USB 口，另一端连接到 CPU 的 MPI 接口，它没有网络诊断功能，通信速率最高为 1.5 Mbps，价格较低。

现计算机大多不带 RS-232C 接口，而用 USB 口作为基本接口，故目前常用该方式进行计算机与 PLC 通信。

目前很多的笔记本电脑不再提供串口，但如果只有 RS-232 PC-Adapter 适配器时，建议购买 USB PC-Adapter 适配器，也可以使用从市场上购买的 USB 转 RS-232 的转换器来连接 RS-232PC-Adapter 适配器，如图 7-24 所示。

① 要使用 PC 适配器与 PLC 连接，必须在计算机中安装该适配器的驱动程序（PC Adapter USB）。

② 驱动程序安装好后，用 PC 适配器将计算机的 USB 接口与 CPU 模块的 MPI 接口连接起来。

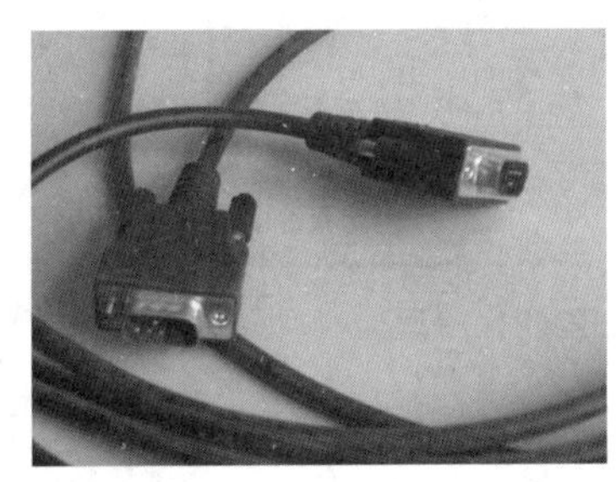

图 7-24　PC 适配器

③ 通信设置。在 STEP 7 中进行通信设置，在 SIMATIC Manager 窗口中执行“选项”→“设置 PG/PC 接口”命令，选择其中的“PC Adapter（MPI）”选项，再单击“属性”按钮，弹出如图 7-25 所示的对话框，这里保持默认设置，单击“本地连接”选项，将连接端口设为 USB，确定后设置生效。

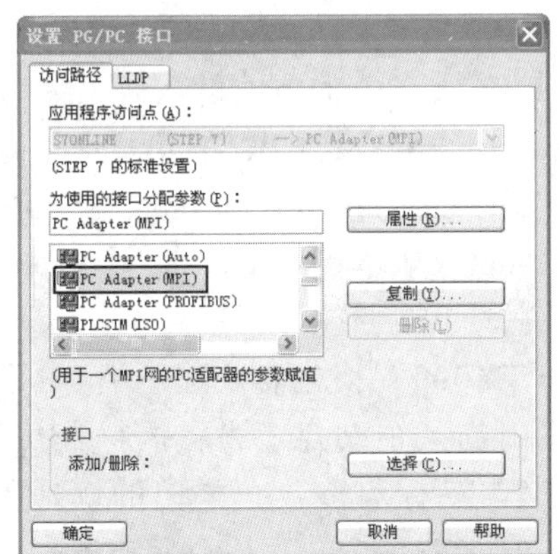

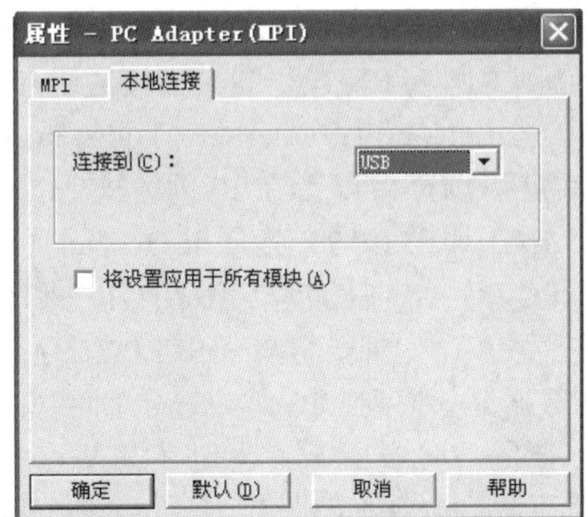

图 7-25　通信设置

注意：

① 如果选择与 CPU 相连的是 PROFIBUS 接口，此时 S70NLINE（STEP 7）为 PCAdapter（PROFIBUS），单击该按钮，设置 PROFIBUS 和串口的属性。

② 如果在使用 PC Adapter 连接 CPU 的 MPI 口或 DP 口时不知道 CPU 口的波特率，此时没有办法按照前面的介绍设置 MPI 口或是 DP 口的波特率，可以在“PG/PC Interface”中选择 S70NLINE （STEP 7）为 PC–Adapter（Auto），如图 7–26 所示。

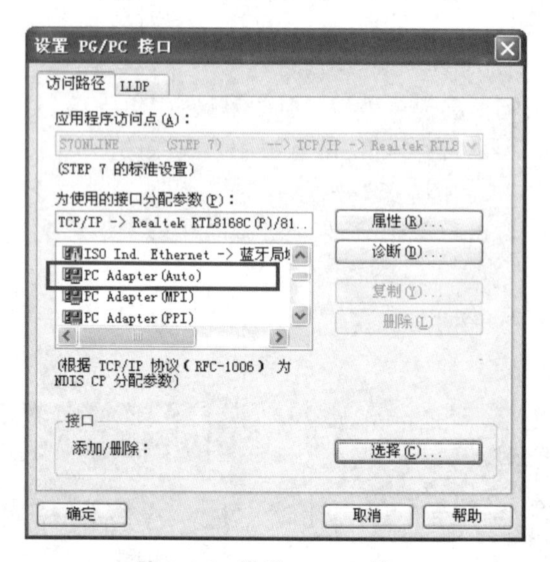

图 7–26 设置 PG/PC 接口

2. 下载硬件组态与程序

下载方式有如下几种。

① 选择 Options 选项→Set PG/PC interface 选项，然后选择 PC Adapter（MPI）/（Auto）或 CP5611（MPI）/（Auto）选项，因为 PLC 的 DP 接口没有初始化，而 MPI 接口默认地址 2，波特率为 187.5 KB/s。

② 如果是通过 DP 接口，就在 Set PG/PC 接口处选择 PC Adapter（PROFIBUS），不过 PC Adapter（Auto）是通用的、自动的，最保险。如果计算机上安装了 CP5611 等网卡的话就选择相对应的选项 CP5611（DP）即可。

③ 通过以太网或 PN 口下载。直接通过 TCP/IP 或 ISO 的方式即可，具体做法是可以通过 STEP 7 的 Edit–Edit ethernet node–Browse 搜索 CP 或 CPU 的集成 PN 口，在线分配 IP 地址后就可以直接以 TCP/IP 的方式进行下载。在 STEP 7–Options–Set PG/PC 接口中将 S7ONLINE （STEP 7）指向 ISO Ind. Ethernet，即本机网卡。

设置好 PC/PG 接口后就可下载硬件组态和程序。

下载整个站点：如果要将整个 STEP 7 的某个 S7–300 站点内容（程序块 OB 和硬件组态信息等系统数据）下载到 CPU，应选中项目窗口中的某个站点，然后执行“PLC”→“下载”命令，如图 7–27 所示；也可在某站点上单击鼠标右键，在弹出的快捷菜单中选择“PLC”→“下载”命令，如图 7–28 所示；还可以在选中某个站点后直接单击工具栏上的工具，同样也可将整个站点内容下载到 CPU 中，如图 7–29 所示。

图 7-27　执行菜单命令下载整个站点

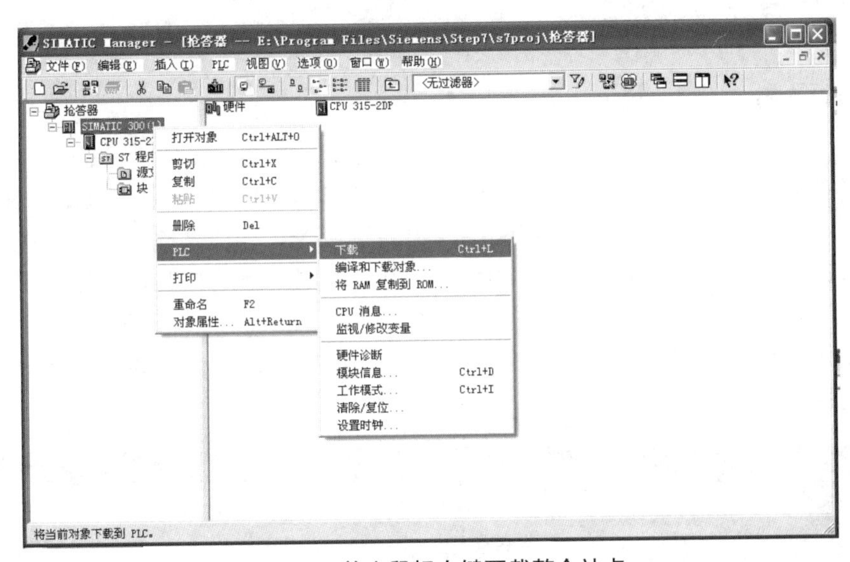

图 7-28　单击鼠标右键下载整个站点

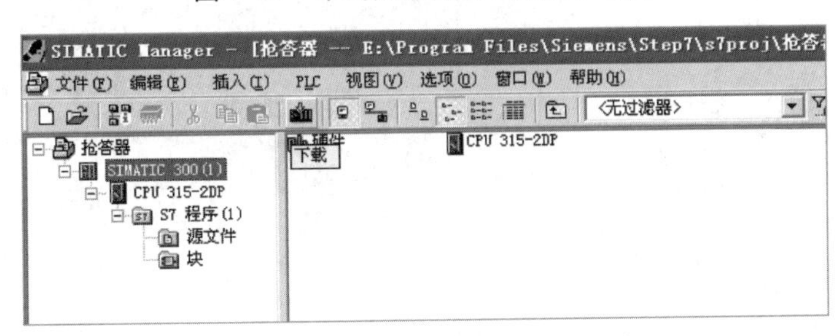

图 7-29　单击工具栏下载整个站点

下载程序块：如果仅下载项目中的某个（或某些）程序块，可选中该程序块，单击鼠标右键，在弹出的快捷菜单中选择“PLC”→“下载”命令，如图 7-30 所示，即可将选中的程序块下载到 CPU 中，下载程序块也可使用前面介绍的菜单命令或下载工具。

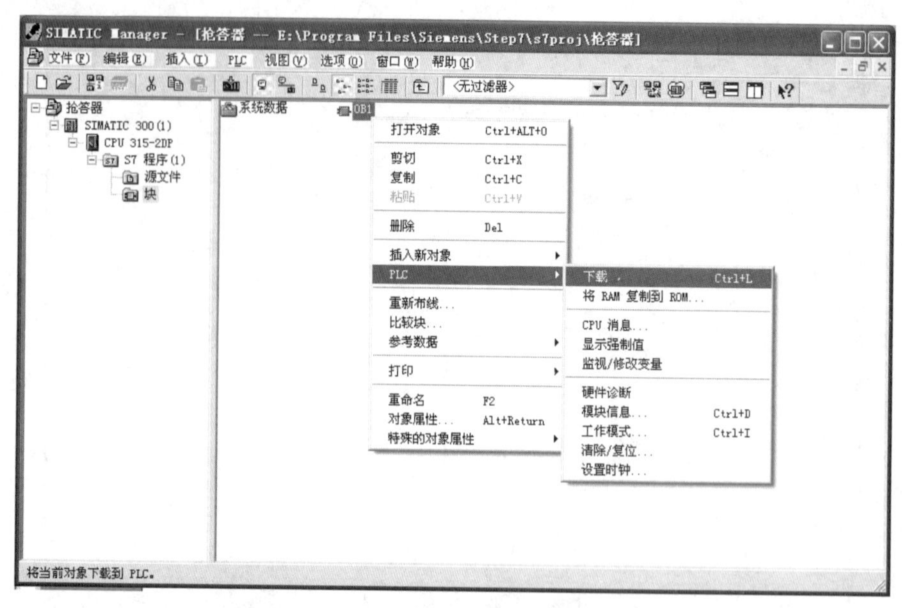

图 7–30 下载程序块

3. 程序的上传

如果要编辑某站点 CPU 中的程序，可以先将 CPU 中的程序读入 STEP 7 中，然后进行编辑，再重新下载到 CPU。将 CPU 模块中的程序读入 STEP 7 中方法是：在 SIMATIC Manager 窗口执行“PLC”→“将站点上传到 PG”命令，如图 7–31 所示，弹出“选择节点地址”对话框，在“目标站点”选项组中选中“本地”单选按钮，单击“显示”按钮，选择 CPU 后再确定，就会将该 CPU 中的内容上传到 STEP 7 中，在 SIMATIC Manager 窗口会自动插入一个站点名称，并且包含硬件组态和程序目录，选择该站点的硬件或程序，即可更改硬件或程序。

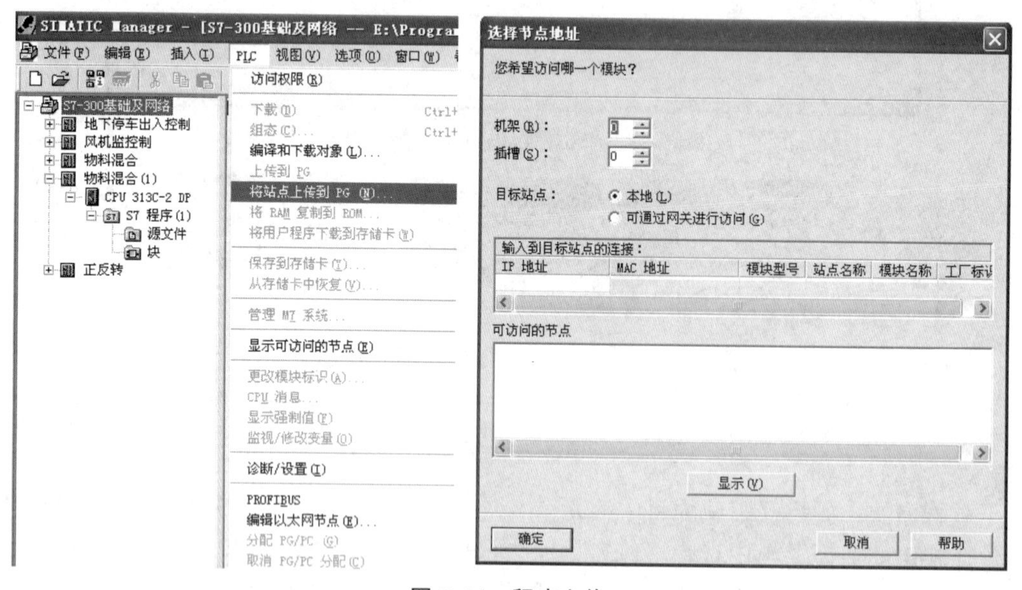

图 7–31 程序上传

七、程序调试

程序下载到机架的 CPU 后，将 CPU 模块的工作模式开关切换到 RUN 模式，然后操作各个按钮，观察是否满足控制要求，如不满足，可对硬件系统和程序进行检查、修改。

子任务 2　电动机正反转控制

一、控制要求

某送料机的控制由一台电动机驱动，其往复运动采用电动机正转和反转来完成，正转完成送料，反转完成取料，由操作台控制。

电动机在正转运行时，按反转按钮，电动机不能反转；只有按停止按钮后，再按反转按钮，电动机才能反转运行。同理，在电动机反转时，也不能直接进入正转运行。

二、I/O 地址分配表

I/O 地址分配如表 7–5 所示。

表 7–5　I/O 地址分配表

输入			输出		
变量	PLC 地址	说明	变量	PLC 地址	说明
SB0	I0.0	停止按钮	KM1	Q0.1	正转控制
SB1	I0.1	正转按钮	KM2	Q0.2	反转控制
SB2	I0.2	反转按钮			

三、硬件接线图

本方案选择的 CPU 为 CPU313C–2DP，是紧凑型 CPU，它集成了数字量输入（DI16）/数字量输出（DO16）和一个 PROFIBUS–DP 的主站/从站通信接口。硬件接线图如图 7–32 所示。

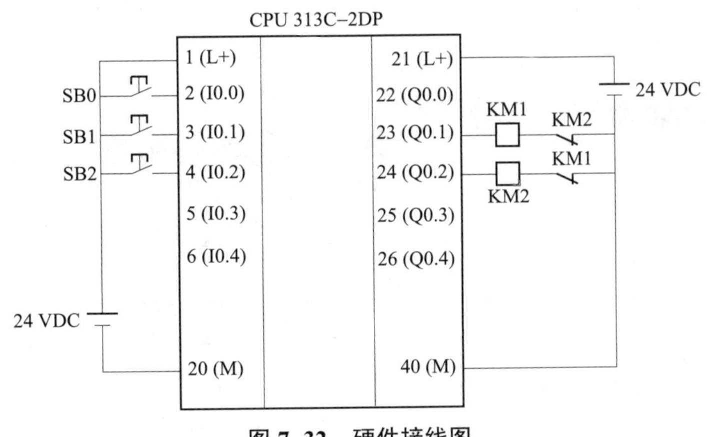

图 7–32　硬件接线图

四、硬件组态

图 7–33 所示为硬件配置，从配置文件中找到送料机 PLC 所需要的 RACK（机架）、PS–300（电源）和 CPU 300 依次进行添加。

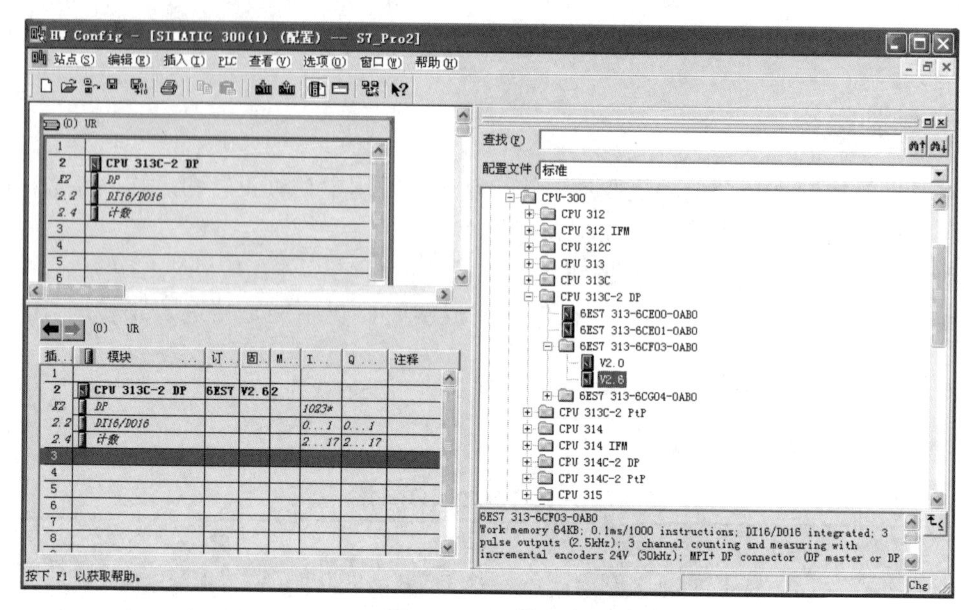

图 7–33　硬件组态

五、定义符号地址

在前面项目编写的梯形图中，元件的地址采用字母和数字表示，如 I0.0、Q0.1 等。这样不容易读懂程序，尤其是工程比较复杂，程序比较多的情况下，如果采用中文符号定义元件地址更加直观方便，使程序的可读性、可维护性大大增强。符号表主要是针对 I、Q、PI、PQ、M 这几个存储区域，还包括 FC、FB、DB 块，这些块的符号可以在“插入”时，通过对象属性对话框输入符号。

STEP 7 的符号编辑器具有定义符号地址的功能。在 SIMATIC Manager 左侧窗格中单击“S7 程序”，在窗格右侧出现“符号”图标，如图 7–34，双击该图标，会打开符号编辑器，如图 7–35 所示。

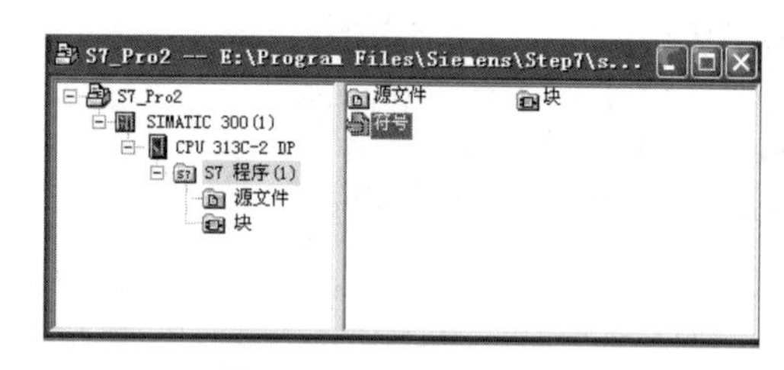

图 7–34　“符号”图标

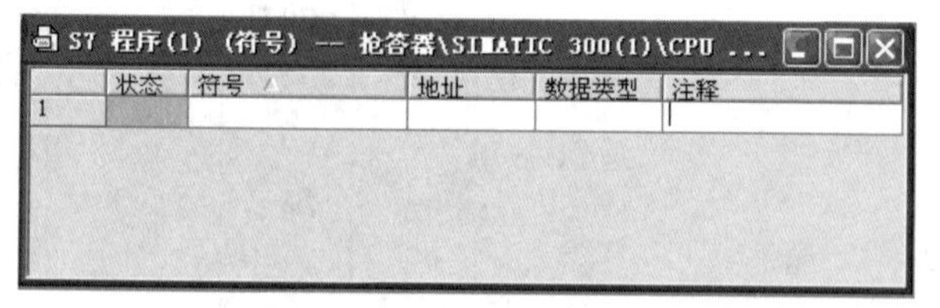

图 7–35　符号编辑器

在符号编辑器的第二行表格的符号列输入“停止按钮”，在地址列输入“I0.0”，在数据类型列会自动生成“BOOL”。同理输入其他符号及地址，如图 7–36 所示。

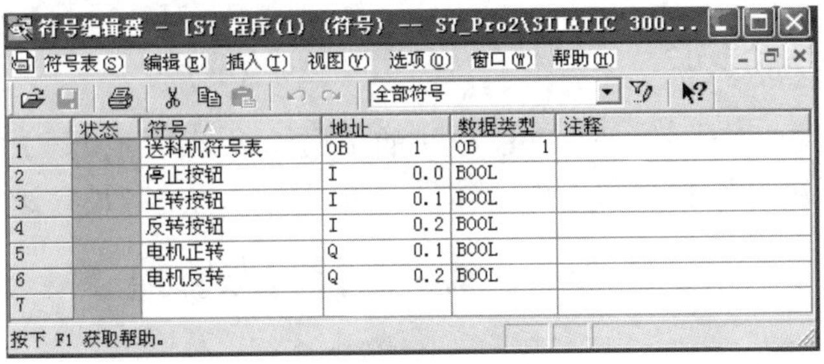

符号编辑器 - [S7 程序(1) (符号) -- S7_Pro2\SIMATIC 300...]

符号表(S)　编辑(E)　插入(I)　视图(V)　选项(O)　窗口(W)　帮助(H)

全部符号

	状态	符号	地址		数据类型		注释
1		送料机符号表	OB	1	OB	1	
2		停止按钮	I	0.0	BOOL		
3		正转按钮	I	0.1	BOOL		
4		反转按钮	I	0.2	BOOL		
5		电机正转	Q	0.1	BOOL		
6		电机反转	Q	0.2	BOOL		
7							

按下 F1 获取帮助。

图 7–36　编辑符号及地址

六、梯形图程序

电机正反转 PLC 梯形图程序如图 7–37 所示。

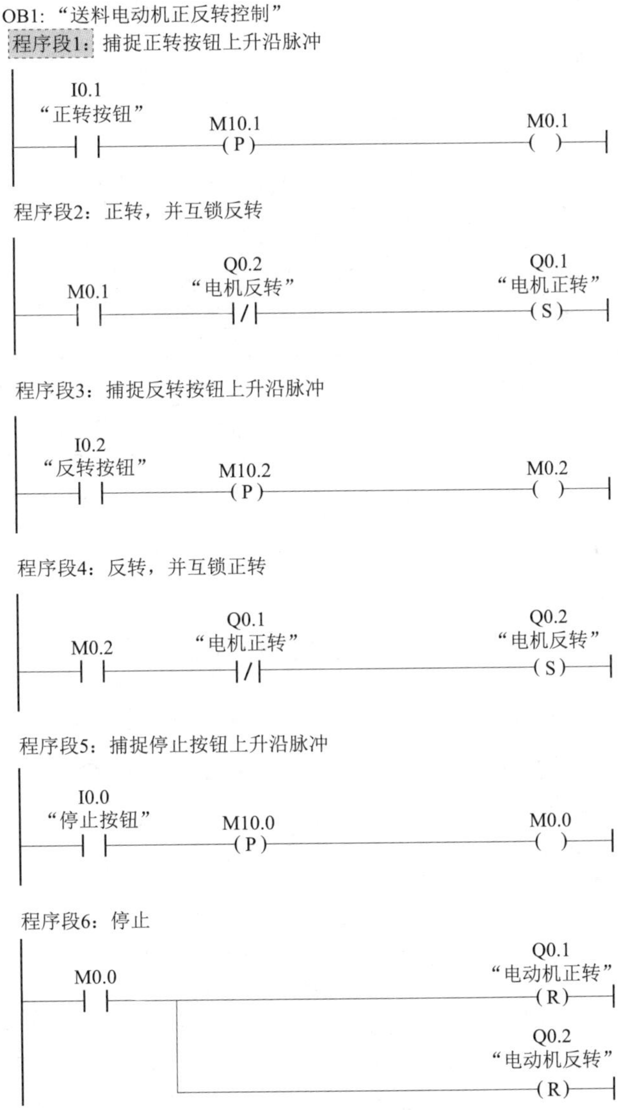

OB1: “送料电动机正反转控制”

程序段1: 捕捉正转按钮上升沿脉冲

I0.1 “正转按钮” —| |— M10.1 —(P)— M0.1 —( )—

程序段2: 正转，并互锁反转

M0.1 —| |— Q0.2 “电机反转” —|/|— Q0.1 “电机正转” —(S)—

程序段3: 捕捉反转按钮上升沿脉冲

I0.2 “反转按钮” —| |— M10.2 —(P)— M0.2 —( )—

程序段4: 反转，并互锁正转

M0.2 —| |— Q0.1 “电机正转” —|/|— Q0.2 “电机反转” —(S)—

程序段5: 捕捉停止按钮上升沿脉冲

I0.0 “停止按钮” —| |— M10.0 —(P)— M0.0 —( )—

程序段6: 停止

M0.0 —| |— Q0.1 “电动机正转” —(R)—

　　　　　 Q0.2 “电动机反转” —(R)—

图 7–37　电动机正反转梯形图

七、下载程序并调试

程序下载到机架的 CPU 后，将 CPU 模块的工作模式开关切换到 RUN 模式，然后操作各个按钮，观察是否满足控制要求，如不满足，可对硬件系统和程序进行检查、修改。

子任务 3　风机运行状态监控

一、控制要求

在实际工作中，需要对设备的工作状态进行监控，某设备有三台风机进行散热降温，当设备处于运行状态时，三台风机正常转动，则指示灯常亮；如果风机有两台转动，则指示灯以 2 Hz 的频率闪烁；如果仅有一台风机转动，则指示灯以 0.5 Hz 的频率闪烁；如果没有任何风机转动，则指示灯不亮。

二、I/O 地址分配表

I/O 地址分配如表 7–6 所示。

表 7–6　I/O 地址分配

输　入		输　出	
PLC 地址	说明	PLC 地址	说明
I0.0	1 号风机反馈信号	M100.3	2 Hz 脉冲信号
I0.1	2 号风机反馈信号	M100.7	0.5 Hz 脉冲信号
I0.2	3 号风机反馈信号	Q0.0	风机工作状态指示灯

三、硬件接线图

硬件接线如图 7–38 所示。

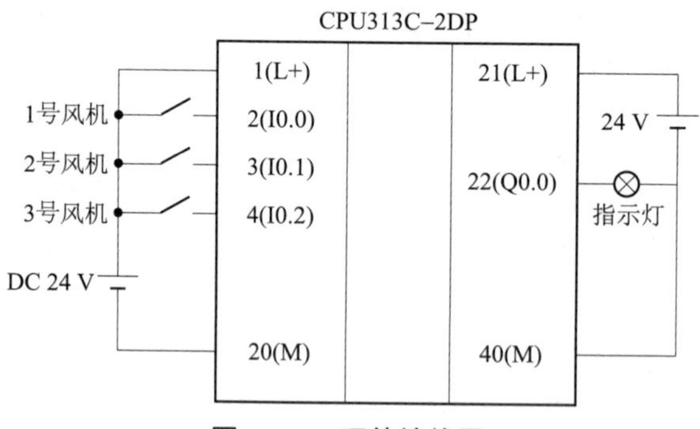

图 7–38　硬件接线图

四、梯形图程序

PLC 程序梯形图如图 7–39 所示。

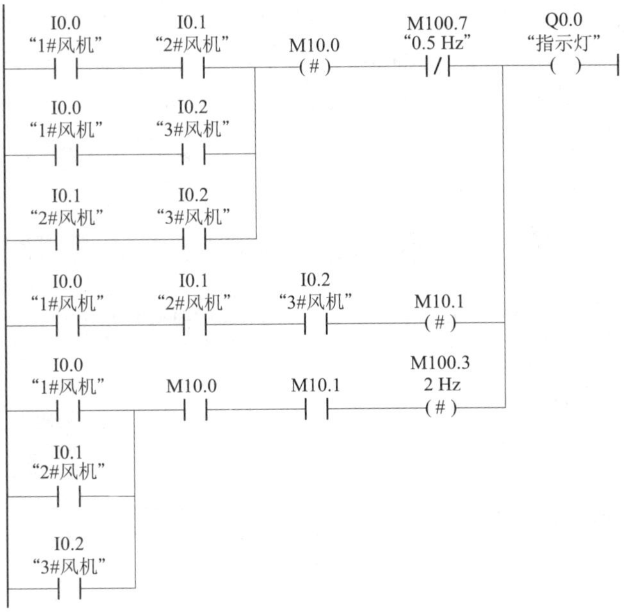

I0.0 “1#风机”　I0.1 “2#风机”　M10.0 (#)　M100.7 “0.5 Hz”　Q0.0 “指示灯”
I0.0 “1#风机”　I0.2 “3#风机”
I0.1 “2#风机”　I0.2 “3#风机”
I0.0 “1#风机”　I0.1 “2#风机”　I0.2 “3#风机”　M10.1 (#)
I0.0 “1#风机”　M10.0　M10.1　M100.3 2 Hz (#)
I0.1 “2#风机”
I0.2 “3#风机”

图 7–39　PLC 程序梯形图

输入位 I0.0、I0.1、I0.2 分别表示 1 号风机、2 号风机、3 号风机，存储位 M100.3 为 2 Hz 的频率信号，M100.7 为 0.5 Hz 的信号，风机转动状态指示灯由 Q0.0 控制，存储位 M10.1 为 1 时用于表示有三台风机转动，M10.0 为 1 时表示有两台风机转动。

存储位 M100.3、M100.7 频率信号可在硬件中通过双击 CPU 313C–2 DP，在周期/时钟存储器中设定，如图 7–40 所示。

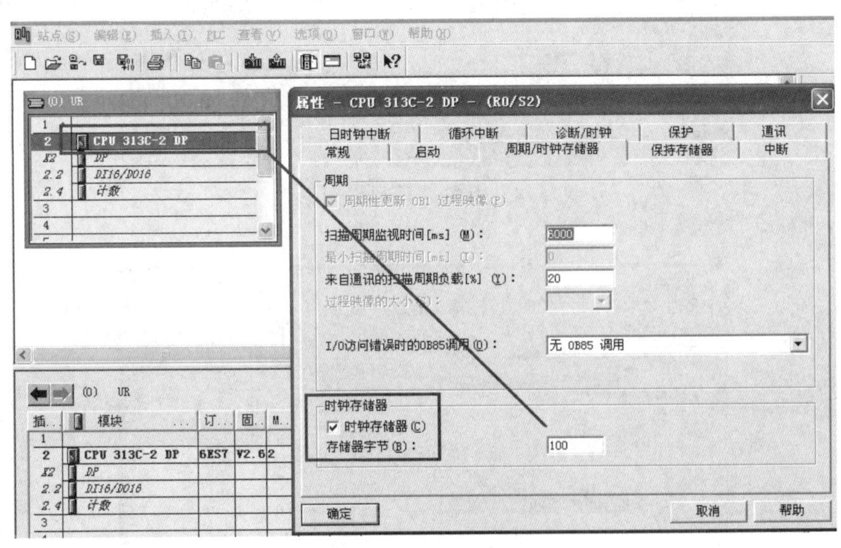

图 7–40　存储位设置

五、程序调试

集成在 STEP 7 中的 S7–PLCSIM 是 S7–300/400 中功能强大、使用方便的仿真软件，它可以代替 PLC 硬件来调试用户程序。

安装 S7–PLCSIM 后，SIMATIC 管理器工具栏上的按钮由灰色变为深色，如图 7–41 所示，单击该按钮，打开 S7–PLCSIM 后，会弹出如图 7–42 所示对话框，单击“确定”按钮，弹出如图 7–43 所示对话框，选择“MPI”站点后，单击“确定”按钮，自动建立了 STEP 7 与仿真 CPU 的 MPI 连接，打开仿真界面如图 7–44 所示。

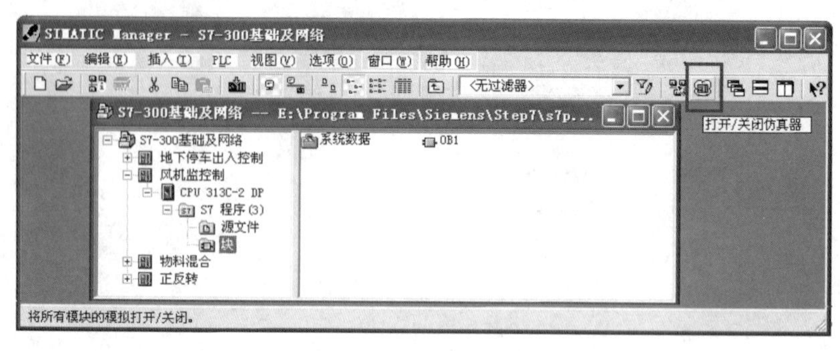

图 7–41　打开仿真器

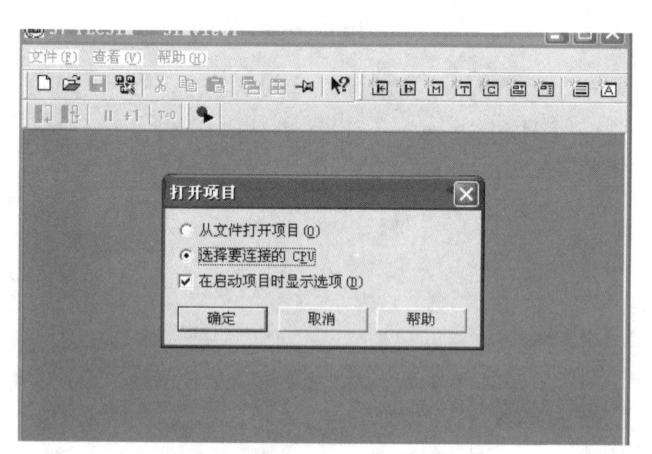

图 7–42　“打开项目”对话框

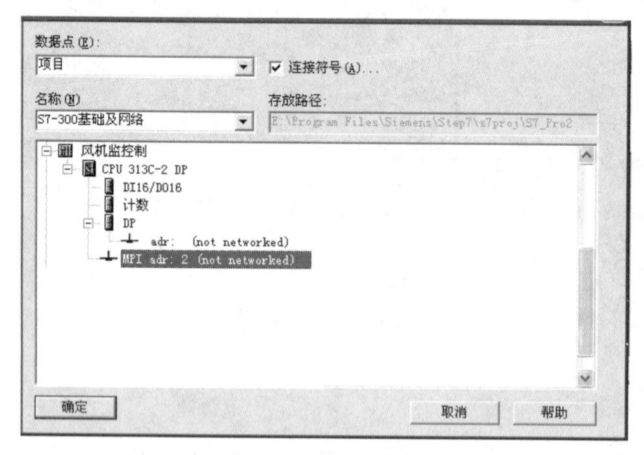

图 7–43　选择站点

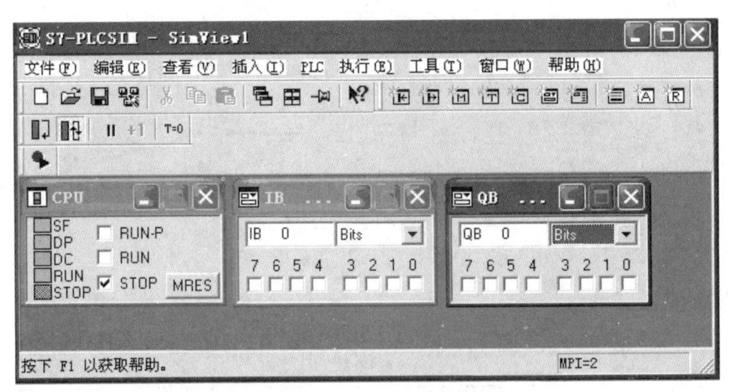

图 7–44　仿真界面

单击仿真界面中的按钮和，插入输入变量和输出变量。

打开仿真界面后，在 STOP 状态下，选中 SIMATIC 管理器中的 OB1 块，单击工具栏上的下载按钮，将 OB1 块和系统数据下载到仿真 PLC 中，而后单击 OB1 编辑界面上工具栏上的图标，接着在仿真界面上的 CPU 窗口中，将工作模式转换为 RUN 运行状态，可观测到程序运行情况，如图 7–45 所示。

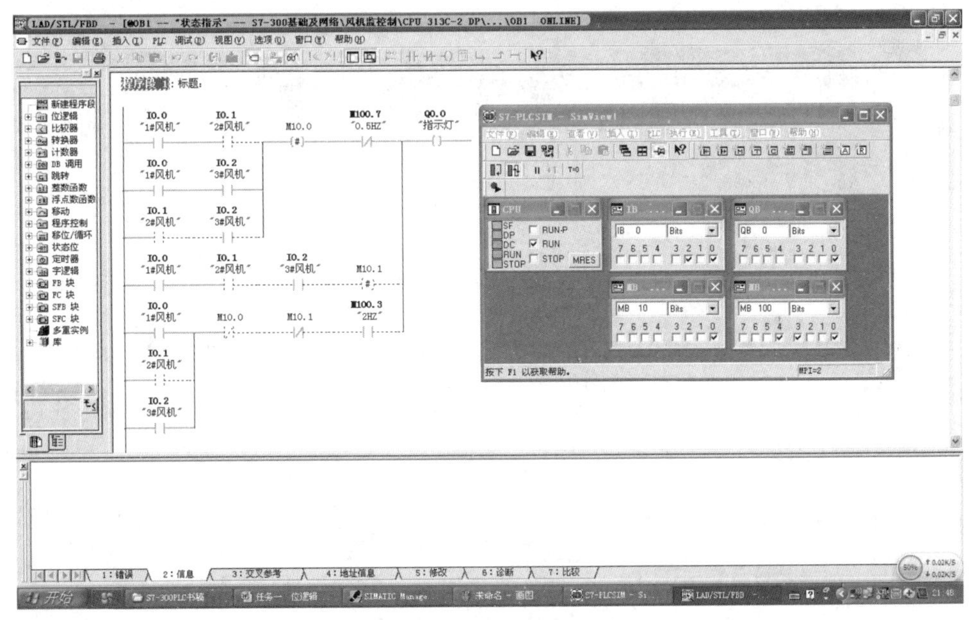

图 7–45　运行仿真程序

子任务 4　地下停车场车辆出入控制

一、控制要求

在地下停车场的出入口处，同时只允许一辆车进出，在进出通道的两端设置有红绿灯，如图 7–46 所示。光电开关 I0.0 和 I0.1 用来检测是否有车经过，光线被车遮住时，I0.0 或 I0.1

为 1 状态，有车出入通道时（光电开关检测到车的前沿），两端的绿灯灭，红灯亮，以警示双方后来的车辆不能进入通道。车离开通道时，光电开关检测到车的后沿，两端的绿灯亮，红灯灭，其他车辆可以进入通道。

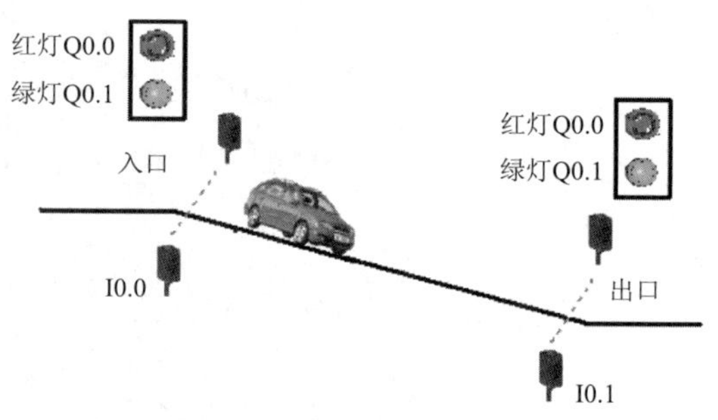

图 7–46　地下停车场的出入口示意图

二、I/O 地址分配表

I/O 地址分配如表 7–7 所示。

表 7–7　I/O 地址分配

输　　入		输　　出	
PLC 地址	说明	PLC 地址	说明
I0.0	上入口检测	Q0.0	红灯指示
I0.1	下入口检测	Q0.1	绿灯指示

三、定义符号地址

符号地址表如图 7–47 所示。

S7 程序(3) (符号) -- S7_Pro2\地下停车出入控制\CPU 313C-2 DP

	状态	符号	地址		数据类型	注释
1		地下停车场出入控制	OB	1	OB 1	
2		绿灯	Q	0.1	BOOL	
3		红灯	Q	0.0	BOOL	
4		车上行	M	0.1	BOOL	
5		车下行	M	0.0	BOOL	
6		下入口	I	0.1	BOOL	
7		上入口	I	0.0	BOOL	
8						

图 7–47　符号地址表

四、梯形图程序

PLC 程序梯形图如图 7–48 所示。

五、使用变量表程序调试

1. 新建变量表

在 SIMATIC 管理器界面右侧右击，打开快捷菜单，选择“插入新对象”→“变量表”命令，如图 7–49 所示。

2. 设置变量属性表

在如图 7–50 所示“属性–变量表”对话框中进行设置后；单击“确定”按钮，则在管理器界面右侧窗格中出现变量表的图标 VAT_1，如图 7–51 所示。

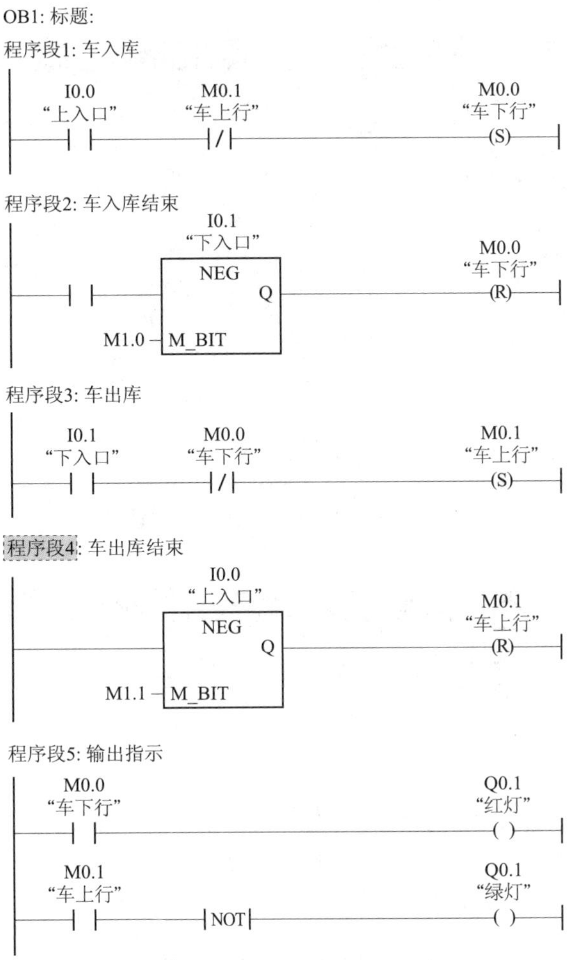

OB1: 标题:

程序段1: 车入库

I0.0 “上入口”　M0.1 “车上行”　M0.0 “车下行” (S)

程序段2: 车入库结束

I0.1 “下入口”　NEG　Q　M1.0　M_BIT　M0.0 “车下行” (R)

程序段3: 车出库

I0.1 “下入口”　M0.0 “车下行”　M0.1 “车上行” (S)

程序段4: 车出库结束

I0.0 “上入口”　NEG　Q　M1.1　M_BIT　M0.1 “车上行” (R)

程序段5: 输出指示

M0.0 “车下行”　Q0.1 “红灯” ( )

M0.1 “车上行”　NOT　Q0.1 “绿灯” ( )

图 7–48　PLC 程序梯形图

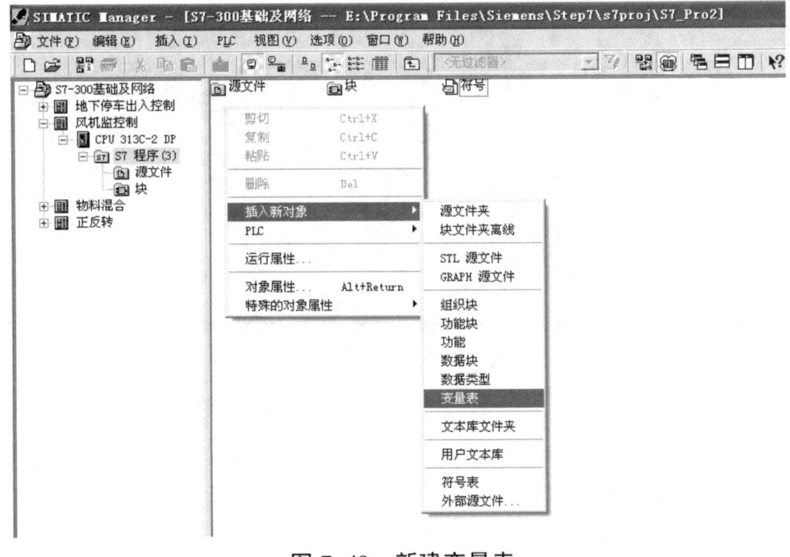

图 7–49　新建变量表

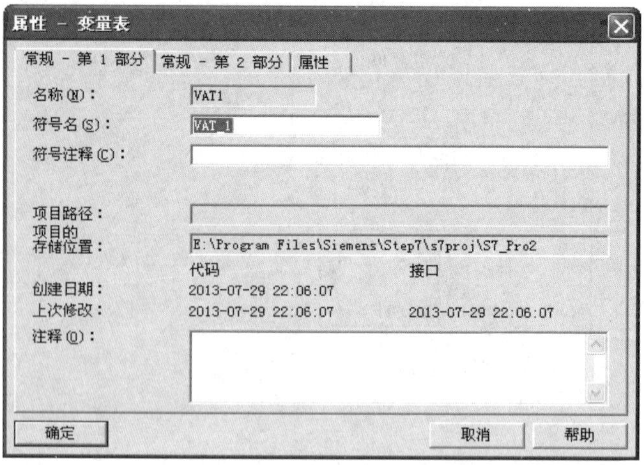

图 7–50　“属性–变量表”对话框

图 7–51　变量表图标

3. 编辑变量表

双击变量表图标打开变量表，将地址输入到变量表中，则变量表的符号会按照设置自动填入，如图 7–52 所示。

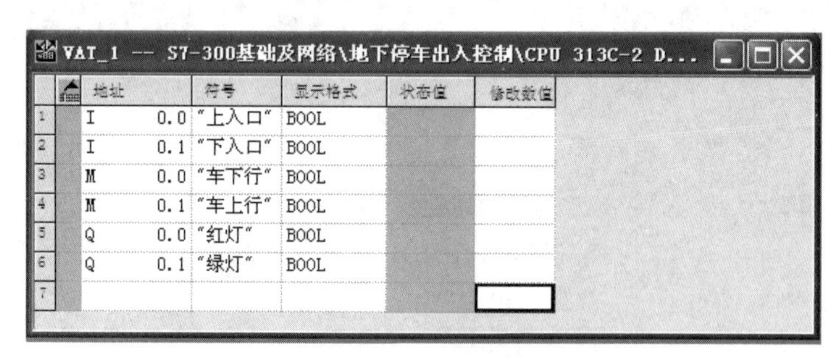
VAT_1 -- S7-300基础及网络\地下停车出入控制\CPU 313C-2 D...

	地址		符号	显示格式	状态值	修改数值
1	I	0.0	“上入口”	BOOL		
2	I	0.1	“下入口”	BOOL		
3	M	0.0	“车下行”	BOOL		
4	M	0.1	“车上行”	BOOL		
5	Q	0.0	“红灯”	BOOL		
6	Q	0.1	“绿灯”	BOOL		
7						

图 7–52　编辑变量表

4. 调试程序

如果仿真 PLC 运行在 RUN 模式，在“修改数值”列输入 PLC 时，将会出现“(DOA1) 功能在当前保护级别中不被允许”的对话框，必须将仿真 PLC 切换到 RUN–P 模式，才能修改 PLC 中的数据，如图 7–53 所示。

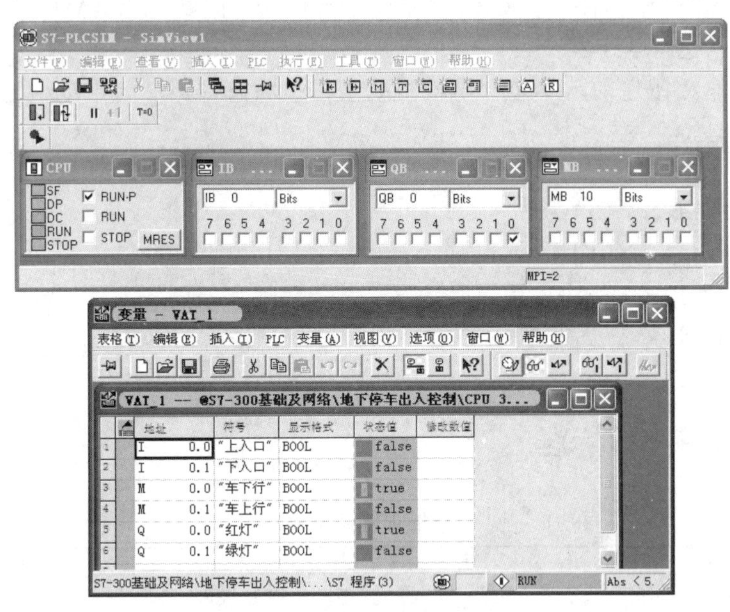

图 7–53　调试程序

技能训练

多台电动机单个按钮控制

通常一个电路的启动和停止控制是由两个按钮分别完成的。当一个 PLC 控制多个这种需要启、停操作的电路时，将占用很多的 I/O 资源。一般 PLC 的 I/O 点是按 3:2 的比例配置的。由于大多数被控系统是输入信号多，输出信号少，有时在设计一个不太复杂的控制系统时，也会面临输入点不足的问题，因此用单按钮实现启、停控制的意义很重要。

一、控制要求

设某设备有两台电动机，要求用 PLC 实现两个按钮同时对两台电动机的控制。具体要求如下。

① 第 1 次按动按钮时，只有第 1 台电动机工作。

② 第 2 次按动按钮时，第 1 台电动机停车，第 2 台电动机工作。

③ 第 3 次按动按钮时，两台电动机同时停车。

分析思路如下。

要用逻辑指令实现两台电动机的单按钮启、停控制，必须为每次操作设置一个状态标志。本次操作中该状态标志必须为 1，而其他状态标志必须为 0。

第 1 次按操作按钮之前，两台电动机都处于停机状态，对应接触器 KM1 和 KM2 的常开触点闭合，因此可用 KM1 和 KM2 的常闭触点设置状态标志 F1。

第 2 次按操作按钮之前，第 1 台电动机处于工作状态，第 2 台电动机处于停机状态，对应接触器 KM1 的常开触点闭合，KM2 的常闭触点闭合，因此可用 KM1 的常开触点和 KM2 的常闭触点设置状态标志 F2。

第 3 次按操作按钮之前，第 1 台电动机处于停机状态，第 2 台电动机处于工作状态。

二、训练要求

① 列 I/O 分配表。
② 画 PLC 的 I/O 接线图。
③ 根据控制要求设计梯形图。
④ 运行、调试程序。
⑤ 汇总整理文档。

三、技能训练考核标准

技能训练评价表

序号	主要内容	考核要求	评分标准	配分	扣分	得分
1	方案设计	根据控制要求，画出 I/O 分配表，设计梯形图程序及接线图	1. 输入/输出地址漏或错误，每处扣 1 分 2. 梯形图表达不正确或画法不规范，每处扣 2 分 3. 接线图表达不正确或画法不规范，每处扣 2 分 4. 指令有错误，每处扣 2 分	30		
2	安装与接线	按 I/O 接线图在板上正确安装，接线要正确、紧固、美观。	1. 接线不紧固、不美观，每根扣 2 分 2. 接点松动，每处扣 1 分 3. 不按 I/O 接线图，每处扣 2 分	10		
3	程序输入与调试	熟练操作计算机，能正确将程序输入 PLC，按动作要求模拟调试，达到设计要求。	1. 调试步骤不正确扣 5 分 2. 不能实现 1 扣 10 分 3. 不能实现 2 扣 15 分 4. 不能实现 3 扣 15 分	50		
4	安全与文明生产	遵守国家相关专业安全文明生产规程，遵守学院纪律。	1. 不遵守教学场所规章制度，扣 2 分 2. 出现重大事故或人为损坏设备，扣完 10 分	10		
备注			合计	100		
小组成员签名						
教师签名						
日期						

工作任务 2　定时器指令、计数器指令应用

任务目标

① 掌握各种定时器的结构和定时原理。
② 掌握各种计数器的结构和计数原理。
③ 会画定时器和计数器的时序图。
④ 掌握定时器和计数器的综合应用。

任务分析

在工业生产的控制任务中，经常需要各种各样的定时器和计数器，如电动机的星形启动经延时后转换到三角形运行；锅炉引风机和鼓风机控制是首先启动引风机延时后才能启动鼓风机；停车场车位的控制要用到计数器；经常需要用到定时器和计数器配合实现送料小车的控制。

知识链接

一、定时器

S7–300/400 PLC 有以下 5 种定时器。

- S_PULSE（脉冲定时器）。
- S_PEXT（扩展脉冲定时器）。
- S_ODT（接通延时定时器）。
- S_ODTS（保持型接通延时定时器）。
- S_OFFDT（断电延时型定时器）。

定时器的指令有两种形式：块图指令和线圈指令［如 S_ODT 和（SD）］，如图 7–54 所示。

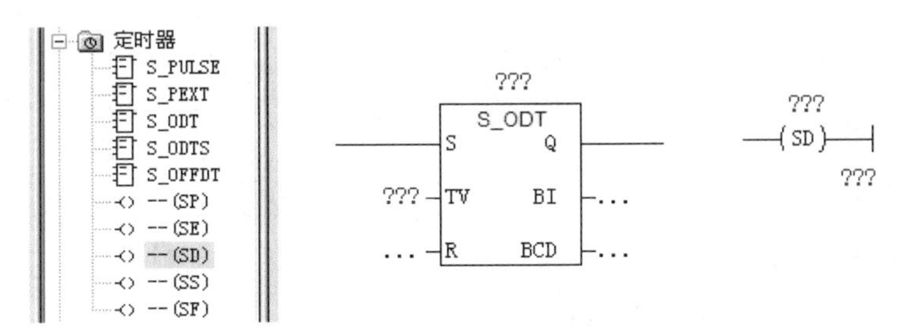

图 7–54　定时器指令的两种形式

下面对定时器的输入/输出端做简单的介绍。

① S 端：启动端，当 0 到 1 的信号变化作用在启动输入端（S）时，定时器启动。

② R 端：复位端，作用在复位输入端（R）的信号（1 有效）用于停止定时器。当前时

间被置为 0，定时器的触点输出端（Q）被复位。

③ Q 端：触点输出端，定时器的触点输出端（Q）的信号状态（0 或 1），取决于定时器的种类及当前的工作状态。

④ TV 端：设置定时时间，定时器的运行时间设定值由 TV 端输入。

⑤ 时间值输出端：定时器的当前时间值可分别从 BI 输出端和 BCD 输出端输出。BI 输出端输出的是不带时基的十六进制整数格式的定时器当前值，BCD 输出端输出的是 BCD 码格式的定时器当前时间值和时基。

SIMATIC S7 系列 PLC 为用户提供了一定数量的具有不同功能的定时器。如 CPU 314 提供了 128 个定时器，分别是从 T0 到 T127。

系统时间格式：时间值设定可以使用下列格式预装一个时间值。

① 十六进制数：W#16#wxyz，其中的 w 是时间基准，w 和时基的关系如表 7–8 所示。xyz 是 BCD 码形式的时间值。

表 7–8　W 与时基的关系

w	时基
0	10 ms
1	100 ms
2	1 s
3	10 s

如 W#16#3999，定时时间为：999×10 s=9 990 s。

W#16#1100，定时时间为：100×0.1 s=10 s。

② S5T#ah_bm_cs_dms：h 是小时，m 是分钟，s 是秒，ms 是毫秒；a、b、c、d 由用户定义，时基是 CPU 自动选择，时间值按其所取时基取整为下一个较小的数。可以输入的最大值是 9 990 s，或 2h_46m_30s。

例如：S5T#100s、S5T#10ms、S5T#2ms、S5T#1h2m3s 等。

定时器字的位 12 和位 13 包含二进制码的时基。时基可定义时间值递减的单位间隔。最小时基为 10 ms；最大时基为 10 s，如表 7–8 所示。

1. 脉冲定时器

I0.0 提供的启动输入信号 S 的上升沿，脉冲定时器开始定时，输出 Q4.0 变为 1。定时时间到，当前时间值变为 0，Q 输出变为 0 状态。在定时期间，如果 I0.0 的常开触点断开，定时停止，当前值变为 0，Q4.0 的线圈断电。

t 为定时器的预置值，R 是复位输入端，在定时器输出为 1 时，如果复位输入 I0.1 由 0 为 1，定时器被复位，复位后输出 Q0.4 变为 0 状态，当前时间值被清 0。

SP_PULSE 脉冲定时器指令及时序图如图 7–55 所示。

2. 扩展脉冲定时器

启动输入信号 S 的上升沿，脉冲定时器开始定时，在定时期间，Q 输出端为 1 状态，直到定时结束。在定时期间即使 S 输入变为 0 状态，仍继续定时，Q 输出端为 1 状态，直到定时结束。在定时期间，如果 S 输入又由 0 变为 1 状态，定时器被重新启动，开始以预置的时间值定时。

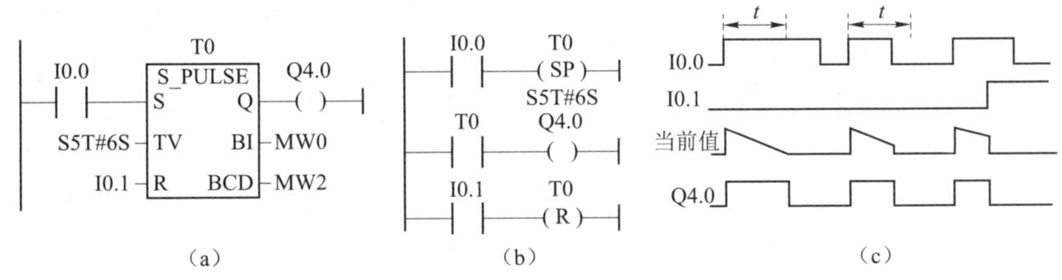

图 7–55　SP_PULSE 脉冲定时器指令及时序图

（a）块图指令；（b）线圈指令；（c）时序图

R 输入由 0 变为 1 状态时，定时器被复位，停止定时。复位后 Q 输出端变为 0 状态，当前时间被清 0。

S_PEXT 扩展脉冲定时器指令及时序图如图 7–56 所示。

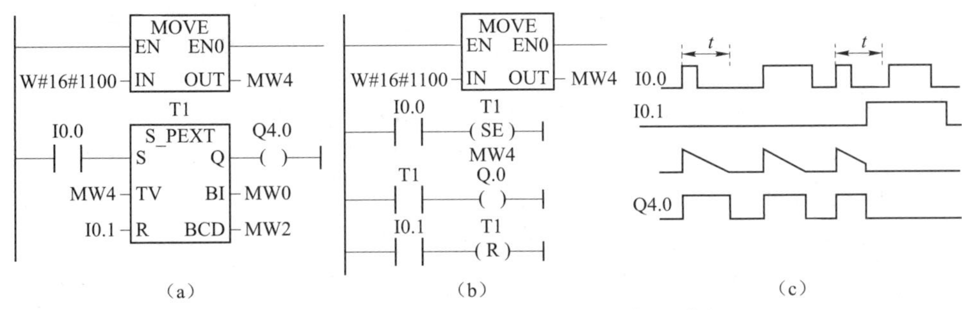

图 7–56　S_PEXT 扩展脉冲定时器指令及时序图

（a）块图指令；（b）线圈指令；（c）时序图

扩展脉冲定时器（SE）线圈的功能和 S5 扩展脉冲定时器的功能相同，定时器位为 1 时，定时器的常开触点闭合，常闭触点打开。

3. 接通延时定时器

接通延时定时器是使用的最多的定时器，启动输入信号 S 的上升沿，定时器开始定时。如果定时期间 S 的状态一直为 1，定时时间到时，当前时间值变为 0，Q 输出端变为 1 状态，使 Q4.0 的线圈通电。此后如果 S 输入由 1 变为 0，Q 输出端的信号状态也变为 0。

在定时期间，如果 S 输入由 1 变为 0，则停止定时，当前时间值保持不变，S 又变为 1 时，又以预置值开始定时。

R 是复位输入信号，定时器的 S 输入为 1 时，不管定时时间是否已到，只要复位输出 R 由 0 变为 1，定时器都要被复位，复位后当前时间被清 0。如果定时时间已到，复位后输出 Q 将由 1 变为 0。

接通延时定时器（SD）线圈的功能和 S_ODT 接通延时定时器的功能相同，定时器位为 1 时，定时器的常开触点闭合，常闭触点打开。如图 7–57 所示是接通延时定时器指令及时序图。

4. 保持型接通延时定时器

启动输入信号 S 的上升沿到来时，定时器开始定时，定时期间即使输入 S 变为 0，仍继续定时，定时时间到时，输出 Q 变为 1 并保持。在定时期间，如果输入 S 又由 0 变为 1，定时器被重新启动，又从预置值开始定时。不管输入 S 是什么状态，只要复位输入 R 从 0 变为 1，定时器又被复位，输出 Q 变为 0。S_ODTS 保持型接通延时定时器如图 7–58 所示。

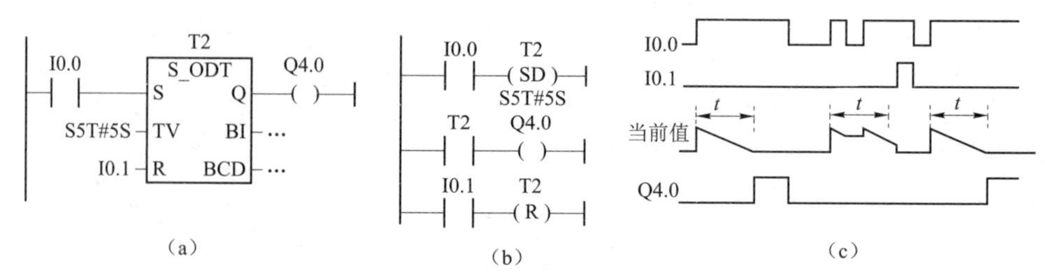

图 7–57　接通延时定时器指令及时序图

（a）块图指令；（b）线圈指令；（c）时序图

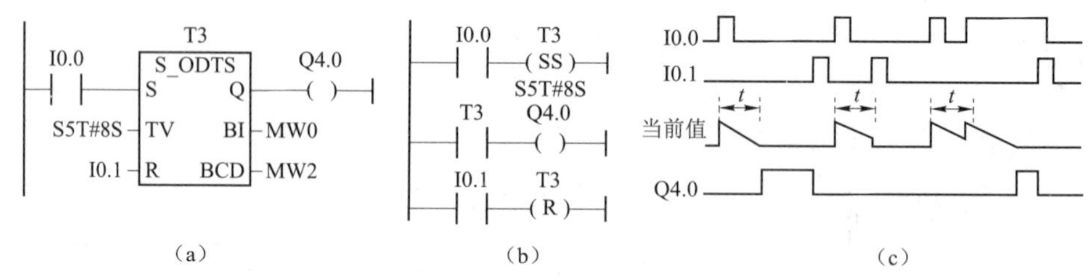

图 7–58　S_ODTS 保持型接通延时定时器指令及时序图

（a）块图指令；（b）线圈指令；（c）时序图

5. 断开延时定时器

启动输入信号 S 的上升沿，定时器的 Q 输出信号变为 1 状态，当前时间值为 0。在输入 S 下降沿，定时器开始定时到定时时间时，输出 Q 变为 0 状态。

定时过程中，如果 S 信号由 0 变为 1，定时器的时间值保持不变，停止定时。如果输入 S 重新变为 0，定时器将从预置值开始重新启动定时。

复位输入 I1.1 为 1 状态时，定时器被复位，时间值被清零，输出 Q 变为 0 状态。S_ OFFDI 断开延时定时器如图 7–59 所示。

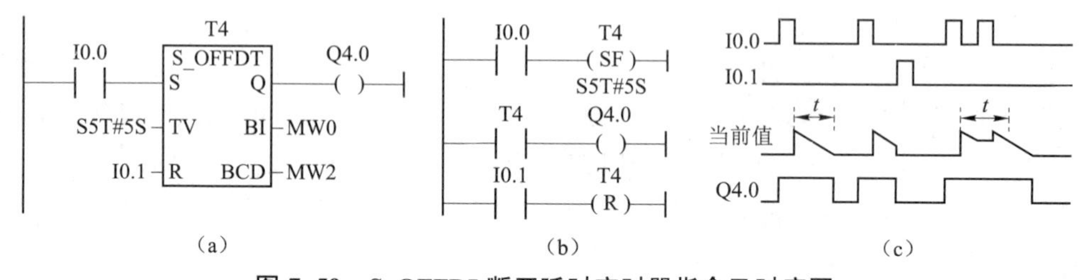

图 7–59　S_OFFDI 断开延时定时器指令及时序图

（a）块图指令；（b）线圈指令；（c）时序图

二、计数器

S7–300/400 PLC 的计数器有以下三种类型。

① S_CU（加计数器）。

② S_CD（减计数器）。

③ S_CUD（加减计数器）。

S7–300/400 PLC 的计数器有 256 个（0～255），计数范围是 0～999。当计数上限达到 999 时，累加停止；计数值达到下限 0 时，将不再减少。

1. 加法计数器

加法计数器的指令格式如图 7–60 所示。

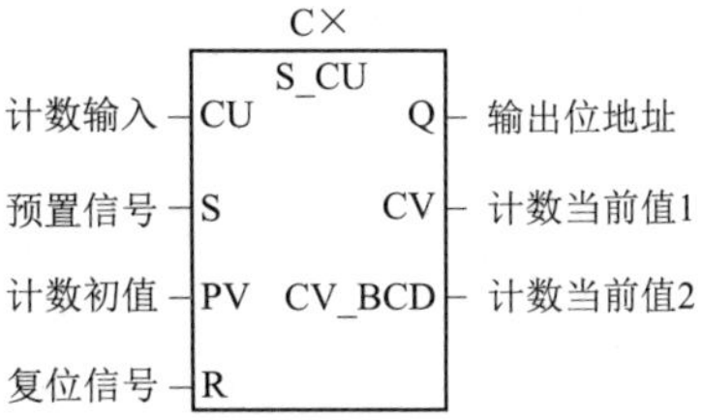

① C×为计数器的编号。

② CU 为加计数器的输入端，该端每出现一个上升沿，计数器自动加 1，当计数器的当前值为 999 时，计数值保持为 999，加 1 操作无效。

③ S 为预置信号输入端，该端出现上升沿时，将计数初值作为当前值。

图 7–60　加法计数器的指令格式

④ PV 为计数初值输入端，初值的范围为 0～999。可通过字（如 MW0 等）为计数器提供初值，也可直接提供数值，如 C#10、C#999。

⑤ R 为计数器复位输入端，任何情况下，只要该端出现上升沿，计数器马上复位，复位后当前值为 0，输出状态为 0。

⑥ CV 为以整数形式输出计数的当前值，如 16#0012，该端可以连接各种字存储器，如 MW0、IW2、QW0，也可以悬空。

⑦ CV_BCD 以 BCD 码形式输出计数器的当前值，如 C#123，该端可以接各种字存储器，如 MW0、IW2、QW0，也可以悬空。

⑧ Q 为计数器状态输出端，只要计数器的当前值不为 0，计数器的状态就为 1，该端可以连接位存储器，如 Q1.0、M1.2，也可以悬空。

图 7–61 所示是加法计数指令使用的例子。

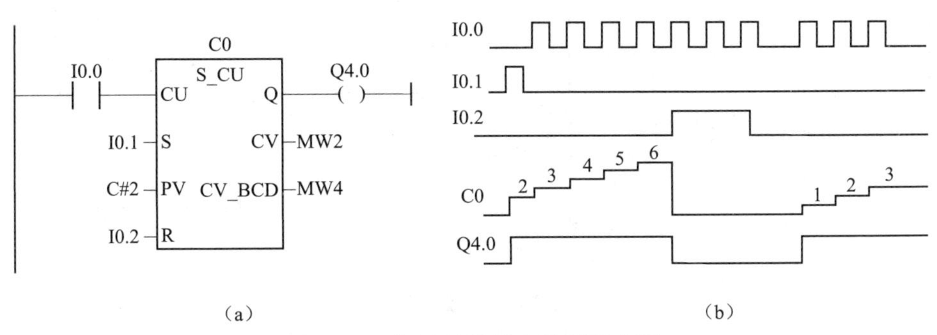

图 7–61　加法计数指令使用时序图

（a）加法计数器的使用；（b）时序图

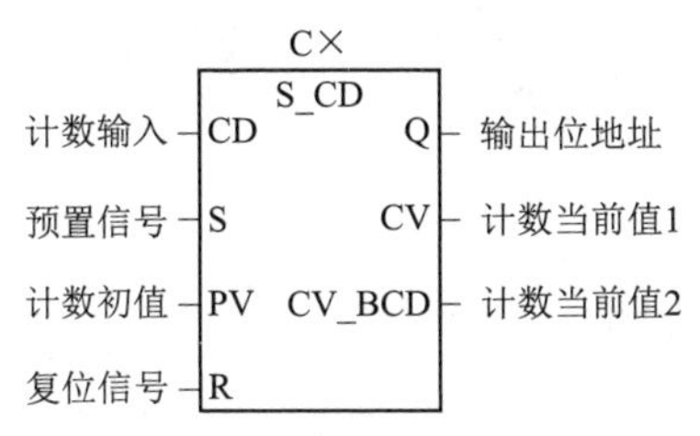

图 7–62　减法计数器指令格式

2. 减法计数器

减法计数器的指令格式如图 7–62 所示。

减法计数器的各引脚定义与加法计数器基本一致，只是计数脉冲的输入变为 CD，S 端出现上升沿时，将计数初值作为当前值。CD 端上升沿时，如当前值大于 0 时做减 1 计数。如当前值不为 0，输出状态为 1；当减法计数值变为 0 时，输出状态为 0。

图 7–63 所示是减法计数指令使用的时序图。

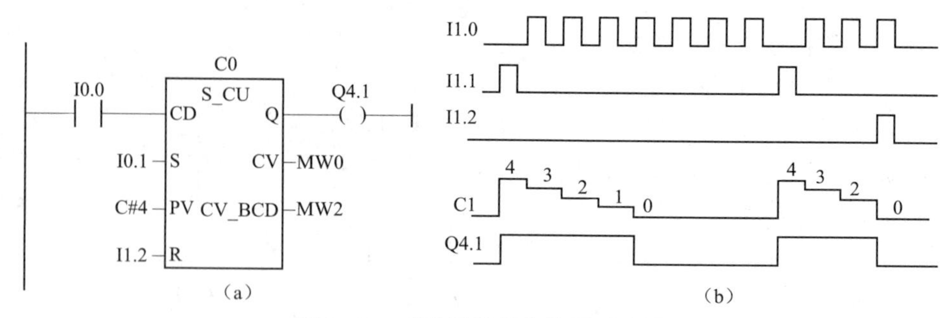

图 7–63　减法计数指令使用时序图

（a）减法计数器使用；（b）时序图

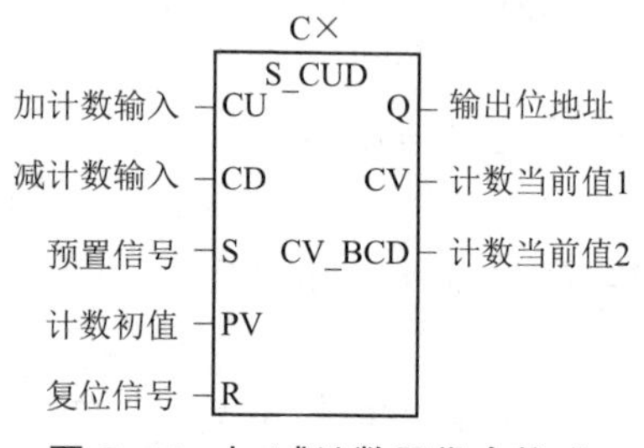

图 7–64　加/减计数器指令格式

3. 加/减计数器

加/减计数器指令格式如图 7–64 所示。

加/减计数器的各个引脚与前面的加计数器和减计数器基本一致，计数初值在 S 端的上升沿装载到计数器字中，在 CU 的上升沿进行加法计数，在 CD 的上升沿进行减法计数，Q 端的输出与加法计数和减法计数相同。

图 7–65 所示是加/减法计数指令使用时序图。

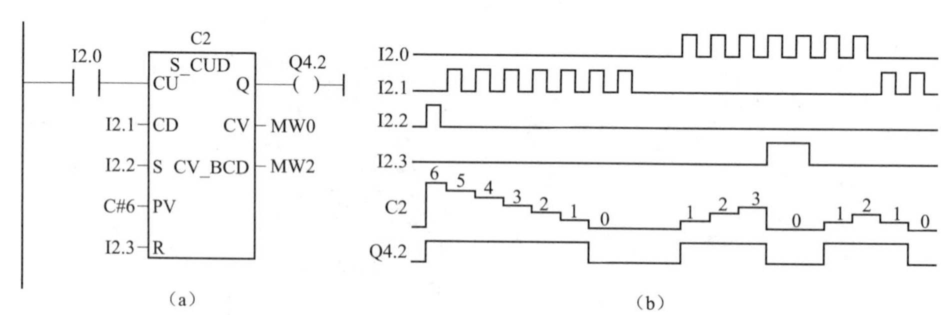

图 7–65　加/减法计数指令使用时序图

（a）加/减计数器使用；（b）时序图

4. 线圈形式的计数器

除了前面介绍的块图形式的计数器以外，还有用线圈形式表示的计数器，这些计数器有计数初值预置指令 SC、加计数指令 CU、减计数指令 CD，如图 7–66 所示。

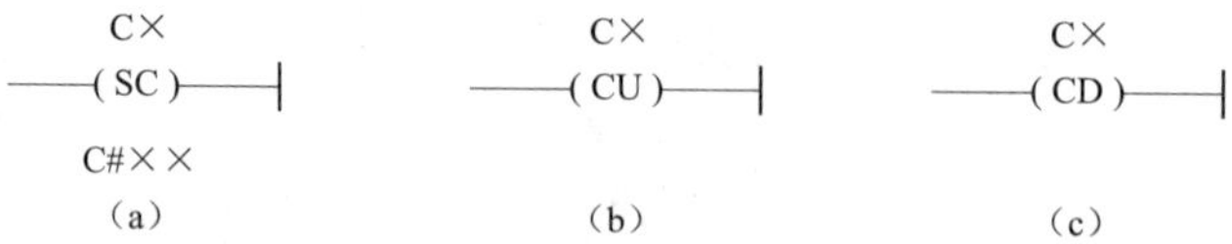

C×　(SC)　C#××　（a）

C×　(CU)　（b）

C×　(CD)　（c）

图 7–66　线圈形式的计数器

（a）初始预置指令；（b）加计数指令；（c）减计数指令

计数初值预置指令 SC 若与加计数指令 CU 配合可实现 S_CU 的功能；计数初值预置指令 SC

若与减计数指令 CD 配合可实现 S_CD 的功能；计数初值预置指令 SC 若与加计数指令 CU 和减计数指令 CD 配合可实现 S_CUD 的功能，如图 7–67 所示。

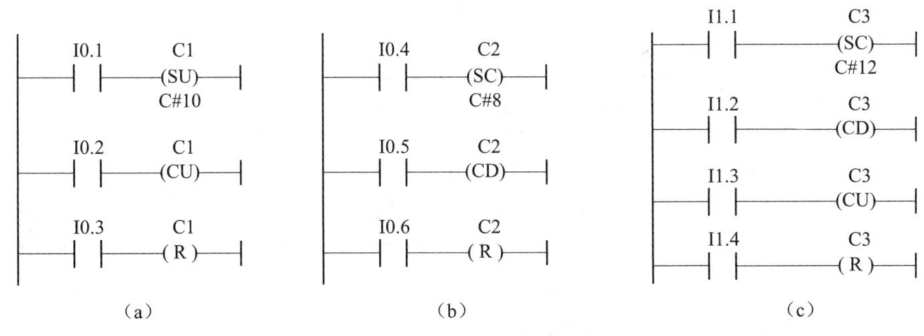

图 7–67　加/减计数梯形图

（a）加计数；（b）减计数；（c）加/减计数

任务实施

子任务 1　多级皮带运输系统 PLC 控制

一、控制要求

某传输线由三条传送带 A、B、C 组成，分别由电动机 M1、M2、M3 拖动，如图 7–68 所示为三条传送带的时序图，要求如下。

① 按 A→B→C 顺序启动。

② 停止时按 C→B→A 逆序停止。

③ 若某传送带的电动机出现故障，该传送带电动机前面的皮带电动机立即停止，后面的传送带电动机依次延时 5 s 后停止。

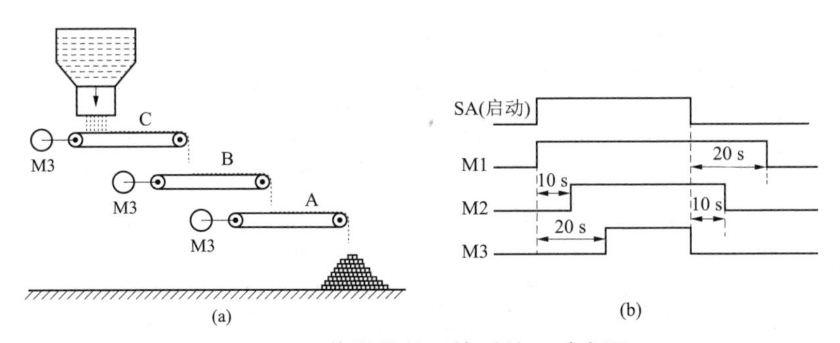

图 7–68　传送带的运输系统及时序图

（a）多级皮带运输系统；（b）时序图

二、I/O 分配

I/O 分配表如表 7–9 所示。

表 7–9　I/O 分配表

输入			输出		
变量	地址	说明	变量	地址	说明
SA	I0.0	启动开关			
	I0.1	电动机 M1 故障检测	KM1	Q0.1	电动机 M1 输出
	I0.2	电动机 M2 故障检测	KM2	Q0.2	电动机 M2 输出
	I0.3	电动机 M3 故障检测	KM3	Q0.3	电动机 M3 输出

三、硬件接线图

PLC 硬件接线如图 7–69 所示。

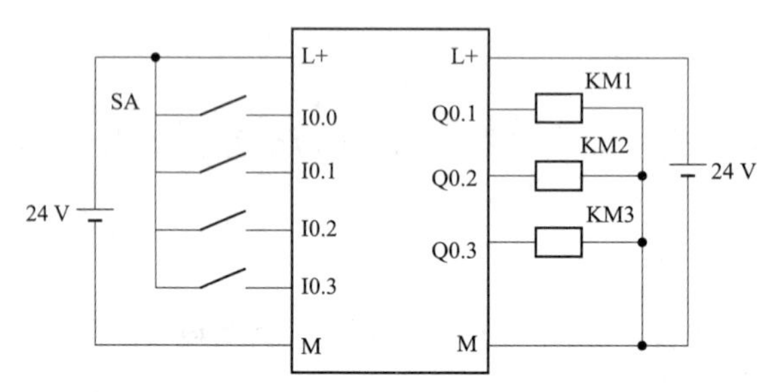

图 7–69　PLC 硬件接线图

四、梯形图

PLC 程序梯形图如图 7–70 所示。

程序段 1：标题：

启动定时设定时间

I0.0
T1
(SD)
S5T#10S
T2
(SD)
S5T#20S

程序段 2：标题：

停止时设定时间

I0.0
T3
(SF)
S5T#10S
T4
(SF)
S5T#20S

图 7–70　PLC 程序梯形图

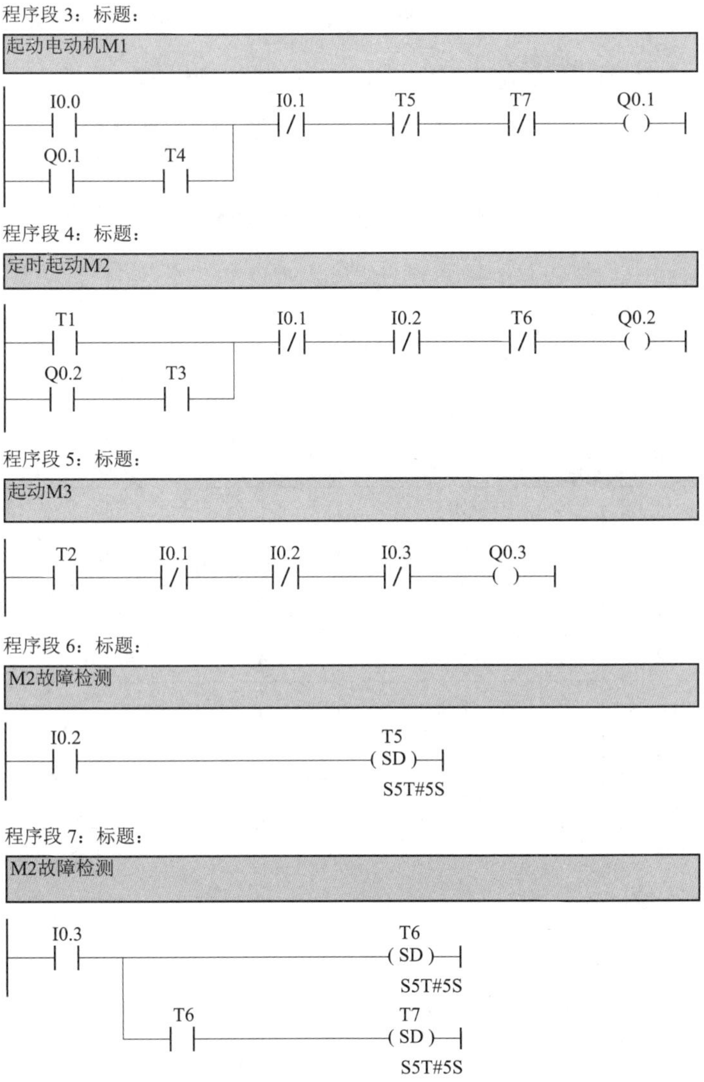

程序段 3：标题：

起动电动机M1

I0.0, I0.1, T5, T7, Q0.1, Q0.1, T4

程序段 4：标题：

定时起动M2

T1, I0.1, I0.2, T6, Q0.2, Q0.2, T3

程序段 5：标题：

起动M3

T2, I0.1, I0.2, I0.3, Q0.3

程序段 6：标题：

M2故障检测

I0.2, T5, SD, S5T#5S

程序段 7：标题：

M2故障检测

I0.3, T6, SD, S5T#5S, T6, T7, SD, S5T#5S

图 7–70 PLC 程序梯形图

子任务 2 停车场车位计数控制

一、控制要求

图 7–71 所示，某地下停车场有 100 个车位，其入口处与出口处各有一个接近开关，以检测车辆的进入与驶出。当停车场尚有车位时，入口处的栏杆才可以将门打开，车辆可以进入停车场停放。若停车场车位未满，则使用指示灯表示尚有车位；若停车场车位已满，则有一个指示灯显示车位已满，并且入口处的栏杆不能将门打开让车辆进入。

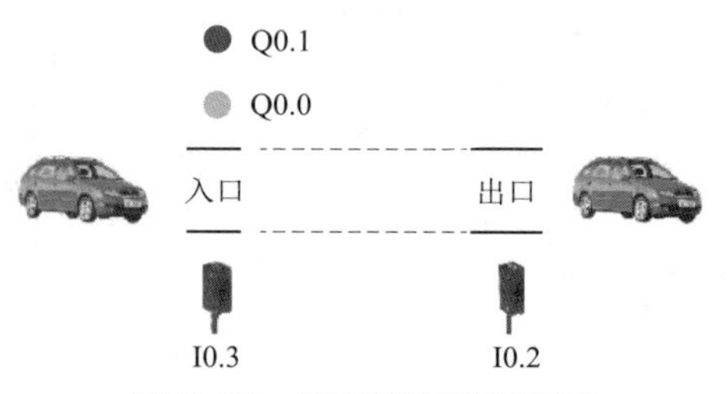

图 7–71　地下停车场示意图

二、I/O 分配

PLC 的 I/O 分配表如表 7–10 所示

表 7–10　I/O 分配表

输入			输出		
变量	地址	说明	变量	地址	说明
SA1	I0.0	系统启动开关	KM1	Q0.0	有停车位指示
SB1	I0.1	系统停止按钮	KM2	Q0.1	停车位已满指示
SA2	I0.2	出口检测	KM3	Q0.2	入口闸栏控制信号
SA3	I0.3	入口检测			
SB2	I0.4	入口闸栏启动按钮			
SB3	I0.5	计数器复位按钮			

三、硬件接线图

PLC 接线图如图 7–72 所示。

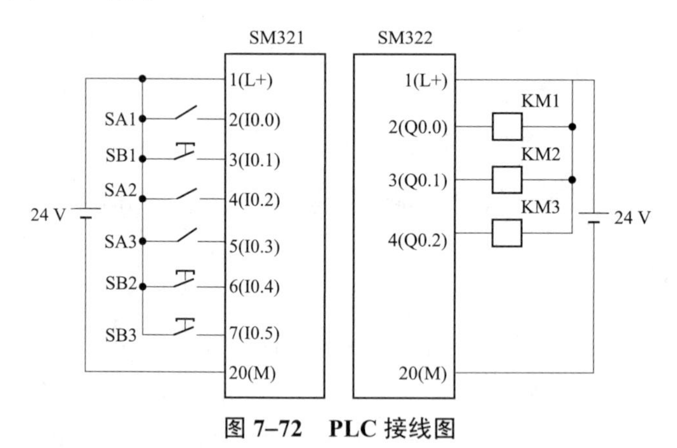

图 7–72　PLC 接线图

四、梯形图

PLC 程序梯形图如图 7–73 所示。

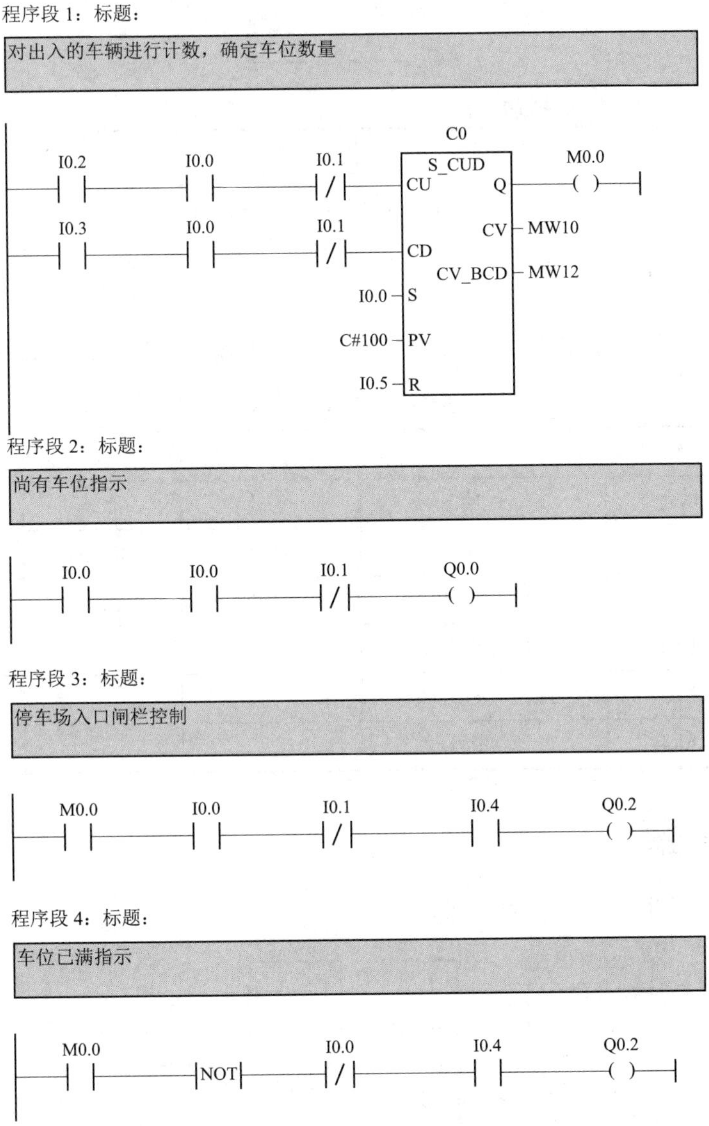

程序段 1：标题：

对出入的车辆进行计数，确定车位数量

程序段 2：标题：

尚有车位指示

程序段 3：标题：

停车场入口闸栏控制

程序段 4：标题：

车位已满指示

图 7–73　PLC 程序梯形图

子任务 3　运货小车控制

一、控制要求

图 7–74 是运货小车运动示意图，当按下启动按钮后，小车在 A 地等待 1 min 进行装货，然后向 B 地前进，到达 B 地停止，2 min 卸货，卸货后再返回 A 地停下，等待 1 min 又进行装货，然后向 C 地前进（途经 B 地不停，继续前进），到达 C 地停止，3 min 卸货，卸货后再返回 A 地停下（A、B、C 三地各设有一个接近开关）。

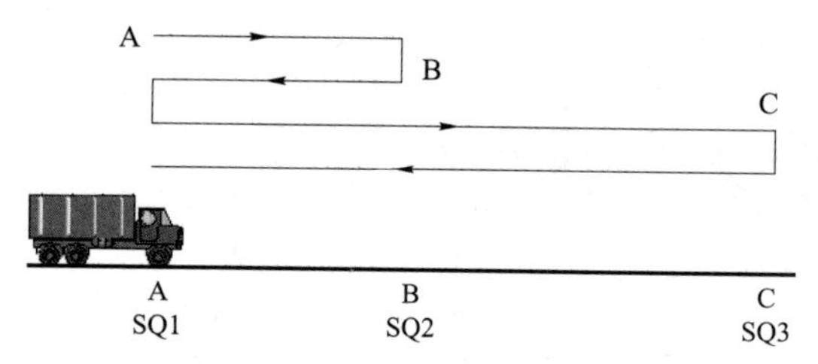

图 7–74　运货小车运动示意图

二、I/O 分配表

由控制要求分析可知，该设计需要 5 个输入和 2 个输出，其 I/O 分配表如表 7–11 所示。

表 7–11　I/O 分配表

输　入			输　出		
变量	地址	说明	变量	地址	说明
SB1	I0.0	启动按钮	KM1	Q0.0	小车前进
SB2	I0.1	停止按钮	KM2	Q0.1	小车后退
SQ1	I0.2	A 地接近开关			
SQ2	I0.3	B 地接近开关			
SQ3	I0.4	C 地接近开关			

三、硬件接线图

图 7–75 所示是 PLC 的硬件接线图。

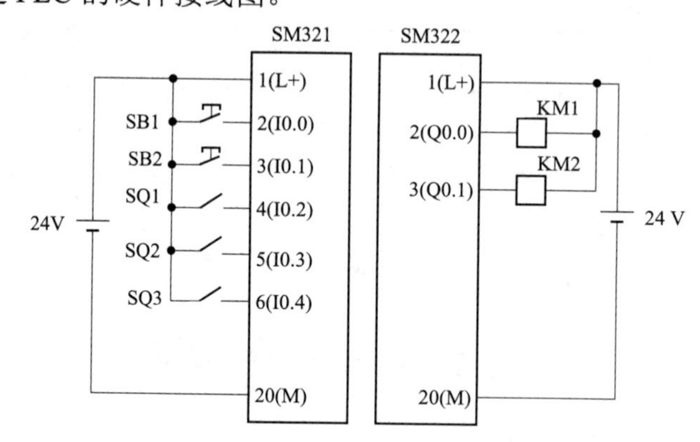

图 7–75　PLC 的硬件接线图

四、梯形图

小车到达 A 地、B 地、C 地是分别用 SQ1、SQ2、SQ3 来定位，由于小车在第一次到达 B 地要改变运行方向，第二次、第三次到达 B 地时不需改变运行方向，可利用计数器的计数功能来决定是否改变运行方向，设计的 PLC 程序梯形图如图 7–76 所示。

程序段 1：标题：

启、停控制

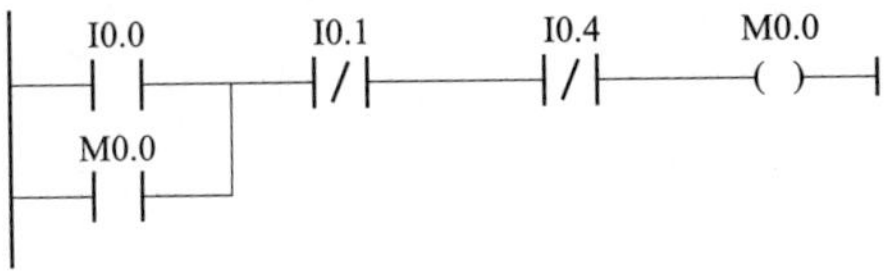

程序段 2：标题：

小车在A地延时1min装货

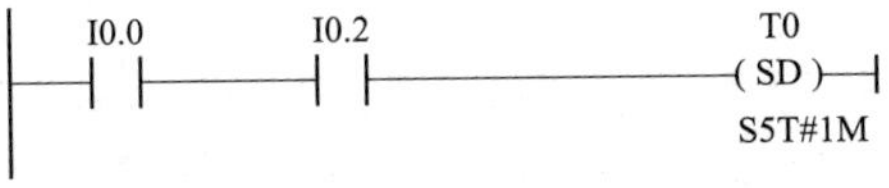

程序段 3：标题：

小车前进

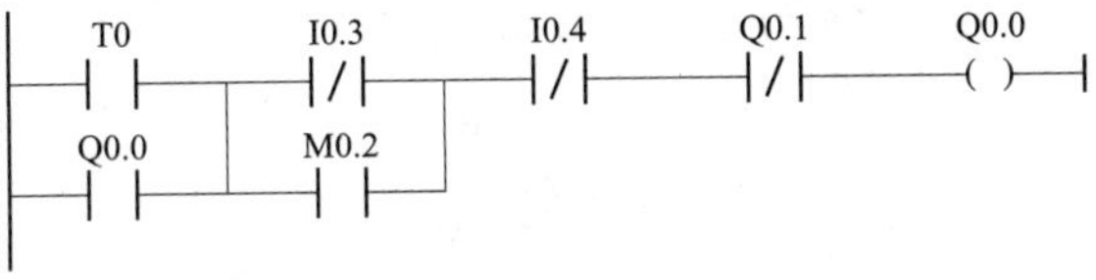

程序段 4：标题：

小车到达B地延时1min

程序段 5：标题：

小车后退

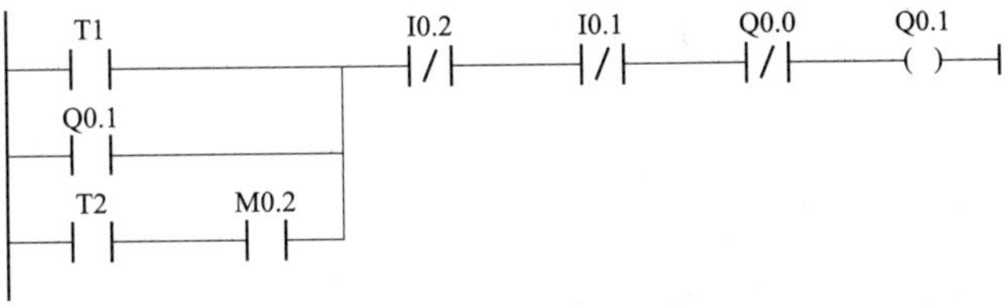

程序段 6：标题：

计数：第一次到B地（碰SQ2）改变运动方向，第二、第三次到B地（碰SQ2）不改变运动方向

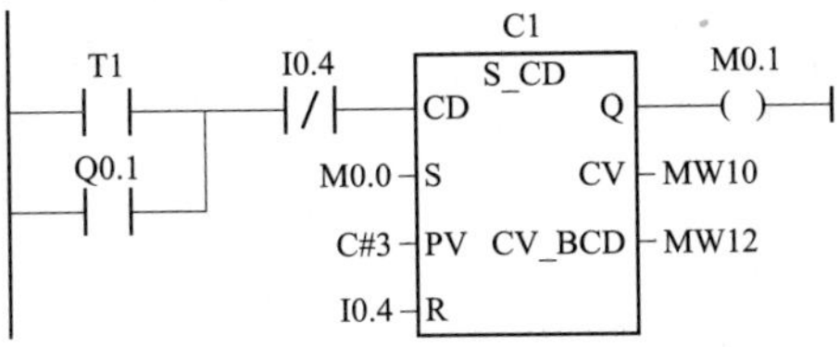

图 7-76　PLC 程序梯形图（一）

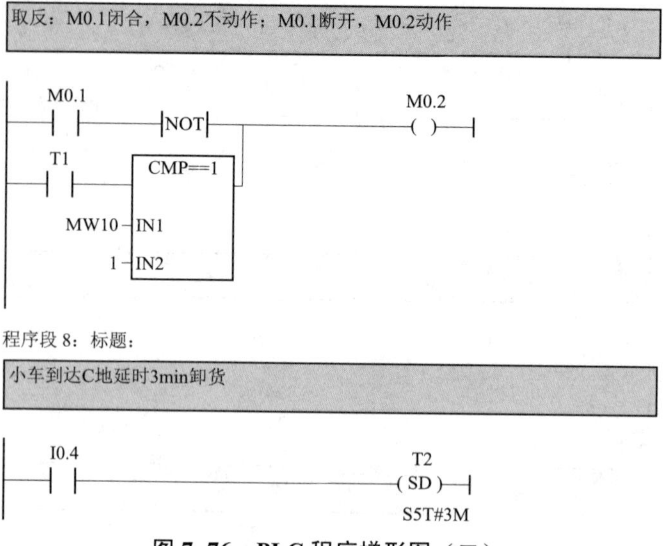

图 7-76　PLC 程序梯形图（二）

7-1　使用置位指令复位指令，编写两套程序，控制要求如下。

① 启动时，电动机 M1 先启动，电动机 M1 启动后，才能启动电动机 M2；停止时，电动机 M1、M2 同时停止。

② 启动时，电动机 M1、M2 同时启动；停止时，只有在电动机 M2 停止后，电动机 M1 才能停止。

7-2　用 S、R 和跃变指令设计出如图 7-77 所示波形图的梯形图。

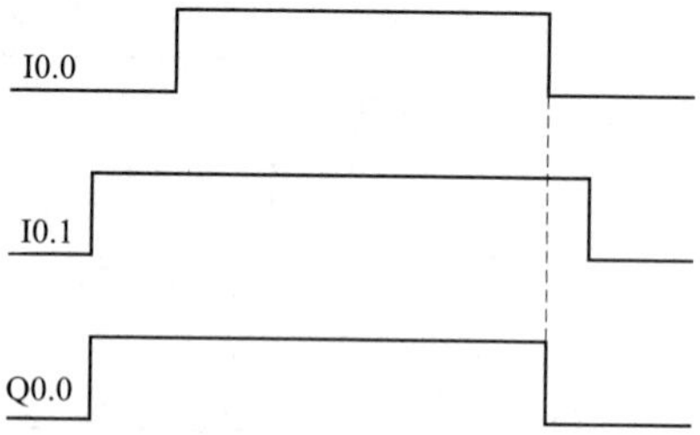

I0.0

I0.1

Q0.0

图 7-77　7-2 题图

7-3　画出如图 7-78 所示程序的 Q0.0 的波形图。

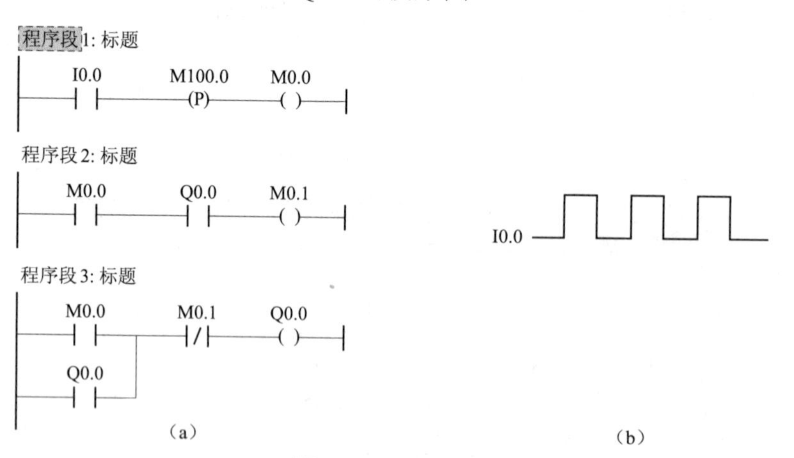

图 7-78　7-3 题图

（a）梯形图；（b）时序图

7–4　用 PLC 设计多重输入电路的梯形图。

要求：I0.0、I0.1 闭合，I0.0、I0.3 闭合，I0.2、I0.1 闭合，I0.2、I0.3 闭合皆可使 Q0.0 接通。

7–5　用 PLC 设计保持电路梯形图

要求：将输入信号加以保持记忆。

当 I0.0 接通一下，辅助继电器 M0.0 接通并自保持，Q0.0 有输出，停电后再通电，Q0.0 仍然有输出。只有 I0.1 触点断开，才使 M0.0 自我保持消失，使 Q0.0 无输出。

7–6　用 PLC 设计优先电路的梯形图。

要求：若输入信号 I0.1 或输入信号 I0.2 中先到者取得优先权，Q0.0 有输出，后到者无效。

7–7　用 PLC 设计比较电路的梯形图。

该电路预先设定好输出的要求，然后对输入信号 I0.1 和输入信号 I0.2 作比较，接通某一输出。

I0.1、I0.2 同时接通，Q0.1 有输出。

I0.1、I0.2 皆不接通，Q0.2 有输出。

I0.1 不通、I0.2 接通，Q0.3 有输出。

I0.1 接通、I0.2 不接通，Q0.4 有输出。